水利工程建设项目后评价实践

——以太浦闸工程为例

郑春锋　迮振荣　李庆锁　刘　毅　等编著

U0235821

黄河水利出版社

· 郑 州 ·

内 容 提 要

项目后评价是水利工程基本建设程序的重要环节之一，也是水利建设项目管理的最后一个环节。本书以太湖流域太浦闸除险加固工程项目后评价工作实践为例，系统梳理总结了水利工程建设项目后评价工作中过程评价、经济评价、环境影响及水土保持评价、社会影响评价、目标和可持续性评价、综合评价等全过程、各阶段工作实践的经验与体会，旨在总结项目建设经验与教训，提高项目决策与建设管理水平，可以为类似水利工程建设项目开展后评价工作提供有益的参考与借鉴。

本书可供水利行业从业人员、水利工程维护管理人员以及相关行业管理工作者阅读参考。

图书在版编目（CIP）数据

水利工程建设项目后评价实践：以太浦闸工程为例/郑春锋等编著. —郑州：黄河水利出版社，2023.8
ISBN 978-7-5509-3729-1

Ⅰ.①水… Ⅱ.①郑… Ⅲ.①水利工程-项目评价
Ⅳ.①TV512

中国国家版本馆 CIP 数据核字（2023）第 171781 号

组稿编辑：田丽萍　电话：0371-66025553　E-mail：912810592@qq.com

责任编辑	冯俊娜	责任校对	韩莹莹
封面设计	黄瑞宁	责任监制	常红昕

出版发行　黄河水利出版社
地址：河南省郑州市顺河路 49 号　邮政编码：450003
网址：www.yrcp.com　E-mail：hhslcbs@126.com
发行部电话：0371-66020550
承印单位　河南瑞之光印刷股份有限公司
开　　本　787 mm×1 092 mm　1/16
印　　张　13.25
字　　数　310 千字
版次印次　2023 年 8 月第 1 版　　2023 年 8 月第 1 次印刷
定　　价　56.00 元

太浦闸位于江苏省苏州市吴江区境内的太浦河进口段,太浦河泵站北侧,西距太湖口2 km。该闸建成于1959年10月,共29孔,单孔净宽4 m,总净宽116 m,闸底板高程0.50 m(镇江吴淞高程,余同),设计流量580 m^3/s。太浦闸是环太湖大堤重要口门控制建筑物,是太湖湖水东泄最重要、规模最大的控制建筑物,主要任务是防洪、泄洪和向下游地区供水,在太湖流域防洪和向下游地区供水中发挥着重要作用。根据国务院治淮治太会议精神,1995年太浦闸移交水利部太湖流域管理局直接管理,由太湖流域管理局苏州管理局具体负责运行管理。

太浦闸工程建设于20世纪50年代,由于历史原因,太浦闸建成时留有质量隐患,虽经过大修、加固处理,仍不能满足现行规范要求和安全运行需要。2000年11月,太浦闸安全鉴定为三类闸,存在的主要问题包括现状闸顶高程偏低,不满足防洪要求;闸墩、闸底板混凝土设计标号偏低,闸墩、闸底板内部普遍存在蜂窝和空洞现象,施工质量较差;平面钢闸门边梁及主滚轮、主滚轮轴等行走支承和轨道强度不满足规范要求等。

太浦闸安全鉴定为三类闸之后,工程除险加固前期工作随即展开。因为太浦闸工程的特殊重要性,相关省份对于工程规模、除险加固方案等需求不一,项目前期工作历经10余年,其间水利部太湖流域管理局组织开展了大量艰苦而漫长的沟通协调工作。2011年7月,国家发展和改革委员会批复太浦闸除险加固工程可行性研究报告。2011年12月,水利部批准实施太浦闸除险加固工程。太浦闸除险加固工程是国务院批复的《太湖流域防洪规划》《太湖流域水环境综合治理总体方案》中的重点水利工程建设项目之一,概算投资9 971万元。除险加固采用原址拆除重建方案,工程主要建筑物为1级建筑物,按100年一遇洪水设计,闸孔总净宽120 m(12 m×10孔,其中南侧边孔为套闸)、闸底板高程-1.50 m,设计流量985 m^3/s,校核流量1 220 m^3/s(近期闸底板上设宽顶实用堰,堰顶高程0 m,相应的设计流量784 m^3/s,校核流量931 m^3/s)。

经水利部太湖流域管理局批准,太浦闸除险加固工程于2012年9月开工建设。项目法人太湖流域管理局苏州管理局认真落实项目法人责任制、建设监理制、招标投标制和合同管理制,组织各参建单位,科学管理,精心施工,苦干实干,经过两年多的艰辛努力,实现了"质量保优良、安全零事故、工期不延误、工地创文明"的建设目标。2013年4月,水下工程按期完成并投入运用,在一个非汛期内成功完成了一座大型水闸原址拆除重建的水下工程施工任务,为保障流域防洪安全和供水安全创造了条件;工程现场推行安全生产标准化管理,实现了安全生产零事故,2015年,项目法人荣获"全国水利安全监督工作先进集体"荣誉称号;2014年9月,单位工程全部通过完工验收并移交管理单位运行;2015年

6月,工程通过竣工验收。太浦闸除险加固工程完成后,工程安全隐患得以消除,防洪和供水保障能力得以提高,同时增加了过船设施,改善了周边环境。太浦闸除险加固工程通过竣工验收后,已经安全运用8年多,其间经历了2016年流域性特大洪水、2020年流域性大洪水和多次强台风的考验,工程保持安全运行并发挥了重要作用。2017年,太浦闸工程管理单位通过了水利部水利工程管理考核验收;2018年,太浦闸工程管理单位实现水利部水利安全生产标准化一级单位达标;2022年11月,太浦闸工程通过水利部标准化管理评价验收。

太浦闸除险加固工程采用节地规划设计,建筑物布局合理,节约了土地资源;建筑外观设计新颖,采用被动式节能的绿色建筑理念,成功利用热压差为建筑提供自然通风,具有较好的节能效果。该工程获得5项国家专利:新型闸槛结构能够统筹远期规模和近期建设需求,施工方便、节约投资;新型钢管柱柱脚刚性连接结构,用钢量省、方便施工、简洁美观;新型联动启闭机采用一套驱动和两套卷扬装置,首次实现了在套闸工程上的运用和自动化控制运行;新型横拉式启闭机采用单卷筒双缠绕技术,制造成本低、运转安全、省力可靠;新型操控台体积小巧,结构紧凑,外观新颖,操作方便。工程建设过程中,积极推广应用闭式环保启闭机专利设备,以及环境友好型长效牺牲阳极保护技术、TAS9000水利站群集控与信息化系统技术等水利先进实用技术,取得良好的建设成效。施工现场成立"太湖美"QC小组,开展质量管理创新活动,提高了闸门槽预埋件安装质量优良率,荣获2016年水利行业优秀质量管理小组QC成果一等奖。太浦闸除险加固工程荣获2015~2016年度中国水利工程优质(大禹)奖。

1998年水利部颁布了《水利工程建设程序管理暂行规定》(水建〔1998〕16号),2014年、2016年、2017年、2019年又多次对其中部分规定进行了修正,但始终将后评价工作明确规定为其中的一个建设程序,并对后评价工作的内容、组织实施办法等作了基本规定。2010年水利部印发了《水利建设项目后评价管理办法(试行)》(水规计〔2010〕51号)和《水利建设项目后评价报告编制规程》(SL 489—2010),从行政层面和技术层面进一步规范了水利建设项目后评价工作。

项目后评价是水利工程基本建设程序的重要环节之一,也是水利建设项目管理的最后一个环节。为了总结项目建设经验与教训,提高项目决策与建设管理水平,2022年,太浦闸工程管理单位委托专业科研院所,依据水利建设项目后评价管理有关规定,对太浦闸除险加固工程的前期立项、建设实施、运行管理等全过程的资料进行了梳理统计分析,对工程建成后的影响进行了评估分析,并开展了大量的调查研究工作,通过对项目的立项决策、设计施工、竣工投产、生产运行等全过程进行系统评价,综合分析太浦闸除险加固工程项目实际状况及与以前评价预测状况的偏差,最终完成了太浦闸除险加固工程的项目后评价。

根据系统工程理论,水利工程除险加固项目的后评价是一个多因素、多层次、具有复合不确定性的复杂系统工程。而当前除险加固项目后评价主要是基于数值模拟、理论计算、监测反分析等对比评估加固前后工程服役性能中的单指标提升程度,以及根据工程效益增量与除险加固费用之间的关系进行经济效益评价、目标和可持续性评价等。对于除险加固项目的综合后评价尚缺乏系统、完善的综合评价指标体系,且已有研究成果主要是针对病险水库除险加固项目。太浦闸除险加固工程后评价在工程经济评价、目标和可持续性评价实践过程中,进行了有益的尝试。经济评价时,从工程防洪效益、供水效益及改善下游水环境带来的降低污水治理成本的生态效益等三方面来衡量太浦闸除险加固工程的经济效益。目标评价时,采用了对比分析法,从防洪效益目标、排涝效益目标、供水和改善水环境目标、工程安全性目标、工程管理现代化目标、环境协调性目标等6个方面评价项目目标的实现程度;可持续性评价时,采用了 ANP-FCE 模型综合评价法,结合了网络层次分析法(ANP)和模糊综合评价法(FCE)两种评价模型的优势,构建了涵盖工程技术、经济、社会、环境、内部管理机制等5个方面的可持续性能力综合评价指标21项(其中定量指标17项,定性指标4项),尝试更加全面、科学地评价工程可持续发展能力。

本书以太浦闸除险加固工程项目后评价工作实践为例,系统梳理总结了水利工程建设项目后评价工作中过程评价、经济评价、社会影响评价、环境影响及水土保持评价、目标和可持续性评价等各阶段、全过程工作实践的经验与体会,可以为类似水利工程建设项目开展后评价工作提供参考与借鉴。本书共分为10章,其中第1章为概述,第2章为前期工作评价,第3章为建设实施评价,第4章为运行管理评价,第5章为经济评价,第6章为环境影响评价,第7章为水土保持评价,第8章为社会影响评价,第9章为目标和可持续性评价,第10章为后评价结论和建议。

本书由郑春锋、连振荣、李庆锁统稿。前言由郑春锋编写;第1章由李庆锁编写;第2章由李庆锁、陈棨尧编写;第3章由连振荣、陈棨尧、陈雨清、胡书庭、李超编写;第4章由唐闻韬、刘毅、刘宸宇、陈雨清、李超编写;第5章由钟惠钰编写;第6章由陈棨尧、连振荣编写;第7章由李庆锁、袁一炜编写;第8章由刘毅编写;第9章由刘宸宇、连振荣编写;第10章由郑春锋编写。

本书编撰过程中,得到了水利部太湖流域管理局有关领导和专家的悉心指导,河海大学周申蓓教授等对本书提出了修改完善意见,在此谨表诚挚感谢!

因主客观条件制约,本书难免存在一些错误或不当之处,恳请读者批评指正。

作 者
2023 年 7 月

目　录

第 ①章　概　述

1.1　项目概况

1.1.1　项目所在地自然、社会环境概况

太浦闸位于江苏省苏州市吴江区境内的太浦河进口处,西距东太湖约 2 km,北距苏州市约 50 km。该闸建成于 1959 年,由于历史原因,建成时就留有质量隐患,虽经大修、加固处理,仍不能满足现行规范要求和安全运行需要。2000 年 11 月,太浦闸安全鉴定为三类闸。2011 年 12 月,水利部批准《太浦闸除险加固工程初步设计报告》,同意在原址对原水闸建筑物进行拆除重建,以消除工程安全隐患,满足流域防洪、泄洪及向下游地区供水的需求。

1.1.1.1　自然环境状况

1. 气候状况

太浦闸工程所属区域为北亚热带季风区,四季分明,气候温和,雨水充沛,全年无霜期较长,年平均气温 15.7 ℃,年平均降水量 1 126.4 mm,年平均降水日数 130.1 d。

2. 地质地貌

工程区位于太湖平原区湖滨堆积平原上,周围湖荡水网稠密,太浦闸两岸地形平坦,多为农田。

3. 水质状况

工程区附近水质较好,2017 年之前太浦河氮、磷浓度超标,但是近年来磷浓度逐渐呈现均质化和递减趋势。2021 年,全年水质监测结果显示,太浦河水质总体较好,保持在地表水Ⅲ类标准,基本上可达到该水域水功能区划的要求。

4. 土壤环境

工程区域附近土壤环境指标评价结果显示,铅(Pb)和镍(Ni)两项指标满足《土壤环境质量》二级标准,其余指标均满足一级标准要求,调查范围内土壤环境较好。

5. 空气质量

2021 年,工程区域所在地吴江区国控点空气优良天数为 290 d(有效监测天数 345 d),优良天数比例为 84.1%❶。

1.1.1.2　社会经济状况

太浦闸除险加固工程位于苏州市境内,工程影响范围涉及苏州市、嘉兴市、上海市等

---

❶ 《2021 年吴江区环境质量状况》。

广大平原河网地区。该地区是太湖流域及我国经济最为发达的地区之一,苏州市、嘉兴市、上海市 3 座城市的国民生产总值及人口数量占比超太湖流域总数的 1/2。影响范围内 3 个城市的社会经济状况如表 1-1 所示。

表 1-1 2021 年工程影响区社会经济情况❶

地区	指标	份额	太湖流域占比/%	全国占比/%
苏州	生产总值	22 718.3 亿元	20.15	1.99
	人口数量	1 284.78 万	18.86	0.91
嘉兴	生产总值	6 355.28 亿元	5.64	0.55
	人口数量	540.09 万	7.93	0.38
上海	生产总值	43 214.85 亿元	38.33	3.77
	人口数量	2 487.09 万	36.52	1.76

1.1.2 太浦闸除险加固工程概况

1.1.2.1 工程总体简介

太浦闸是环太湖最大的拦河节制闸,作为太湖流域控制性骨干工程,其主要任务是防洪、泄洪、向下游地区供水❷。为解决太湖流域洪涝灾害频发问题,20 世纪 50 年代,国家投资 190 万元用于建设太浦闸工程,工程于 1958 年 11 月开工,1959 年 10 月竣工。但因太浦河下游尚未疏通,建成后太浦闸并未投入排水使用(见图 1-1),一直到 1991 年太湖流域大洪水时才首次开闸投入运用。在工程建成后近 40 年间,有关部门投入大量的人力物力,针对品质较差的施工用材导致工程质量受损部分进行维修、加固处理。但由于工程仍存在较多的质量问题,2000 年管理单位组织开展了太浦闸工程安全鉴定工作,随后启动工程除险加固前期工作。在得到国家相关部委批复后,太浦闸除险加固工程于 2012 年正式开工建设,2015 年通过竣工验收,工程完工图见图 1-2。

太浦闸除险加固工程是国务院批复的《太湖流域防洪规划》《太湖流域水环境综合治理总体方案》中重点水利工程建设项目之一,采用原址拆除重建方案,概算投资 9 971 万元,其中中央投资 8 017 万元,吴江区人民政府投资 1 954 万元。该工程按 100 年一遇洪水设计,相应太湖设计洪水位 4.80 m,校核洪水位为 5.50 m,地震设计烈度为 6 度。工程除险加固后,太浦闸闸孔总净宽为 120 m(12 m×10 孔),“近期规模”的宽顶堰顶高程 0 m,水闸设计流量 784 m³/s,校核流量 931 m³/s。“规划规模”的水闸将降低闸底板高程至 −1.50 m,水闸设计流量 985 m³/s,校核流量 1 220 m³/s。工程主体由闸室、上游护坦及抛石防冲槽、下游消力池、海漫及抛石防冲槽、上下游接原河道反坡段、上下游翼墙、交通桥、启闭机房、桥头堡等部分组成。主要建筑物为 1 级建筑物,次要建筑物为 3 级建筑物,临时建筑物级别为 4 级。主体建筑物主要工程量包括土方开挖 46 995 m³,土方回填 20 201

---

❶ 《2021 年度太湖流域及东南诸河水资源公报》。
❷ 《国家发展改革委关于太浦闸除险加固工程可行性研究报告的批复》。

图 1-1 除险加固前太浦闸工程外观

图 1-2 除险加固后太浦闸工程外观

m³,混凝土及钢筋混凝土 19 529 m³。总工期为 15 个月,无新增永久征地,临时用地 90.8 亩❶。

太浦闸除险加固工程在原址对老水闸拆除重建,闸轴线位置不变。节制闸闸室为钢筋混凝土开敞式整体结构,两孔一联布置,闸底板厚 1.5 m,隔墩厚 1.3 m,缝墩、边墩各厚

---

❶ 1 亩 = 1/15 hm²,全书同。

1 m。节制闸闸顶高程为7.20 m,10孔总净宽120 m,顺水流方向长113.0 m,垂直水流方向长136.5 m。闸室顺水流方向长18 m,闸室向上游依次是8 m长钢筋混凝土护坦,10 m长浆砌块石护坦,10 m长干砌块石护坦,5 m宽抛石防冲槽;闸室向下游依次为20 m消力池,总长31 m浆砌块石、干砌块石海漫,10 m长抛石防冲槽。上下游翼墙与闸室连接,上游翼墙墙顶高程6.00 m,下游翼墙墙顶高程5.00 m。闸顶交通桥布置在闸室下游侧,总宽8.5 m(净宽8.0 m)、桥面高程7.20 m;检修桥布置在闸室上游侧,总宽2.7 m、高程7.20 m;工作桥支承在工作排架上,启闭机房平台高程16.50 m,总宽5.0 m。

利用节制闸南侧边孔作为套闸上闸首,增设闸室、下闸首及导航、靠船建筑物等,形成过船套闸。套闸闸室净宽12 m,闸室长70 m,其中镇静段(消力池段)长20 m。套闸上闸首双扉门底缘提升高程8.70 m,在下游侧设钢结构开启桥,与节制闸交通桥相接。开启桥正常梁底高程6.60 m,最大顶升梁底高程8.70 m。套闸闸室采用整体式结构,底板厚1.20 m。分隔墩墙顶高程为5.00 m(上游侧墙顶高程为5.50 m)、墙厚1.30 m,为钢筋混凝土倒T形结构,其内侧自3.00 m至4.50 m高程范围内均采用8 mm厚钢板护面。套闸下闸首顺水流方向长20 m,垂直水流方向长18.8 m。在上、下游各设有2个靠船墩(墩顶高程5.00 m,间距30 m),顶部设有系船柱,临河侧设系船钩。

太浦闸除险加固工程新建的交通桥与太浦河泵站交通桥成一直线布置。工程管理区设在北桥头堡,南岸靠近套闸上闸首及油泵房处设南桥头堡(即管理用房),上部横跨河道的启闭机房连接南北两岸桥头堡。

1.1.2.2　工程规划建设历程

1. 安全鉴定和规划前期协调

2000年4月,水利部太湖流域管理局以《关于太浦闸工程安全鉴定的批复》同意安全鉴定工作由太湖流域管理局苏州管理局负责。2000年11月,确定水闸安全类别为三类,并提出了必须除险加固的建议。2001年9月,太湖流域管理局苏州管理局向水利部太湖流域管理局上报《关于太浦闸工程安全鉴定项目实施情况报告》。

2002年1月,水利部太湖流域管理局编制完成了《太浦闸除险加固方案设计项目任务书(修编)》。2003年6月,上海勘测设计研究院有限公司(简称上海院)根据《太浦闸除险加固方案设计项目任务书(修编)》《太浦闸除险加固方案设计工作大纲评审会议纪要》《太浦闸除险加固方案设计综合评价工作大纲》要求,编制完成了《太浦闸除险加固或拆除重建方案设计比选报告》《太浦闸除险加固或拆除重建方案设计综合评价报告》,推荐方案为拆除重建方案。2004~2009年,水利部太湖流域管理局听取了北京、天津、江苏、广东等地的专家对《太浦闸除险加固或拆除重建方案设计综合评价报告》《太浦闸除险加固或拆除重建方案设计比选报告》两个报告的咨询意见,同时,又分别征求了江苏省、浙江省和上海市(两省一市)意见,对太浦闸除险加固设计方案进行探讨协调。

国务院分别于2008年2月、5月批准的《太湖流域防洪规划》《太湖流域水环境综合治理总体方案》中,太浦闸除险加固工程均被列为规划和总体方案中的重点水利建设工程项目之一。2009年6月上旬,水利部太湖流域管理局就上述实施方案分别与两省一市进行了沟通协调,并基本达成了一致意见。项目批准过程时间顺序如图1-3所示。

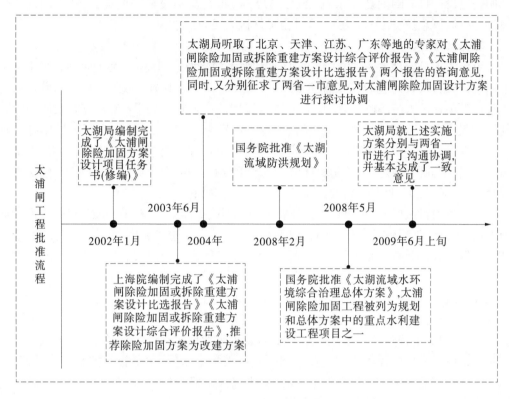

注:太湖局指水利部太湖流域管理局。

图1-3　项目批准过程时间顺序

2. 可行性研究报告审批

2010年2月,上海院编制完成《太浦闸除险加固工程可行性研究报告》,并通过水利部水利水电规划设计总院的审查。2010年9月,受国家发展和改革委员会委托,中国国际工程咨询公司组织专家组对《太浦闸除险加固工程可行性研究报告》进行了评估,提出了需要补充的内容。2011年3月,水利部太湖流域管理局提交了补充材料,专家组进行了复评。2011年5月,上海院编制完成《太浦闸除险加固工程可行性研究报告(审定稿)》。2011年7月,国家发展和改革委员会以《关于太浦闸除险加固工程可行性研究报告的批复》(发改农经〔2011〕1607号)批复可研报告,批复工程总投资8 383万元。

3. 初步设计审批

2011年7月,水利部太湖流域管理局报送《太浦闸除险加固工程初步设计报告》。2011年12月,水利部以《关于太浦闸除险加固工程初步设计报告的批复》(水总〔2011〕639号)批复初步设计报告。国家发展和改革委员会以发改投资〔2011〕2616号文件核定工程总投资8 017万元,全部由中央投资。

2012年8月、10月,苏州市吴江区人民政府分别以吴政发〔2012〕120号和吴政〔2012〕18号文件请求水利部太湖流域管理局在太浦闸除险加固工程中增设过船设施。2012年11月,《太浦闸除险加固工程设置套闸变更设计报告》编制完成并通过了水利部水利水电规划设计总院的审查。2012年12月,水利部以《关于太浦闸除险加固工程设置套闸变更设计报告的批复》(水总〔2012〕572号)批复套闸设计变更报告,核定增加工程设计变更概算总投资1 954万元,全部由吴江区人民政府承担。

4. 施工准备

为落实项目管理责任,2011年9月,水利部太湖流域管理局以《关于明确太浦闸除险加固工程项目法人的通知》(太管建管〔2011〕219号)明确太湖流域管理局苏州管理局为工程建设项目法人。2012年3月,太湖流域管理局苏州管理局以《关于成立太浦闸除险加固工程建设管理领导及工作机构的通知》(太苏字〔2012〕26号)成立了太浦闸除险加固工程建设领导小组及建设处(现场建设管理机构)、综合组、财务组,明确职责,配备人员,建立制度,研究确定了"质量保优良、安全零事故、工期不延误、工地创文明"的工程建设目标,形成了目标职责明确、运转高效有序的工作机制。

为保障项目按期施工,项目法人开展了一系列施工准备工作:①开展建设管理专题调研,调研组结合工程建设管理、运行管理、建筑外观、设备选型、功能布置及新技术、新工艺、新材料的应用,编制完成了《太浦闸除险加固工程建设调研报告》;②组织完成监理、施工图设计招标投标工作,签订相应合同;③组织设计单位深化工程设计,设计单位对主体工程建筑外观、施工围堰、通航孔、施工组织设计等进行深化优化;④协调占地补偿及施工期供水工作;⑤完成了吊车政府采购,提前实施250 kVA供变电、75 kW柴油发电机更新;⑥研究提出工程建设管理方式、组织管理机构等意见;⑦召开专家咨询会,专题研究确定影响主体工程招标投标的相关技术问题及施工场地布置、主要施工控制节点等问题;⑧研究确定工程外观、桥头堡功能需求;⑨研究预留船闸位置、通航孔、内部管理通道;⑩优化主体工程双回路供电方案,提前实施供电系统改造项目。

5. 主要单位工程施工过程

工程共划分为土建施工及设备安装、金属结构制作及启闭机制造、自动化设备采购与安装、管理用房建筑施工等4个单位工程28个分部工程和730个单元工程。主要单位工程开工、完工时间见表1-2。工程于2012年9月1日开工,主要单位工程于2014年6月28日完工。水下工程于2013年4月底按期完工,确保了工程按期投入2013年汛期运用,保障了流域防洪和供水安全。2014年9月16日单位工程验收全部完成。在陆续完成水土保持、档案和环保等专项验收,以及竣工验收技术鉴定后,2015年6月17日,通过竣工验收。

表1-2 主要单位工程开工、完工时间

序号	单位工程	施工单位	开工时间 (年-月-日)	完工时间 (年-月-日)
1	土建施工及设备安装	江苏省水利建设工程有限公司	2012-09-01	2014-06-26
2	金属结构制作及启闭机制造	江苏省水利机械制造有限公司	2012-10-18	2013-07-30
3	自动化设备采购与安装	南京钛能电气有限公司	2013-08-15	2014-06-28
4	管理用房建筑施工	江苏圣通建设集团有限公司 (联营体牵头方)	2014-01-05	2014-06-28

6.生产准备

项目法人采用建管一体的建设管理模式,在工程建设管理过程中,工程管理人员参与工程建设,在工程投入临时运行前对人员职责、工程调度运行方式、工程运行规则等制订相应管理制度,开展了工程运行管理培训,保障工程正常投入运行。

项目法人依据《水闸技术管理规程》(SL 75—2014),组织编制了《太浦闸工程技术管理实施细则》《太浦闸工程套闸运行管理暂行办法》《太浦闸套闸通行船舶管理办法(试行)》《太浦闸双扉门启闭机现地操作规程》《太浦闸套闸船舶通行规程》《太湖流域管理局直管工程维修养护技术质量标准》等规程,修订了《太浦闸工程应急预案》。从套闸的操作、运行、养护到通行船舶的许可、管理,实现了全过程的制度化管理。此外,组织太浦河枢纽管理所制定了岗位职责、运行值班制度、检查维修制度等一系列内部管理制度,并且按照培训计划要求,开展了技术管理等制度培训,为保证试运行期间工程安全运行奠定了基础。

1.1.2.3　运行管理简述

继生产准备之后,管理单位组织机构进一步健全,管理队伍得到充实,工程管理规范化不断推进。先后通过了水利部水利工程管理考核验收(国家级水管单位)、安全生产标准化一级单位达标和水利部标准化管理工程评价验收。积极开展工程管理创新创优活动,获得多项国家发明专利和软件著作权登记,数字孪生太浦闸工程先行先试工作得到水利部表扬。

1.2　项目后评价工作简述

2022 年,太湖流域管理局苏州管理局依据《中央政府投资项目后评价管理办法》《水利建设项目后评价管理办法(试行)》《水利建设项目后评价报告编制规程》及相关要求,委托专业科研院所,对太浦闸除险加固工程的前期立项、建设实施、运行管理等全过程的建设资料进行了梳理统计分析,对工程建成后的影响进行了评估分析,并开展了大量的调查研究,通过对项目的立项决策、设计施工、竣工投产、生产运行等全过程进行系统评价,综合分析太浦闸除险加固工程项目实际状况及与以前评价预测状况的偏差,最终完成了太浦闸除险加固工程的项目后评价。

1.2.1　后评价工作目的及原则

项目后评价是对项目立项决策、建设和运行全过程经验教训的总结,为项目后续运行管理工作效率和管理者的科学决策水平的提高提供理论支撑。后评价工作的目的是在项目建成并运行一段时间后,通过梳理项目前期工作、建设实施、竣工验收和运行管理环节的工作情况,并对各环节的工作效果进行后评价,分析预期目标和运行现状之间产生差异的原因,有效地定位问题的源头、发现可能的运行隐患,形成为项目运行管理和类似项目规划提供重要参考的后评价报告。太浦闸除险加固工程显著提高了太浦闸的防洪除涝能力,运行后对于沿线水环境质量提升和社会经济发展做出了重要的贡献,因此对工程建设期的各项工作进行后评价,总结其施工阶段的管理经验和教训,发掘其工程亮点和存在的不足,有助于改善对水利项目的决策和管理水平,对相关的水利工程项目的建设也有重要的借鉴意义。

后评价工作依据国家发展和改革委员会在 2014 年印发的《中央政府投资项目后评价管理办法》和水利部《水利建设项目后评价管理办法(试行)》《水利建设项目后评价报告编制规程》及相关文献,秉持以下四点原则开展:

(1)独立性。独立性是保证后评价合法性和公正性的前提。为此,项目后评价工作应由投资者和受益者以外的第三者来执行,避免项目参与方为保护自身利益作出不合理的评价。独立性原则应贯于后评价工作的全过程,从后评价计划的制订、任务的委托到后评价小组人员的配置及后评价报告的处理等,都必须坚持独立性,保持客观公正。

(2)客观性。项目后评价工作必须从实际出发,所采用的数据必须是项目产生的真实数据,不应该自主修改或捏造,要实事求是地反映出项目的效果与问题。要客观地结合实际对结果进行分析,找出项目成功或失败的原因,总结经验教训。

(3)科学性。项目后评价工作必须保证评价方法、评价逻辑、评价结果的科学性。评价方法要参考专业学者的研究成果,依据项目特点与项目理念选取合理的评价方法;评价逻辑要与国家、地方的规章制度契合,避免评价结果杂乱无章;评价结果应正确且具有价值,能为项目后续的发展提供理论指导;基础数据的采集必须真实可靠,否则得出的结论可能会误导决策者。

(4)公正性。独立地对项目作出后评价,使得后评价结果不受任何一方影响产生偏差;运用客观且全面的数据,按照规定选取科学的评价手段使得后评价结果真实可靠,这样的后评价报告才具有公正性与说服力。

1.2.2 项目后评价的主要工作内容

太浦闸除险加固工程的后评价内容主要有:项目过程评价(前期工作评价、建设实施评价、运行管理评价)、项目经济评价、项目环境影响评价、社会影响评价、水土保持评价、目标和可持续性评价,以及综合评价结论和建议等。项目后评价工作流程见图1-4。

(1)过程评价。主要包括前期工作评价、建设实施评价和运行管理评价。前期工作评价主要是对项目立项阶段的各项工作进行评估,以确定其合规性,主要依据的相关文件有项目建议书、项目可行性研究报告和规划设计等。建设实施评价主要是从施工准备、建设实施、验收工作和生产准备等方面进行分析,包括对施工期间所运用的创新技术、水土保持和环境保护效果进行评价,检查其建设工作流程的合规性;在生产准备期间,对其人员配备情况,生产及非生产性设施设备齐全性进行评价。工程运行管理评价主要从组织机构职责、规范管理制度、创新创优、标准化管理等进行分析,检查其运行管理的规范性。

(2)经济评价。分为财务评价与国民经济评价。在财务评价中首先分析项目的实际投资和现有资产,再对工程的费用进行计算,选用相关方法对工程的运行费用进行预测,并计算其运营期间的资金投入;在国民经济评价中计算工程产生的各类效益,最后选定相应的指标对项目经济效益状况进行分析。

(3)环境影响评价。环境影响评价主要对工程影响范围内的噪声、空气、水体污染和生态环境进行评价,对项目引起的各个环境因子的变化和新出现的环境问题,分析其产生

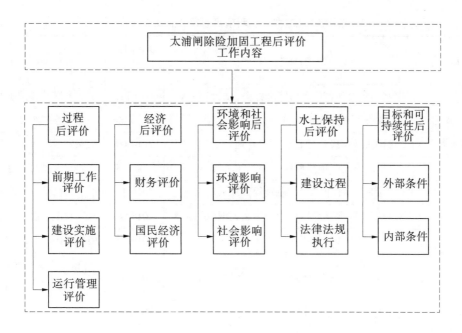

图 1-4 项目后评价工作流程

的原因并提出减缓不利影响的措施。

(4)社会影响评价。社会影响评价主要对所在流域或区域社会经济、社会环境带来的影响,针对项目社会影响的特点,对社会经济目标、交通运输、旅游、综合效益、社会支持程度、社会安定、直接和间接就业机会、当地人民生活质量、对周边建筑或基础设施的影响、专业人才培养等方面进行评价。

(5)水土保持评价。主要是对水利建设项目过程中水土保持情况及效果进行评价,包括建设工程影响区水土流失问题、水土保持法律法规的执行情况、水土保持措施执行情况等,并对未来工程建设中水土保持提出对策建议。

(6)目标和可持续性评价。目标评价主要是评价项目目标实现程度和项目目标确定的正确程度,采用对比法进行评价;可持续性评价主要是从外部条件和内部条件进行分析评价,对项目能否持续运转和实现持续运转的方式提出评价。外部条件包括自然环境、社会经济、政策法规及宏观调控、资源调配情况、生态保护要求、管理体制及相关部门的协作情况;内部条件指的是组织机构、技术水平、人员素质、管理制度、财务运营能力等。

1.2.3 项目后评价的评价依据

根据水利部《水利建设项目后评价管理办法(试行)》的规定,后评价工作的主要依据包括有关法律法规及技术标准、项目各阶段的文件资料。

1.2.3.1 国家及地方政府颁布的规程规范

后评价工作涉及项目效益、项目运行管理状况和社会环境影响程度等多个方面,需要依据专门的政策文件要求,制定各环节的评价条目和调价指标。一般需要按照表 1-3 中所统计的规程规范,与水利建设项目有关的国家规范文件要求,开展编制工作。

表1-3　国家关于水利项目后评价的规程规范

项目	名称	颁布时间（年-月）	颁发部门
后评价管理办法	《水利建设项目后评价管理办法（试行）》	2010-02	中华人民共和国水利部
	《江苏省政府投资水利建设项目后评价办法（试行）》	2010-09	江苏省水利厅
	《中央政府投资项目后评价管理办法》	2014-09	国家发展和改革委员会
	《江苏省政府投资项目后评价管理办法（试行）》	2020-08	江苏省人民政府办公厅
编制规范	《水利建设项目后评价报告编制规程》（SL 489—2010）	2010-11	中华人民共和国水利部
	《中央政府投资项目后评价报告编制大纲（试行）》	2014-09	国家发展和改革委员会
	《水利工程建设程序管理暂行规定》	2019-05	中华人民共和国水利部
经济评价	《建设项目经济评价方法与参数》	2006-08	国家发展和改革委员会、建设部
	《水利建设项目经济评价规范》（SL 72—2013）	2013-11	中华人民共和国水利部
	《已成防洪工程经济效益分析计算及评价规范》（SL 206—2014）	2014-05	中华人民共和国水利部
环境及社会影响评价	《水利建设项目环境影响后评价导则》（SL/Z 705—2015）	2015-03	中华人民共和国水利部
	《水利建设项目（河湖整治与防洪除涝工程）环境影响评价文件审批原则（试行）》	2018-01	环境保护部办公厅
	《水利水电建设项目环境影响后评价技术导则（征求意见稿）》	2018-06	中华人民共和国生态环境部

1.2.3.2　水利工程各阶段文件资料

在依据国家规范文件搭建后评价框架后，需要提供项目管理各环节过程资料，作为对各阶段的工作完成情况进行后评价的依据。后评价工作需要的各阶段文件资料如表1-4所示。

表1-4　后评价有关文件资料

评价内容	文件资料
前期工作评价	安全鉴定资料、可行性研究报告、立项批文、项目法人资料等
建设实施评价	开工申请、采购报告、施工变更报告、竣工验收报告等
运行管理评价	运行管理方案、运行监测数据、运行效益报告等
经济评价	财务报表、审计报告等

续表 1-4

评价内容	文件资料
环境影响评价	项目前后环境资料、环保验收鉴定书等
水土保持评价	项目前后水土保持资料、水保验收鉴定书等
社会影响评价	政府评价、评奖报告、政府统计年鉴等

1.2.4 项目后评价研究范围

太浦闸除险加固工程影响范围主要涉及太浦闸以下太浦河沿线,涵盖苏州市吴江区、嘉兴市嘉善县和上海市青浦区,故将3座城市作为研究区域,并以太浦河河口为起点至金泽水量水质站为主要的调研范围,工程后评价研究范围如图1-5所示。其中太浦河两岸200 m内划为"红线"区,"红线"区以外1 km范围内划为"黄线"区❶。在评价项目对社会产生的效益及影响时,为保证数据的完整性,统一从市级层面展开评价。

图1-5 工程后评价研究范围

---

❶ 见《太湖流域综合规划(2012~2030年)简要文本》第五章46页。

第 2 章 前期工作评价

2.1 前期工作评价内容

项目的全生命周期包含前期工作、建设实施和运行管理三个阶段,每一阶段对项目的运行效果及可持续性都会产生重大的影响,因此需要对这三个阶段的工作完成情况以及对项目整体产生的影响进行评价。前期工作阶段的成本投入占项目整体的比重不大,却是整个项目的基础。

项目前期工作评价包括项目建设必要性与合理性研究评价、立项决策评价、勘测设计评价和项目法人前期工作评价等四部分。依据规程规范评价各项工作内容的完整性、全面性,论证深度以及科学性、合理性,审查意见的指导性和有效落实程度,评价过程的关键手续是否齐全、程序是否符合规定。

2.2 前期工作评价依据和方法

2.2.1 前期工作评价方法

前期工作评价方法主要采用对比法,包括前后对比和有无对比。前后对比(before after comparison)是对项目实施之前与项目完成之后的情况加以对比,以确定项目效益的一种方法。在项目后评价中,前后对比是指将项目前期的可行性研究和评估的预测结论与项目的实际运行结果及在评价时所做的新的预测相比较,找出差异,分析原因。有无对比(with and without comparison)是将项目实际发生的情况与假设没有该项目的条件下可能发生的情况进行对比,以度量项目的真实效益、影响和作用。对比的重点是要分清项目的作用和影响,与项目外因素的作用和影响。

2.2.2 前期工作评价依据

前期工作评价依据采用国家和地方有关的法律法规、国家和地区有关的社会经济现状与国家经济发展规划、行业经验,历年流域管理公报及新闻资料,制度规定和行政监管要求等,见表2-1。

表2-1 项目前期工作评价依据

一级指标	二级指标	三级指标	评价内容	评价依据
前期工作评价	项目必要性与合理性研究评价	项目建成后的经济、生态和社会效益	①项目建成后发挥的效益状况;②与社会环境的协调程度;③对社会生活生产发展的重要性等	历年流域管理公报及新闻资料
	项目立项决策评价	项目建议书主要内容及批复意见	结论明确客观,重点突出	国家和地方有关的法律法规、国家和地区有关的社会经济现状与国家经济发展规划、行业经验
		可行性研究报告批复意见	①可行性研究:可行性研究报告内容完整科学,项目必要性、合理性论证充分,并进行多方案比选,对资源(环境、技术、材料、资金来源)分析深入,项目布局合理、技术路线选择合理、成本测算合理、效益计算准确;②批复意见:可研报告的批复意见及相应的修改情况	
		项目初步设计主要内容及批复意见	工程特点、工程规模、主要技术标准、主要技术方案、初步设计批复意见	
		内部决策程序	①审查人员的选定是否考虑了专业性、经验性和独立性;②项目决策效率与决策质量:内部程序的合规性、科学化、民主化程度,外部审查的及时性,意见的合理性,审查意见是否得到贯彻执行	制度规定和行政监管要求
		外部决策程序	项目审批依据是否充分,是否依法履行了审批程序,是否依法附具了土地、环评、规划等相关手续	
	勘测设计评价	设计资质与勘测设计质量	设计单位资质、选择合理性,勘测设计的质量、设计变更	国家和地方有关的法律法规、规程规范
	项目法人前期工作评价	提出规划设计理念、设计修改建议	设计理念实用性、景观性、科学性,设计的经济性和功能实用性,与设计单位工作配合	美学、经济性、功能性和实用性

2.3 前期工作评价过程

2.3.1 项目建设的必要性与合理性研究评价

2.3.1.1 项目建设的必要性评价

太浦闸建成后在减少洪涝损失与水环境治理投入、降低用水成本、提高航运效率方面带来了显著的经济、生态和社会效益。为充分、持续地发挥太浦闸各项功能,保障流域防洪、水资源调度的安全,促进流域经济社会发展,对太浦闸实施除险加固是非常必要的。

中华人民共和国成立后,中央及地方政府为应对太湖洪涝问题,在进行 30 多年的综合规划后,组织实施太浦河疏浚工作,使太浦闸工程于 1991 年得以正式运行❶。工程投入运行后,在多次洪水防御中发挥重要的泄洪作用,极大地降低了沿线的受灾程度:太浦闸增大分洪流量以防御 1991 年大洪水,共排泄太湖洪水 8 亿 m^3;1999 年汛期,太浦闸共运行 133 d,共排泄太湖洪水 28.73 亿 m^3;2001 年太浦闸全年运用 110 d,累计排水量 7.82 亿 m^3。

2002 年以来,太湖流域实施了引江济太,通过太浦闸工程向下游和黄浦江增加供水,在一定程度上改善了受水区的水质和水环境。2007 年 5 月,实施引江济太应急调水增大了太湖的来水量,不仅有助于缓解无锡供水危机,更有效改善了无锡市饮用水水质,直接或间接地降低了自来水与工业用水的处理成本;同时,通过太浦闸向下游地区增加供水,改善了下游地区水环境。2008 年,太浦闸向下游增加供水 15.4 亿 m^3,超额完成了调水任务,通过项目的实施,改善了沿线河湖的水质,增加水资源供给,有效抑制了太湖蓝藻大面积暴发进而降低了水环境治理投入,取得了显著的经济效益。2010 年进行 6 次引江济太调水,保障了世博会期间上海的供水安全,也为上海市实现青草沙水源成功切换和重要水厂通水创造了条件。同时,太浦闸的建成发挥了在汛期防洪、枯水季增加河道水量的作用,提高了太浦河下游地区通航效率,减少了停航时间,带来了内河航运效益。

经过多年发展,太浦闸工程已成为生态文明、美丽河湖建设、推进乡村振兴的重要载体。例如在推进吴江区高质量发展方面,太浦闸与其他水利工程形成以水利风景区为特色的水利名片,打造幸福河湖,彰显河湖魅力,促进水利事业与文旅产业的融合发展,有效带动周边村民就业,不断增强当地群众的安全感、获得感、幸福感。

太浦闸项目效益产出显著,需要保证其持续可靠地运行。太浦闸建成后,其防涝泄洪能力为经济发展、生态改善和社会和谐作出了重要的贡献,上下游的居民、企业及城市都因此获利良多。但因早期技术水平、资金投入等多因素的影响,太浦闸水闸闸墩、闸底板内部普遍存在蜂窝和空洞现象,混凝土芯样存在破碎、孔隙、松散等严重缺陷,混凝土整体强度难以保证,经安全鉴定后认定为三类闸,说明太浦闸的质量不足以支撑其持续运行。根据《水闸安全鉴定规定》(SL 214—98)的有关规定,必须对太浦闸进行除险加固。但由于太浦闸建成至除险加固前已有 50 多年,工程整体老化现象比较严重;50 多年来太湖流

---

❶ 《太湖流域防洪与水资源管理》第三章。

域和工程周边地区的工情、水情发生了较大的变化;进一步的水利规划对太浦闸的防洪能力提出了更高的要求,对太浦闸的运用增加了供水和水资源调度的新内容。因此,有必要对拆除老闸按新的流域规划重建太浦闸的方案进行研究,并与老闸除险加固方案进行比较。通过对太浦闸维修加固和拆除重建方案进行综合比选,发现拆除重建方案从工程布置、主要建筑物的结构形式、启闭设备形式、施工和运行管理等方面均优于维修加固方案,虽然拆除重建方案的工程投资略大于除险加固方案,但只增加10%的费用,若与船闸结合,其总费用反而相对较低。因此,从工程的功能性、技术性、安全性、经济性、运行管理和环境协调等方面综合比较来看,太浦闸拆除重建方案总体优于太浦闸维修加固方案。

因此,为保证太浦闸工程的运行及效益产出的可持续,从而保障人民的生命财产安全、满足居民及社会经济发展的需求,选择以拆除重建的形式实施太浦闸除险加固工程是十分必要的。

2.3.1.2　项目建设的合理性评价

从经济、生态和社会效益上看,太浦闸除险加固工程的建设合理,正向效益产出显著。

太浦闸除险加固工程完成后,区域防洪标准提高,改善了区域内的投资环境,为加快流域的开发建设与地区经济发展创造了必要条件。2015年太浦闸工程泄洪172 d,排泄洪水33亿 m^3,预计直接经济效益超过10亿元;2016年整个汛期,太浦闸开闸运行149 d,调整闸门111次,累计排泄洪水39.3亿 m^3,远超历史记录。2018年以来,水利部太湖流域管理局未雨绸缪,充分利用太浦河闸泵联合调度,有效降低突发水污染事件的风险,节约了净水成本。工程除险加固后,新运河以东约43 km河道可全线通航,直达泖河经斜塘入黄浦江,该段顺畅的太浦河航线大大缩短了航距,有效地提高了水运效益。太浦闸除险加固工程完成后,其带来的水资源配置和水环境改善效益,提高了太湖两岸地区渔业生产条件,"太湖三白"、太湖珍珠、太湖蟹等太湖特产产量增加,提高了地区的经济收益。

太浦闸除险加固工程对工程性能的提升,使得流域水生态环境得到改善。工程完成后,太浦闸设计流量由580 m^3/s提升至784 m^3/s,工程排水能力有所提升。通过引江济太联合运行,从长江调入了大量优质水,改善了水质亦增加了水环境容量,实现了对区域排放的重金属污染物的稀释,大大改善了水环境,产生了以清释污、以丰补枯、以动治静、改善水质的水生态调节效用,太湖及周边河道水体置换量增加,提高了水体的自净能力。同时,太浦闸清水长流,非汛期时向太浦河下游及上海、嘉兴水源地供水,保障了太浦河下游人民群众的饮用水安全;在干旱期间,充分利用太湖的蓄水能力联合调度,最大限度地将前期洪水转换成可利用的水资源,通过不间断地向下游供水的方式,使嘉兴市河道得到有效水源补充,蓄高河网水位,保证饮水及工农业生产用水安全。

由于除险加固工程为老闸原址拆除重建,不涉及永久征地及拆迁、移民安置,且工程完工后恢复植被2.4万 m^2,闸区环境明显改善,为水生态文明建设、水利风景区建设等创造了条件。太浦闸除防洪、泄洪和供水功能外,还具有水生态功能,不仅成功应对了2017年太湖蓝藻暴发、太浦河锑浓度异常等突发水污染事件,保证了G20峰会、中国国际进口博览会等重大活动的供水安全,也在改善东太湖水环境维护条件、提升太湖浦江源国家水利风景区品质方面发挥着重要作用。太浦闸除险加固完成以后,成为浦江源国家水利风景区的核心工程景观,是东太湖度假旅游区内的一座地标性水工建筑物,营造出了太湖岸边美丽的水利风景线。

由此可见,除险加固工程的规划与建设符合工程运行及社会发展的要求。除险加固工程完工后,太浦闸的运行能力得到提升。而区域防洪标准的提高,能够改善流域和区域内的投资环境,为加快流域和区域的开发建设创造了必要的条件,为周边地区带来了良好的效益,是太湖流域水利发展的又一重大成就。因此,太浦闸除险加固工程的规划与建设是十分合理的。

2.3.2 立项决策评价

2.3.2.1 项目立项决策过程

1. 项目任务书

2000年4月,太湖流域管理局苏州管理局组织对太浦闸进行安全鉴定。经鉴定,太浦闸为三类闸。

2001年6月,水利部太湖流域管理局以《关于报请审批太浦闸除险加固及拆建方案研究项目任务书的请示》(太管计〔2001〕133号)上报水利部。2002年9月,受水利部太湖流域管理局委托,太湖流域管理局苏州管理局在苏州组织召开了《太浦闸除险加固或拆除重建方案设计》工作大纲评审会,对华东勘测设计研究院有限公司、上海院和江苏省水利勘测设计研究院有限公司等三家设计部门提交的设计大纲进行了评审。经评审,一致推荐采纳上海院的设计大纲。2003年5月,水利部以《关于太浦闸除险加固及拆建方案研究项目任务书的批复》(水规计〔2003〕174号),批复同意太浦闸除险加固及拆建方案研究项目任务书。

2. 除险加固初步设计

2003年6月,上海院编制完成了《太浦闸除险加固或拆除重建方案设计比选报告》和《太浦闸除险加固或拆除重建方案设计综合评价报告》等。2003年7月24日,水利部太湖流域管理局分别发函征求了江、浙、沪两省一市意见。两省一市均回函同意太浦闸原址拆除重建的除险加固方案。

2005年2月,上海院编制完成了《太浦闸除险加固工程初步设计报告》。

2005年3月29日,水利部太湖流域管理局以《关于报请审批太浦闸除险加固工程初步设计报告的请示》(太管规计〔2005〕53号),上报水利部。

3. 初步设计审查与协调

2005年4月4~6日,水利部水利水电规划设计总院组织对初步设计报告进行了审查,同意太浦闸除险加固设计方案,并要求进一步协调地方意见。

2007年1月11~12日,水利部水利水电规划设计总院在北京主持召开了太浦闸除险加固工程建设方案讨论会,对太浦闸除险加固建设方案进行了协调。2008年4月,时任水利部副部长矫勇对加快太浦闸除险加固提出了明确意见。2009年2月,时任水利部副部长刘宁对太浦闸除险加固进行了协调并提出了具体要求,要求早日开工建设。2009年4月20日,时任水利部部长陈雷视察太浦闸,强调太浦闸除险加固工程要早日开工建设。

2009年4月,上海院及时提出太浦闸除险加固工程具体实施方案:太浦闸除险加固远期按照底板高程-1.5 m的要求设计建设,近期按照宽顶堰顶高程0 m的方案实施;远期根据流域防洪规划,疏浚上下游河道时再与流域两省一市协商后,结合太浦闸上下游河道疏浚,降低闸底板高程。2009年6月上旬,水利部太湖流域管理局就上述实施方案分别与两省一市进行了沟通协调,基本达成了一致意见,分别形成协调会议纪要。

4. 可行性研究报告和水土保持方案、环境影响报告

2010年2月,上海院先后编制完成了《太浦闸除险加固工程可行性研究报告》《太浦闸除险加固工程水土保持方案报告书》和《太浦闸除险加固工程环境影响报告书》,水利部太湖流域管理局分别上报水利部、环保部。

2010年3月17~19日,水利部水利水电规划设计总院在北京分别主持召开了《太浦闸除险加固工程可行性研究报告》和《太浦闸除险加固工程水土保持方案报告书》审查会。

2010年8月3日,水利部以《关于太浦闸除险加固工程水土保持方案的批复》(水保〔2010〕299号),对太浦闸除险加固工程水土保持方案进行了批复。

2010年9月3~9日,中国国际工程咨询公司组织专家组对《太浦闸除险加固工程可行性研究报告》进行了咨询评估。

2011年3月17日,环保部以《关于太浦闸除险加固工程环境影响评价报告书的批复》(环审〔2011〕78号),对太浦闸除险加固工程环境影响报告书进行了批复。

2011年6月7日,中国国际工程咨询公司以《关于太浦闸除险加固工程可研报告的咨询报告》(咨农发〔2011〕525号)向国家发展和改革委员会进行了报送。

2011年7月25日,国家发展和改革委员会以《关于太浦闸除险加固工程可行性研究报告的批复》(发改农经〔2011〕1607号),核定工程总投资8 383万元,总工期15个月,同时要求抓紧编制初步设计报告。

5. 初步设计再审查和概算审查

2011年8月9日、10日,水利部水利水电规划设计总院在北京主持召开了《太浦闸除险加固工程初步设计报告》审查会,对初步设计报告重新进行了技术审查,提出了概算初审意见。

2011年10月25~27日,国家投资评审中心在上海组织召开了太浦闸除险加固工程初步设计概算评审会议,对设计单位修编的工程初步设计概算进行了审查。

2011年11月29日,国家发展和改革委员会以《关于核定太浦闸除险加固工程初步设计概算的通知》(发改投资〔2011〕2616号),核定工程初步设计概算8 017万元。

2011年12月13日,水利部以《关于太浦闸除险加固工程初步设计报告的批复》(水总〔2011〕639号),批复工程初步设计报告。

2012年12月,水利部以《关于太浦闸除险加固工程设置套闸变更设计报告的批复》(水总〔2012〕572号),批复套闸设计变更报告。核定增加投资1 954万元,由吴江区人民政府承担。

2.3.2.2　立项条件和决策依据评价

1. 项目与国家及地区规划符合程度评价

太湖流域位于长三角城市群核心区域,经济、生态及社会地位重要。太湖流域是"一带一路"和长江经济带的交汇地区,流域内社会经济发达,人口产业密集,在国家社会经

济发展中占有重要地位。2020年太湖流域以0.4%的国土面积创造了约10%的国民生产总值,人均国民生产总值达到了全国的2.1倍。由于流域内地势低平,河网纵横,平原地区一半以上的地面高程低于汛期水位,加上东海的潮汐顶托,排水困难,容易发生洪涝灾害。中华人民共和国成立以来太湖流域共发生大小水灾十几次,平均3年就发生一次,发生较大洪水的年份为1954年、1991年、1999年,造成了大量经济财产损失。近些年来,人口与各产业的集聚,生产生活过程中产生大量的污染水引起了一系列水污染问题。因此为保障流域的发展需求,加快落实防洪泄洪和水环境治理的任务已刻不容缓。

在提高太湖防洪能力上,国家的规划目标主要是兴建一些水利设施,统筹协调区域防洪。1991年太湖流域发生特大洪水以后,国务院决定全面实施《太湖流域综合治理总体规划方案》确定的太湖流域综合治理骨干工程。太湖流域治理以防洪除涝为主,统筹考虑航运、供水、水资源保护和改善水环境等方面需求,经过多年努力,太湖流域已初步形成洪水北排长江、东出黄浦江、南排杭州湾,充分利用太湖调蓄,"蓄泄兼筹、以泄为主"的流域防洪骨干工程体系的框架。太浦闸工程作为太湖的重要泄洪工程,其防洪能力以1954年降雨洪水为设计标准,全流域平均最大90 d降雨量相当于50年一遇洪水,对太浦闸进行除险加固可以提升其运行稳定性,提高其汛期的行洪能力。

在水环境治理方面,国家的规划目标主要是"源头治理、以清释污"。2001年国务院召开"太湖水污染防治第三次工作会议",将"以动治静、以清释污、以丰补枯、改善水质"作为水资源调度方针。2002年起水利部太湖流域管理局会同流域内有关省市实施以引江济太为重点的流域水资源调度,主要是由常熟水利枢纽和望亭水利枢纽将长江水通过望虞河引入太湖,而太浦闸作为太湖的重要出水口门,在保障河湖水体正常流动和加速污染物的稀释中起到核心的作用。2011年国务院颁布了《太湖流域管理条例》,该条例对太湖流域的饮水安全、水资源保护、水污染防治、水域和岸线保护等作出了严格规定,进一步完善了太湖流域综合治理体系。太浦闸在除险加固后,其设备都得到了更新换代,水工结构更加安全稳定,智慧化的管理系统能够准确把握闸门的启闭时机及高度,因此能够更加精确控制水体流动速度,保障流域内水体正常流动,增强流域自身的释污功能。

综上所述,太湖流域因其经济发达、人口密集、城市集中,独特的平原河网特征决定了流域防洪、水资源、水环境等问题的复杂性、艰巨性和长期性,长期以来都是国家的重点治理对象。而作为治太骨干工程的太浦闸,其主要功能是在汛期泄洪,在非汛期为经济活动频繁和人口重度集聚的下游地区提供优质的水源。但随着太浦闸运行时间的增加,其历史遗存问题不断凸显,工程质量不能满足实际需求,因此需要对其进行除险加固,保证工程防洪保安、水资源改善等经济、生态和社会效益的可持续。

2. 设计方案选择评价

老太浦闸经过多次的改造和加固,但均未从根本上消除存在的安全隐患,尤其对水闸安全起关键作用的闸底板、闸墩等重要部分存在的隐患从未得到处理。2000年11月,对太浦闸进行的安全鉴定,确定太浦闸的安全类别为三类闸,故必须进行除险加固,安全鉴定专家组提出除险加固建议:一是上级主管部门应尽快立项,对太浦闸进行除险加固,尤其对闸墩、闸底板要进行彻底的除险加固处理;二是管理单位应加强安全监测和控制运用,掌握工程变化动态,及时向上级报告工情、水情,提供更新的现状资料,以便科学决策;

三是委托有资质的单位进行除险加固方案的研究和设计,包括水下灌浆和修补,或干河大修,提出合理的除险加固方案;四是鉴于太浦闸与太浦河泵站是太湖防洪、泄洪和向下游供水的重要枢纽,而太浦闸闸墩、闸底板加固施工难度较大,且投资较高,建议采用老闸拆建结合兴建船闸的方案,与老闸加固方案作技术经济比较,择优取用,确保太浦河闸站枢纽工程的完整性。

根据专家组意见,设计方案确定在加固方案(即在老闸的基础上对原结构进行补强加固)和改建方案(即将结构物拆除新建)之间比选。从工程布置、过流能力、主要建筑物的结构形式、启闭设备形式、施工条件、投资及运行管理等方面进行比较,从工程功能性、技术性、经济性、安全性、运行管理和水利现代化及环境协调性六个方面进行比选,综合评价如下:

(1)功能性。改建方案更易适应新一轮防洪规划对太浦闸的功能要求。太浦闸建成50多年来,太湖流域的工情发生了较大变化,20世纪90年代以来,原有的水情也发生了较大变化,特别是新一轮防洪规划中对太浦闸的泄流能力提出了更高的要求。根据国务院批准的《关于加强太湖流域2001~2010年防洪建设的若干意见》和《太湖流域防洪规划简要报告》,流域近期需能防御不同降雨组合的50年一遇流域洪水,远期能防御100年一遇不同降雨年型的流域洪水,太浦闸需相应提高泄洪能力。

由于加固方案保留原水闸的结构形式,因此水闸的过流断面不变,使进一步提高太浦闸的泄洪能力受到了限制,而改建方案可根据太湖流域防洪规划对太浦闸泄流能力的要求确定其工程规模,并适当留有可改扩的余地,使进一步提高太浦闸的泄洪能力成为可能。

因此,从有利于提高太浦闸的泄洪能力方面,改建方案要优于加固方案。

(2)技术性。加固方案中,闸底板位于两层粉质黏土的交界处,两层土的承载能力存在一定的差异,易造成不均匀沉陷,底板不适宜采用分离式结构。由于加固方案无法改变现有闸底板的分离式结构,与改建方案闸底板为两孔一联的整体式结构相比较,其适应不均匀沉陷和变形能力也较差。

在施工条件方面,除险加固方案对闸墩、闸底板的拆除采用钢线切割技术,闸墩、闸底板、翼墙混凝土新老结合面钢筋锚固采用植筋法,上述施工措施属非常规施工,其施工难度、施工强度、施工干扰大,加固效果检测难。改建方案属常规施工,施工难度一般。

(3)安全性。由于加固方案保留了部分原建筑物老结构,老结构中混凝土强度无法满足现行水闸设计规范要求,此外采用一些非常规施工方法,如钢线切割技术、植筋技术等方法,因此质量控制和加固效果评价都比较困难;改建方案建筑物全部是新建结构,结构强度、耐久性和整体性较加固方案好,结构安全可靠性高,同时改建方案属常规施工,质量控制比较容易。因此,改建方案较除险加固方案更具安全性。

(4)运行管理和水利工程现代化。太浦闸作为流域防洪、泄洪的重要控制建筑物,要求具有极高的调度运行保证率。而加固方案尽管进行了比较全面的处理,但是毕竟有部分结构已经运行了50多年,在今后的调度运行中难免会发生不可预见的问题,给太浦闸的运行管理带来诸多不便,维修保养费用也较高。

从水闸的运行管理上,加固方案保持现有水闸29孔的规模不变,孔数较多,给工程运行和管理带来不便。改建方案闸孔数为10孔,远少于现有水闸,提高了运行管理的效率,为实现水利工程现代化创造了条件。

（5）环境协调性。加固方案保留原水闸的结构形式不变，闸室上仍采用排架和启闭机房的布置，加固后的太浦闸与新建的太浦河泵站在建筑风格及周围环境上难以协调；改建方案是新建水闸，其水闸的建筑设计可与新建的太浦河泵站统一协调考虑，将紧邻太湖的水闸、泵站构成的水利枢纽按照环境水利要求进行建设，营造出太湖岸边的水利风景线。

（6）经济性。在工程投资方面，改建方案较加固方案的投资仅高约10%，因此加固方案在经济性上并不具较高的优势。

综上所述，改建方案无论从工程布置、主要建筑物的结构形式、启闭设备形式、施工和运行管理等方面均优于加固方案，改建方案的工程投资虽略大于加固方案，但只增加约10%的费用。因此，从工程的功能性、技术性、安全性、经济性、运行管理和环境协调等方面综合比较来看，推荐太浦闸除险加固方案采用改建方案。太浦闸除险加固工程最终采用改建方案，从施工过程到转入运行，技术性、功能性、安全性等方面都得到了验证，方案选择合理可行。实践证明，设计方案的比选是十分必要的，应当最大程度地从工程实际出发，不能仅将某几个指标或相关设计的优劣作为评判标准。合适的设计方案决定了施工的难易程度与工程运行效益的充分发挥。

3. 项目规划文件深度和广度评价

21世纪初，水利部太湖流域管理局就开始组织相关部门对除险加固工程方案进行论证。2000年11月，对太浦闸工程进行了安全鉴定，提出了几点鉴定意见：闸顶高程偏低；闸墩、闸底板混凝土设计标号偏低，施工质量较差；平面钢闸门边梁及主滚轮、主滚轮轴等行走支承和轨道强度不满足规范规定的要求，闸门缺少门顶止水；水下检查护坦、海漫、防冲槽均未发现明显异常；管理、养护设施比较落后，检查观测设施缺乏，缺少沉陷、扬压力等检查观测资料。根据安全鉴定结果，认定太浦闸为三类闸，提出了必须除险加固的建议。2002年1月，水利部太湖流域管理局编制完成了《太浦闸除险加固方案设计项目任务书（修编）》。2002年10月、11月，上海院对太浦闸进行了地质勘察，对部分构件进行了安全抽检，并完成了《太浦闸除险加固方案设计比选阶段工程地质勘察报告》《太浦闸工程安全检测综合分析报告》，并根据相关文件的要求，于2003年6月编制完成了《太浦闸除险加固或拆除重建方案设计比选报告》和《太浦闸除险加固或拆除重建方案设计综合评价报告》。对除险加固或拆除重建方案设计比选后认为，拆除重建方案从工程布置、主要建筑物的结构形式、施工效率和运行管理及消除安全隐患等方面均优于老闸加固方案，最后从功能性、技术性和安全性等方面的综合比较来看，推荐除险加固方案为拆除重建方案。

为了提高除险加固设计方案的科学性，并尽可能平衡各地区需求，2004年3月，水利部太湖流域管理局在上海组织了专家座谈会，参加会议的有水利部规划计划司、建设与管理司、国家防汛抗旱总指挥部办公室、水利部水利水电规划设计总院、江苏省水利厅、浙江省水利厅、上海市税务局、上海院等领导专家共31人。2005年根据两省一市及水利部太湖流域管理局的意见，上海院对太浦闸的规模进行了论证，此后水利部太湖流域管理局就太浦闸除险加固设计方案与两省一市进行了多次的沟通和协调，2007年1月，水利部水利水电规划设计总院在北京主持召开了建设方案的讨论会，水利部也加大了对太浦闸除险加固工程的协调力度。2009年6月，水利部太湖流域管理局就具体实施方案与两省一市达成一致意见。

在可行性研究阶段，水利部太湖流域管理局委托具有专业资质的单位对可行性研究报告进行编制。2010 年 2 月，上海院编制的《太浦闸除险加固工程可行性研究报告》通过水利部水利水电规划设计总院的审查。中国国际工程咨询公司组织专家于 2010 年 9 月对可行性研究报告进行评估，提出了需要补充的内容。2011 年 5 月，上海院编制完成《太浦闸除险加固工程可行性研究报告（审定稿）》。

根据国家发展和改革委员会对可行性研究报告的审批意见，水利部太湖流域管理局委托上海院于 2011 年 7 月编制了《太浦闸除险加固工程初步设计报告》，初步设计报告共 16 篇，包括综合说明、水文、工程地质、工程任务和规模、工程布置及建筑物、电工及金属结构、消防设计、施工组织设计、工程占地及挖压拆迁、水土保持设计、环境影响评价、工程管理、劳动安全与工业卫生、节能、设计概算、经济评价。2011 年 8 月，水利部水利水电规划设计总院对报告进行审查，并提出意见。

此外，根据水利部太湖流域管理局和苏州市吴江区人民政府有关重大工程项目维稳要求，结合实际工作需要，太湖流域管理局苏州管理局在吴江区维稳办的协助下，于 2012 年 10 月，组织召开了太浦闸除险加固工程社会稳定风险评估会，完成了太浦闸除险加固工程社会稳定风险评估工作。太湖流域管理局苏州管理局牵头组织成立了由地方水行政主管部门、镇政府、村委会以及建设、施工单位参加的社会稳定风险评估领导及工作机构，通过发放调查问卷、召开座谈会、专家论证会等形式，从项目合法性、合理性、可行性、安全性等四个方面进行社会稳定风险排查，对工程社会稳定风险进行了综合评估，评估结果认为该项目维稳排查细，情况掌握透，化解措施实，社会稳定风险较小，基本可控，可以进行工程实施。

综上所述，项目前期规划阶段虽因相关方对改建方案意见的不统一而持续了较长时间，但反复的探讨与修改使得除险加固方案不断完善。在太浦闸除险加固工程项目立项阶段，水利部太湖流域管理局首先委托具有专业资质的单位对工程进行了安全鉴定、全面的技术方案比选，编制了方案比选报告、可行性研究报告、初步设计报告等文件，其间也举行了多场专家座谈会，对方案及报告进行科学的论证，同时按照重大工程项目维稳要求，开展了太浦闸除险加固工程社会稳定风险评估。深入的研究与探讨使得可行性研究报告和初步设计报告的深度和广度均符合要求，因此其立项阶段所做的工作符合国家相关要求。

2.3.2.3　决策程序评价

太浦闸除险加固工程从项目规划到初步设计遵循工程建设程序管理相关规定。2000 年 11 月水利部太湖流域管理局组织有关专家对太浦闸进行安全鉴定，确定该闸为三类闸，在之后 10 年左右的时间里，相关部门多次对除险加固工程方案进行论证。2010 年 2 月编制完成《太浦闸除险加固工程可行性研究报告》，国家发展和改革委员会在 2011 年 7 月对该可行性研究报告进行批复。2011 年 7 月上海院编制完成《太浦闸除险加固工程初步设计报告》，水利部太湖流域管理局将其上报水利部。2011 年 8 月，水利部水利水电规划设计总院对报告进行了审查。

综上，该项目的前期工作各阶段程序是按照项目建议书、可行性研究报告、初步设计报告的申报和审批的顺序完成的，在时间和程序上完全符合水利部工程建设程序管理有关规定。

2.3.2.4　实际决策周期评价

1. 实际决策周期

实际决策周期,是指从提出项目建议书到可行性研究报告被批准的时间。太浦闸除险加固工程的实际决策周期,从 2000 年 11 月水利部太湖流域管理局对太浦闸进行安全鉴定开始,2002 年 1 月水利部太湖流域管理局编制完成《太浦闸除险加固方案设计项目任务书(修编)》,2003 年 6 月上海院编制完成《太浦闸除险加固或拆除重建方案设计比选报告》和《太浦闸除险加固或拆除重建方案设计综合评价报告》,2011 年 7 月国家发展和改革委员会对《太浦闸除险加固工程可行性研究报告》作出批复,2011 年 12 月水利部水利水电规划设计总院对《太浦闸除险加固工程初步设计报告》作出批复。

太浦闸除险加固工程的实际决策周期 $T_j = 11$ 年。

太浦闸除险加固工程是一个拆除重建项目,项目完成后能够提高太湖流域抵御洪水的能力及向下游供水的能力,其影响区域较广❶,因此在前期的方案设计时需要花大量时间来协调各省市的需求。立项初期,此工程有关部门组织了多次专家座谈会,最终编制出了完善的可行性研究报告及项目初步设计报告。综上所述,太浦闸除险加固工程立项条件充分,决策依据正确,决策程序符合有关规定。

2. 决策周期偏长原因

太浦闸除险加固工程前期工作过程曲折而漫长,主要原因是除险加固或拆除重建的方案比选,工程建设规模的反复论证,规模与投资变化带来的可行性研究与初步设计程序反复,以及基于太浦闸工程的极端重要性带来的利益权衡、反复协调。整个前期工作过程体现了江苏、浙江、上海等两省一市对于太浦闸工程的高度重视、对于工程规模的仔细推敲以及由此而来的利益平衡、关系协调,也体现了设计单位、审批部门及相关参建单位反复论证、科学严谨的工作态度。

3. 关于太浦闸 1994~1995 年进行过加固,2000 年安全鉴定为三类闸的说明

1992 年 2 月,江苏省水利工程质量检测站对太浦闸水上主要部位进行混凝土病害检测,检测结论及意见是:太浦闸混凝土质量低劣,碳化深度普遍超过混凝土保护层,内部钢筋发生不同程度锈蚀,急须大修处理。据此,水利部以规计计〔1994〕13 号文批准同意对太浦闸实施工程加固。

水利部太湖流域管理局成立太浦闸加固工程指挥部,于 1994 年 10 月至 1995 年 7 月,对太浦闸上部结构进行了加固改造处理,主要是拆建工作桥、排架、公路桥,更新闸门、启闭机等,而对水下工程(闸墩、闸底板、消力塘、护坦)及翼墙等未作任何处理。由于受到当时建设条件和技术能力的局限,本次加固时对于工程检查中发现的水下工程存在的问题,在加固过程中并未针对性地设计、实施。本次加固工作内容包括拆除旧工作桥、机房,重建工作桥;拆除旧排架、闸门锁定装置,重建排架;重建公路桥;凿除搁置旧公路桥的墩台,加高墩台;凿除胸墙表面混凝土碳化层,外粉水泥砂浆;闸墩表面(3 m 水位以上)喷涂 H52-S4 环氧厚浆保护;更新闸门、启闭机及门轨;重建南、北桥头堡等。仅仅对上部结

---

❶ 《关于太浦闸除险加固工程初步设计报告的批复》。

构、闸门和启闭机等进行更新改造,而对水下工程却未进行任何处理。尽管当时《水闸技术管理规程》(SL 214—94)中提出了安全鉴定工作要求,但是对于其如何开展、怎么开展并没有进行规范。实际工作中,直到1998年《水闸安全鉴定规定》(SL 214—98)出台,明确了水闸安全鉴定工作包括现状调查、现场安全检测、工程复核计算、安全评价等内容和程序,才推动了水闸安全鉴定工作的正常开展。

2.3.3　勘测设计评价

2.3.3.1　设计单位评价

上海院是太浦闸除险加固工程中施工图的设计单位。该单位负责对太浦闸除险加固工程进行综合设计,包括闸孔数、闸净宽、底槛高程等方面的设计工作。上海院成立于1954年,经多年发展已成为能够提供全过程咨询的大型甲级综合设计院。在设计过程中,进行了多方案比选,上海院参与设计方案讨论,在听取相关方需求与建议后修订方案,最终得出安全性、经济性和工程效益合理的设计方案。通过对设计步骤及内容的严格把关,保障了太浦闸除险加固工程的设计质量。

工程在计划工期内顺利完成,并通过验收。2015年竣工验收后转入运行管理阶段,经过8年的运行管理,主体及附属工程、异形钢结构、机电设备等各项设计单元运行指标符合业主需求,工程效能发挥良好,工程流域功能定位准确,在保障流域"四水"(水灾害、水资源、水生态、水环境)安全中发挥重大作用。实践证明,除险加固工程项目对设计单位筛选、选择合理。

2.3.3.2　工程勘测评价

1. 气象、水文与地质评价

(1)气象评价:可行性研究报告及初步设计报告中,均对当地的降水、气温、风速及蒸发量等气象数据进行了监测与统计,从数据上看监测结果基本一致。而初步设计报告对一年中各阶段的气象情况做了进一步的拆分分析,符合设计的需求。工程建设期气象数据较好地支撑了各项工作的开展,气象情况符合预期。

(2)水文评价:根据水文站监测数据可知,太湖多年平均水位3.11 m,太浦河闸上、闸下多年平均最高水位分别为3.88 m与3.56 m,闸下历史最低水位为2.24 m。与可行性研究报告相比,初步设计中对水文数据的收集更为细致与准确,通过对最高水位频率的记录与计算,综合考虑复杂水系和人类活动等影响因素后认为设计洪水位不宜直接采用频率分析。最终按照太湖流域防洪规划,根据流域河网水力计算成果,考虑流域工程现状、近期与远期、上游与下游承受能力等因素,太湖100年一遇设计洪水位采用太湖流域防洪规划成果4.80 m,300年一遇设计洪水位按太浦河泵站采用成果值5.50 m。水文勘察设计情况符合实际,支持了工程设计与施工建设,对后期运行管理有较大指导意义。太浦闸为典型的平原感潮河网地区水闸,根据控制运用规定,对流量精准控制要求高,需求迫切,水文设计的科学性对工程全生命周期都有巨大价值。

(3)地质评价:上海院负责工程的地质勘察工作。该院在2002年对太浦闸原址、上下游等三条轴线方案进行方案比选的地质勘察,在2004年进行初步设计的地质勘察。地质勘察工作包括测定工程区域地质构造是否稳定、核算地震基本烈度与地震动参数、勘探工程土质情况等,并形成勘察设计报告。依据勘察设计报告对工程的强度等级、使用的材料、施工方案等内容进行设计,保障了工程质量与施工的顺利推进。

综上所述,太浦闸除险加固工程的前期勘察设计工作的内容及深度,符合国家规划及工程实施的要求。工程总体设计与施工方案是在多次勘察设计后确定的,设计与方案内容符合实际情况,保障了工程施工的顺利实施,为工程安全运行打下坚实基础。

2.3.3.3 工程设计评价

1. 设计主要依据评价

(1)洪水标准。根据太湖流域防洪规划及《水闸设计规范》(SL 265),并参照紧邻太浦闸的太浦河泵站的防洪标准,太浦闸的洪水标准按照 100 年一遇洪水设计,相应设计水位为 4.80 m,校核水位为 5.50 m。

(2)特征水位。太浦闸 100 年一遇设计水位为 4.80 m,校核水位为 5.50 m。太湖多年平均水位为 3.11 m,太浦闸上、下游多年平均年最高水位分别为 3.88 m 和 3.56 m,闸下历史最低水位为 2.24 m。检修水位采用枯水期(11 月至次年 4 月)20 年一遇水位,闸上 4.02 m,闸下 3.54 m。太浦闸最高通航水位为 3.50 m,最低通航水位为 2.60 m。

(3)水位组合。太浦闸闸室稳定计算,上、下游翼墙稳定计算和闸下消能计算的水位组合见表 2-2~表 2-4。

表 2-2 太浦闸闸室稳定计算水位组合

计算工况		水位/m		荷载组合	说明
		闸上	闸下		
正向	挡水—设计	4.80	3.56	基本组合	闸下水位为多年平均年最高水位
		3.52	2.24	基本组合	闸上水位为 11 月至次年 4 月多年平均水位,闸下水位为历史最低水位
	挡水—校核	5.50	3.56	特殊组合 I	闸下水位为多年平均年最高水位
反向	挡水—设计	1.90	3.29	基本组合	太浦河泵站运行工况
	挡水—校核	1.70	3.34	特殊组合 I	
	检修	4.02	3.54	特殊组合 I	太浦河枯水期(11 月至次年 4 月)$P=5\%$的最高水位

表 2-3 上、下游翼墙稳定计算水位组合

部位	荷载组合	计算工况	水位/m	
			墙后	墙前
上游翼墙	基本组合	正常工况(低水位)	3.50	1.90
		完建工况	2.50	-1.50
下游翼墙	基本组合	正常工况(低水位)	3.50	2.24
		完建工况	2.00	-2.50

注:完建工况时的墙后地下水位控制应采取井点降水措施。

表 2-4　闸下消能计算水位组合与流量

运行条件	工况序号	组合方式	水位/m		流量/(m³/s)	下泄方式
			上游	下游		
"近期规模"设计工况	1	暴雨为 1999 年年型 100 年一遇,太浦河不疏浚,口门不控制时的不利情况	4.51	4.32	784	敞泄
	2	太浦河不疏浚,口门不控制时的不利情况	4.19	4.10	540	敞泄
	3	太浦河不疏浚,口门控制时的不利情况	3.21	2.70	100	局部开启
	4	太浦河不疏浚,太湖水位 5.50 m,满足上引河不冲流速的流量水位	5.33	4.58	931	局部开启
"规划规模"设计工况	5	暴雨为 1999 年年型 100 年一遇,太浦河疏浚,口门不控制时的不利情况	4.51	4.35	985	敞泄
	6	太浦河疏浚,口门不控制时的不利情况	4.30	4.16	904	敞泄
	7	太浦河疏浚,口门控制时的不利情况	3.21	2.67	100	局部开启
	8	太浦河疏浚,太湖水位 5.50 m,满足上引河不冲流速的流量水位	5.28	4.48	1 220	局部开启

(4)工程地质与地震。本工程建筑物地震设计烈度为 6 度,可不进行抗震计算,但对 1 级水工建筑物仍应按规范要求采取适当的抗震措施。

(5)安全系数与允许值。根据《水闸设计规范》(SL 265)规定,沿闸室基底面抗滑稳定安全系数和闸室抗浮稳定安全系数的允许值见表 2-5。

表 2-5　抗滑、抗浮稳定安全系数的允许值

荷载组合	抗滑稳定安全系数	抗浮稳定安全系数	说明
基本组合	1.35/1.25	1.10	1 级建筑物/3 级建筑物
特殊组合 I	1.20/1.10	1.05	1 级建筑物/3 级建筑物

注:基本组合为完建工况、设计水位工况;特殊组合 I 为检修工况、校核水位工况。

根据《水闸设计规范》(SL 265)规定,各种荷载组合情况下的闸室平均基底应力不大于地基允许承载力,最大基底应力不大于地基允许承载力的 1.2 倍。太浦闸地基允许承载力为 120 kPa,闸室平均基底应力应不大于 120 kPa,最大基底应力应不大于 144 kPa。根据《水闸设计规范》(SL 265)规定,闸室基底应力最大值与最小值之比的允许值见表 2-6。

表 2-6　基础底面应力最大值与最小值之比的允许值

地基土质	荷载组合	
	基本组合	特殊组合 I
中等坚实	2.0	2.5

前述的洪水标准、特征水位、水位组合、工程地质与地震、安全系数与允许值设计参数在工程建设和投入运行中得到核实和验证。经过 8 年多的运行管理,太浦闸积累了丰富的自动和人工记录数据。通过和设计值进行分析对比,证明总体设计指标偏差均在允许范围内。

2. 工程任务与规模

太浦闸是太湖流域主要泄洪通道太浦河上的重要控制建筑物。根据规划要求,其工程任务是防洪、泄洪和向下游地区供水。经多次方案比选确定工程为拆除重建,主要建筑物为 1 级建筑物,次要建筑物为 3 级建筑物,主要建筑物按 100 年一遇洪水设计。

太浦闸规模为闸孔净宽 120 m、闸槛高程 -1.5 m。近期规模为太浦闸总净宽 120 m,闸底槛高程 0 m,设计流量 784 m^3/s,校核流量 931 m^3/s;规划规模为太浦闸总净宽 120 m,闸底板高程 -1.50 m,设计流量 985 m^3/s,校核流量 1 220 m^3/s。

3. 工程总体布置及主要建筑物评价

1) 工程总布置

除险加固工程在原址上重建,主要建筑物包括节制闸和套闸。重建后太浦闸的节制闸采用两孔一联,节制闸南岸边孔为上闸首,增设闸室、下闸首等,形成过船套闸。闸上交通桥与太浦河泵站交通桥成一直线布置。工程管理控制功能区域设置在北岸桥头堡,中间启闭机房横跨河道,南岸靠近套闸及油泵房,设置南岸桥头堡(即管理用房)。启闭机房通过垂直楼梯与南北两侧建筑相连接。工程总体布置及主要建筑物如图 2-1~图 2-5 所示。

图 2-1　工程俯瞰图

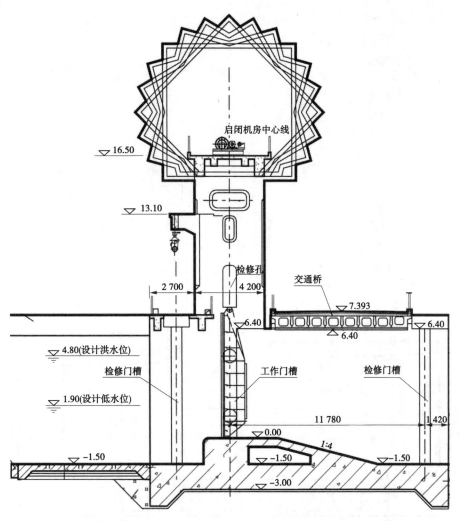

启闭机房中心线

▽16.50

▽13.10

2 700 | 4 200

检修孔

交通桥

▽7.393

▽6.40

6.40

▽6.40

▽4.80(设计洪水位)

检修门槽

工作门槽

检修门槽

▽1.90(设计低水位)

11 780 | 1 420

0.00

1:4

▽−1.50

−1.50

▽−1.50

−3.00

图 2-2　太浦闸除险加固工程剖面图　(尺寸单位:mm;水位和高程单位:m)

2)水闸工程布置

(1)闸室布置。水闸闸室采用 10 孔(其中南岸边孔为套闸上闸首),闸门为平面直升式钢闸门(套闸上闸首闸门为双扉式钢闸门)。闸室结构为钢筋混凝土开敞式整体结构,两孔一联布置,闸室顺水流方向长 18.0 m,垂直水流方向宽 27.3 m。闸槛为宽顶堰,顶高程为 0 m,"规划规模"实施时,拆除宽顶堰,降低闸槛至底板顶面高程−1.50 m。闸上交通桥布置在闸室下游侧,检修桥布置在闸室上游侧;工作桥支承在排架上,工作闸门均采用卷扬式启闭机。

(2)防渗排水布置。水闸闸室底板上、下游端设齿墙。下游消力池段前端 4.98 m 不透水,并和闸底板之间设止水,后端透水。上游长 7.96 m 混凝土护坦,透水。

(3)消能防冲布置。消能采用下挖式消力池,池长 20 m。消力池后浆砌块石、干砌块石海漫长 31 m;海漫后端设 10 m 宽抛石防冲槽。闸室上游混凝土护坦前为 20.0 m 长浆砌块石、干砌块石护坦,护坦前端设 5.0 m 宽抛石防冲槽。

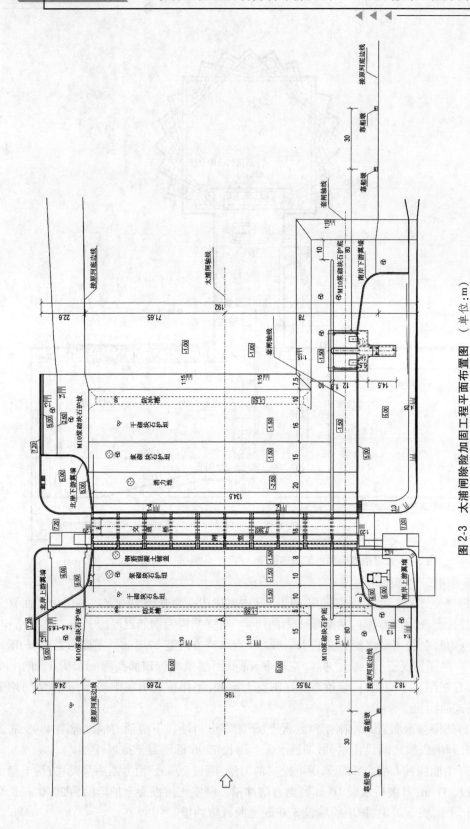

图 2-3 太浦闸除险加固工程平面布置图 （单位：m）

图2-4　工程可升降液压开启桥

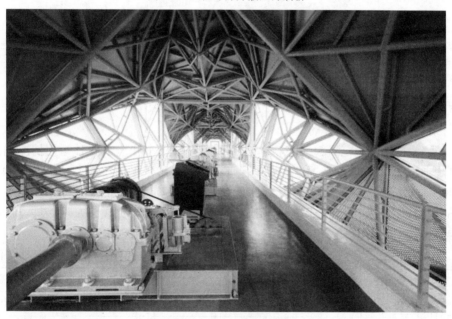

图2-5　工程启闭机房内景

（4）两岸连接布置。上、下游翼墙与闸室连接，扩散角8°，后接圆弧。根据挡土高度不同，翼墙分别采用钢筋混凝土扶臂式和悬臂式结构。两岸护坡采用浆砌块石。

施工和运行管理实际表明，工程布置土地利用率高，满足各项水力学指标，特别是在南北桥头堡的利用上值得推广。太浦闸除险加固工程总布置利用"原址重建，精细闸门尺寸，用足有限空间"的思路，为同类型空间地质条件下的水利工程除险加固积累了良好经验。

4. 建设征地范围

工程在原有占地的基础上增加临时用地以保障工程的顺利实施,原有占地为主体工程区,临时占地分为施工临时设施区及弃土(渣)场区。工程临时占地按流程向上级报备并得到批复,流程符合程序要求,共90.8亩,用于取土弃土、临时搭建生产设施、临时道路用地等。在建设征地范围内,永久占地和临时占地均进行水土流失防治工作。工程建设征地范围如图2-6所示。

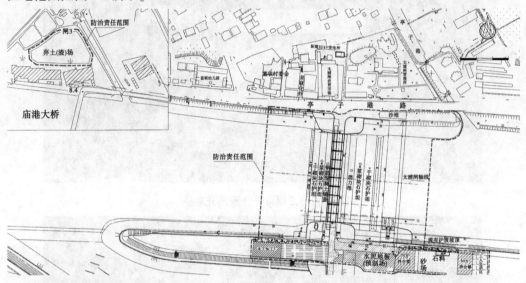

图 2-6　工程建设征地范围

5. 主要设计参数评价

1) 闸顶高程复核计算评价

根据《水闸设计规范》(SL 265)规定,闸顶高程按挡水和泄水两种运用情况确定,并应同时满足上述两种运用情况下的安全保证条件。本地区平均年最大风速为15.4 m/s,吹程约5.0 km,河道底高程按规划取 -2.0 m。波浪计算高度按照《堤防工程设计规范》(GB 50286)计算。挡水和泄水工况下闸顶高程复核计算成果见表2-7。从表2-7中可见,闸顶最大高程由设计挡水工况控制,计算所得的闸顶高程为7.08 m。

表 2-7　闸顶高程复核计算成果　　　　　　　　　　　　　　单位:m

计算工况		上游水位	波浪高度	安全超高	闸顶高程
设计	挡水	4.80	1.58	0.7	7.08
	泄水	4.52	—	1.5	6.02
校核	挡水	5.50	0.95	0.5	6.95
	泄水	5.33	—	1.0	6.33

由于太浦闸两岸连接的环湖大堤堤顶高程为7.20 m,按《水闸设计规范》(SL 265)规定,位于防洪堤上的水闸,其闸顶高程不得低于防洪堤堤顶高程。因此,太浦闸闸顶高程确定为7.20 m。

2)水力计算评价

(1)过闸流量复核计算。太浦闸闸孔总净宽 120.0 m,过闸流量按《水闸设计规范》(SL 265)计算(考虑闸门全开),设计工况下,$h_s/H_0>0.9$(高淹没度,其中,h_s 为从闸底板顶面算起的闸下游水深;H_0 为计入行近流速水头的闸上游水深,从闸底顶面算起,余同);校核工况下,$h_s/H_0<0.9$。其中,堰流流量系数 m 采用 0.385,堰流侧收缩系数 ε、堰流淹没系数 σ 和淹没堰流的综合流量系数 μ_0 分别按规范规定的公式计算求得。太浦闸过闸流量复核计算成果见表 2-8。

表 2-8 太浦闸过闸流量复核计算成果

水闸规模		河道底高程/m	设计/校核			
			水位/m		流量/(m^3/s)	实际过流能力/(m^3/s)
			闸上	闸下		
近期规模	堰顶高 0 m,净宽 120.0 m	闸上 0 m,闸下 −1.50 m	4.51/5.33	4.32/4.58	784/931	972/2 229
规划规模	闸槛高 −1.50 m,净宽 120.0 m	闸上 −2.00 m,闸下 −3.00 m	4.51/5.28	4.35/4.48	985/1 220	1 220/3 059

由表 2-8 可知,太浦闸实际过流能力满足规划过闸流量要求。

(2)消能防冲计算。太浦闸闸下消能方式采用底流式消能,按照《水闸设计规范》(SL 265)进行消能防冲计算,并分别按"近期规模"工况和"规划规模"工况考虑。设计"近期规模"工况是指宽顶堰堰顶高程为 0 m,闸孔净宽为 120.0 m,上、下游河底不疏浚;"规划规模"工况是指闸底板高程为 −1.50 m,闸孔净宽为 120.0 m,上游河底疏浚到 −2.00 m,下游河底疏浚到 −3.00 m。消能防冲计算成果见表 2-9。

由表 2-9 可知,在最不利运行工况(序号 8)下的消能防冲计算结果显示,除实际采用的海漫长度接近计算海漫长度外,其余各项实际采用的结构尺寸均分别大于计算要求的结构尺寸,满足闸下消能防冲要求。

3)渗流稳定计算评价

(1)正向防渗计算。

正向防渗计算水位组合取整体稳定计算水位组合中水头差最大的水位组合。根据水位组合表,本工程可能出现的最大水头差为 1.94 m,即闸上水位 5.50 m,闸下水位 3.56 m。基础座落在④1 层或④2 层粉质黏土地基上,属壤土,由《水闸设计规范》(SL 265)计算闸基防渗长度为 13.58 m,太浦闸闸室长度大于计算需要防渗长度,满足规范要求。

对闸基基底渗透压力采用《水闸设计规范》(SL 265)规定的改进阻力系数法进行计算复核,计算结果显示,水平段渗流坡降计算值为 0.17,出口段渗流坡降计算值为 0.25,均小于规范规定的允许值。满足闸基渗透稳定要求。

表 2-9 消能计算的水位组合、流量及计算成果

运行条件	工况序号	组合方式	水位/m 上游	水位/m 下游	流量/(m³/s)	消力池深度/m	消力池长度/m	消力池底板厚度/m	海漫长度/m	海漫末端冲刷深度/m	下泄方式
近期规模设计工况	1	暴雨为1999年年型100年一遇,太浦河不疏浚,口门不控制时的不利情况	4.51	4.32	784	0	18.07	0.47	21.30	0	敞泄
	2	太浦河不疏浚,口门不控制的不利情况	4.19	4.10	540	0	16.20	0.42	16.99	0	敞泄
	3	太浦河不疏浚,口门控制的不利情况	3.21	2.70	100	0	10.07	0.48	8.39	0	局部开启
	4	太浦河不疏浚,太湖水位5.50m,满足上引河不冲流速的流量	5.33	4.58	931	0	18.69	0.59	26.92	0.44	局部开启
规划规模设计工况	5	暴雨为1999年年型100年一遇,太浦河不疏浚,口门不控制时的不利情况	4.51	4.35	985	0	18.99	0.52	23.59	1.05	敞泄
	6	太浦河疏浚,口门不控制时的不利情况	4.30	4.16	904	0	18.39	0.49	22.43	0.67	敞泄
	7	太浦河疏浚,口门控制时的不利情况	3.21	2.67	100	0	10.07	0.49	8.45	0	局部开启
	8	太浦河疏浚,太湖水位5.50m,满足上引河不冲流速的流量	5.28	4.48	1 220	0	19.74	0.68	31.11	2.16	局部开启

（2）侧向绕渗计算。

侧向绕渗计算水位组合取整体稳定计算水位组合中水头差最大的水位组合。根据水位组合表,本工程可能出现的最大水头差为 1.94 m,即闸上水位 5.50 m,闸下水位 3.56 m。闸室墙后回填土要求采用黏性土或土质较好的粉质黏土,根据地质勘探报告中该层土的塑性指数判断,均属壤土,计算侧向防渗长度为 13.58 m,室墙顺水流向长度大于计算需要的防渗长度,满足规范要求。

从工程投入运行后的历年观测分析报告中的测值过程线可知,太浦闸各渗压计所有测点变化规律基本一致,测值处于《太湖局直管工程观测工作管理规定》规定的安全阈值范围之内,无异常现象。渗流稳定计算准确科学。

4) 结构计算评价

（1）闸室稳定及基底应力计算。

取双孔闸室作为一个计算单元进行稳定计算及基底应力计算,闸室抗滑稳定安全系数按照《水闸设计规范》(SL 265)计算,中孔和边孔闸室抗滑、抗浮稳定及基底应力计算成果分别见表 2-10 和表 2-11。

表 2-10 闸室稳定计算成果（中孔）

计算工况	水位组合/m		基底应力/kPa			基底应力比		抗滑稳定安全系数		抗浮稳定安全系数		说明
	上游	下游	计算值		允许值	计算值	允许值	计算值	允许值	计算值	允许值	
			σ_{max}	σ_{min}	$[\sigma]$	η	$[\eta]$	K_c	$[K_c]$	K_f	$[K_f]$	
完建期	无水	无水	112.95	83.05	120	1.36	2.00	—	1.35	—	1.10	基本组合
正向挡水设计1	4.80	3.56	83.21	68.77	120	1.21	2.00	3.65	1.35	1.87	1.10	基本组合
正向挡水设计2	3.52	2.24	83.44	72.56	120	1.15	2.00	3.94	1.35	1.92	1.10	基本组合
正向挡水校核	5.50	3.56	75.53	57.66	120	1.31	2.50	2.54	1.20	1.83	1.05	特殊组合I
反向挡水设计	1.90	3.29	108.21	59.79	120	1.81	2.00	4.58	1.35	2.18	1.10	基本组合
反向挡水校核	1.70	3.34	114.09	57.91	120	1.97	2.50	4.36	1.20	2.24	1.05	特殊组合I
正向检修	4.02	3.54	92.83	39.17	120	2.37	2.50	10.87	1.20	1.61	1.05	特殊组合I

表 2-11　闸室稳定计算成果（边孔）

计算工况	水位组合/m		基底应力/kPa			基底应力比		抗滑稳定安全系数		抗浮稳定安全系数		说明
	上游	下游	计算值		允许值	计算值	允许值	计算值	允许值	计算值	允许值	
			σ_{max}	σ_{min}	$[\sigma]$	η	$[\eta]$	K_c	$[K_c]$	K_f	$[K_f]$	
完建	无水	无水	120.03	75.97	120	1.58	2.00	—	1.35	—	1.10	基本组合
正向挡水设计1	4.80	3.56	86.46	67.54	120	1.28	2.00	1.69	1.35	1.86	1.10	基本组合
正向挡水设计2	3.52	2.24	84.77	71.23	120	1.19	2.00	1.77	1.35	1.90	1.10	基本组合
正向挡水校核	5.50	3.56	87.24	62.76	120	1.39	2.50	1.42	1.20	1.81	1.05	特殊组合Ⅰ
反向挡水设计	1.90	3.29	110.46	57.53	120	1.92	2.00	2.04	1.35	2.16	1.10	基本组合
反向挡水校核	1.70	3.34	117.91	54.08	120	2.18	2.50	1.98	1.20	2.23	1.05	特殊组合Ⅰ
正向检修	4.02	3.54	95.03	38.31	120	2.48	2.50	1.39	1.20	1.59	1.05	特殊组合Ⅰ

由表 2-10 和表 2-11 可知,在各计算工况下,闸室抗滑稳定安全系数计算最小值为 1.39(边孔正向检修工况控制),大于抗滑稳定安全系数允许值 1.20;基底应力计算最大值为 120.03 kPa(边孔完建工况控制),小于 1.2 倍地基允许承载力 144 kPa;在基本荷载组合下,计算最大应力比为 1.92(边孔反向挡水设计工况控制),小于基底应力比允许值 2.00;在特殊荷载组合下,计算最大应力比为 2.48(边孔正向检修工况控制),小于基底应力比允许值 2.50。闸室抗浮稳定安全系数计算最小值为 1.59(边孔正向检修工况控制),大于抗浮稳定安全系数允许值 1.05。因此,闸室抗滑稳定、抗浮稳定、基底应力及应力比的计算结果均满足规范要求。

（2）上、下游翼墙稳定计算评价。

上、下游翼墙抗滑稳定按照《水闸设计规范》(SL 265)计算,计算参数取值与闸室稳定计算相同。翼墙抗滑稳定计算选取完建期和正常运用期(低水位)两种不利的工况作为控制条件。翼墙基础座落在④2 层粉质黏土上,地基允许承载力为 120 kPa。翼墙抗滑稳定计算成果见表 2-12。

表2-12　翼墙抗滑稳定计算成果

部位	计算工况	水位/m		基底应力/kPa			基底应力比		抗滑稳定安全系数		是否满足规范要求
		墙后	墙前	计算值		允许值	计算值 η	允许值 $[\eta]$	计算值 K_c	允许值 $[K_c]$	
				σ_{max}	σ_{min}						
上游翼墙1	正常运用期（低水位）	3.50	1.90	128.57	77.36	120	1.66	2.00	1.45	1.35	满足
	完建期	2.50	-1.50	130.48	81.49	120	1.60	2.00	1.51	1.35	满足
上游翼墙2	正常运用期（低水位）	3.50	1.90	114.38	52.17	120	1.87	2.00	1.39	1.35	满足
	完建期	2.50	-1.50	121.25	67.85	120	1.61	2.00	1.63	1.35	满足
下游翼墙1	正常运用期（历史低水位）	3.50	2.240	113.74	73.24	120	1.55	2.00	1.66	1.35	满足
	完建期	2.00	-2.50	151.78	86.88	120	1.75	2.00	1.36	1.35	满足
下游翼墙2	正常运用期（历史低水位）	3.50	2.240	107.83	54.45	120	1.98	2.00	1.37	1.35	满足
	完建期	2.00	-2.50	121.25	67.85	120	1.61	2.00	1.63	1.35	满足

注:表中计算工况均属于基本组合,其中上游翼墙1和下游翼墙1完建工况下填土高程按5.00 m考虑。

由表2-12可知,在计算工况下,上、下游翼墙的抗滑稳定、基底应力及应力比的计算结果均满足规范要求。

(3)闸室底板结构计算评价。

太浦闸闸室采用两孔一联的开敞式结构,单孔净宽12.0 m,底板厚1.5 m。按照《水闸设计规范》(SL 265)规定,闸室底板的应力分析采用弹性地基梁法。配筋按照《水工混凝土结构设计规范》(SL 191)相关条文规定进行计算。经计算,底板面层最大弯矩标准值为1 537 kN·m,相应配筋采用φ 28@100,配筋率为0.43%;底层最大弯矩标准值为1 076 kN·m,相应配筋采用φ 25@150,配筋率为0.23%。计算最大裂缝开展宽度均小于0.2 mm,满足规范要求。

从历年现场观测值过程线可知,太浦闸各土压计测点变化规律基本一致,测值处于《太湖局直管工程观测工作管理规定》规定的安全阈值范围之内,无异常现象。浦闸钢筋计、混凝土应变计与无应力计测值处于《太湖局直管工程观测工作管理规定》规定的安全阈值范围之内,无异常。闸底板面层与底层钢筋均处于受压状态;混凝土应变与非荷载应变(无应力计)测值相差不大,均为受压。各测值的长期变化趋势说明底板内钢筋应力和混凝土应变变化主要是受季节温度影响。综上所述,太浦闸除险加固工程结构计算准确科学,得到运行实践验证。

5)地基计算及处理评价

(1)地基沉降计算。

根据《水闸设计规范》(SL 265)规定,天然土质地基上水闸地基最大沉降量不宜超过 15 cm,相邻部位的最大沉降差不宜超过 5 cm。水闸地基沉降按照《水闸设计规范》(SL 265)计算。水闸地基沉降只计算最终沉降量,计算时考虑结构刚性的影响。土的压缩曲线采用 $e-P$ 压缩曲线。本工程地基属中等坚实基础,地基沉降量修正系数 m 取 1.3,地基压缩层计算深度按计算层面处土的附加应力与自重应力比为 0.15 控制。经计算,太浦闸地基最终沉降量为 7.82 cm,小于 15 cm;相邻部位最大沉降差为 1.9 cm,小于 5 cm,最大沉降量和沉降差的计算值均满足规范要求。

自太浦闸工程除险加固初始观测以来,水闸区域累计沉降量最大值为 TP2 测点,该测点沉降值为 3.88 cm[未考虑区域沉降量 4.3 cm,依据太湖流域水文局(水文信息中心)关于太湖流域统一高程测量项目成果的通知(太水文站[2021]18 号)]。该测点累计沉降量未超过太浦闸地基最终沉降量为 7.82 cm 的设计计算值。可判断工程处于稳定状态,相邻部位(TP7 与 TP8 间)最大沉降差为 1.15 cm,未超过设计计算允许值 1.9 cm,相邻部位不均匀沉降差较小。根据上述实际观测沉降量与设计值对比分析可知,工程勘察设计和地基沉降量的计算结果规范科学。

此外,因太浦闸启闭机房为异形钢结构,在国内同类型少见,管理单位在启闭机房伸缩缝处设置三向伸缩缝观测,用于辅助观测。对比历年三向伸缩缝观测数据显示,各测点 X、Y、Z 三个方向变化量均较小,单方向最大相对变化量仅为 1.33 mm。可判断启闭机房钢结构与底部桥墩接触部分未发生明显位移,结构相对稳定。

(2)地基处理

根据地质勘探报告,太浦闸闸室基底土为④1 层暗绿色粉质黏土或④2 层草黄色粉质黏土,④1 层粉质黏土地基允许承载力为 140 kPa,④2 层粉质黏土地基允许承载力为 120 kPa,该两层土土质均较好,均可作为主要建筑物的天然地基持力层。

由于闸室稳定计算中各计算工况下抗滑稳定、抗浮稳定、地基应力及应力比的计算结果均满足规范要求,且根据地基沉降计算结果,天然地基水闸最大沉降量及沉降差均满足规范要求,因此太浦闸无需进行地基处理。

工程除险加固完成以后,多年来的运行结果表明地基沉降计算科学性强,精度高。

2.3.3.4 重大设计变更评价

本工程最大的设计变更为套闸设计变更,故以套闸设计变更评价来代表设计变更评价。同时,相较于一般水闸,套闸的设计有一定的独特性,受公路桥限高限制,创新性采用双扉门结构,单独对其进行评价对同类工程的特殊单体评价也有积极的参考价值。

1. 增设套闸变更依据

太浦闸除险加固工程于 2012 年 9 月开工。在施工准备和施工过程中,2012 年 8 月、10 月,苏州市吴江区人民政府以吴政发[2012]120 号和吴政[2012]18 号文请求水利部太湖流域管理局在太浦闸除险加固工程中增设过船设施。2012 年 11 月,上海院编制完成了《太浦闸除险加固工程设置套闸变更设计报告》并通过了水利部水利水电规划设计总院的审查。2012 年 12 月,水利部以《水利部关于太浦闸除险加固工程设置套闸变更设计报告的批复》(水总[2012]572 号)批复设置套闸变更设计报告,同意在满足太浦闸防洪、泄洪和供水任务的前提下增设套闸,允许东太湖及太浦闸周边地区渔业、水生态水环境维护、区域旅游船舶、水政、渔政等执法公务船舶通行太浦闸。

太浦闸共 10 孔,每孔净宽 12.0 m,利用一孔设置套闸,套闸参与行洪,不改变太浦闸过水断面尺寸,行洪时套闸不通航。太浦闸北岸下游约 190 m 处是亭子港出口,因此套闸选择布置在太浦闸南侧是合适的。

为利用闸孔组成套闸,节制闸南侧边孔作为上闸首,增加闸室和下闸首。为满足过闸净空的要求,上闸首水闸闸孔的平板直升门改为双扉门,闸上交通桥改为钢结构开启桥,下闸首设横拉门与水闸建筑协调。

由此,套闸设计变更主要内容是:利用太浦闸南岸边孔作为上闸首,增设闸室、下闸首、引航导航设施,形成过船套闸。南岸边孔门型由原来平板直升门变更为双扉门,交通桥由原混凝土板梁变更为液压顶升钢结构开启桥。上闸首、上游翼墙为 1 级建筑物。套闸闸室、下闸首、导航建筑物为 3 级。套闸防洪标准按 100 年一遇洪水设计,相应水位为 4.80 m,校核水位为 5.50 m。

2. 套闸设计规模

1) 通航船型

对东太湖及太浦闸周边地区生活、生产、管理及旅游船等各种通行船舶尺寸的调研结果见表 2-13。各类船舶最大尺度为:总长 38 m,总宽 7.2 m,型深 2.2 m,高度 6.5 m(水线以上)。因船舶尺寸较小,船闸设计可参照Ⅶ级船闸进行。

2) 通航水位

太湖多年平均水位 3.11 m,历史最高洪水位 4.97 m,防洪警戒水位 3.50 m,防洪调度控制水位(经 2011 年 8 月国家防汛抗旱总指挥部批复)如表 2-14 所示。为确保太浦闸泄洪及行船安全,以太湖防洪调度控制水位 3.50 m 作为太浦闸套闸通行最高通航水位。

表 2-13 太浦闸套闸需通行各类船舶尺度调研结果 单位:m

船舶性质	船舶分类	总长	总宽	型深	高度
渔业(养殖户)	生活用船	8~10	3~4	小于 1	低于 2
	生产用船(艇)	4~5	1~2		
水政及水环境治理	水政监察船	12.8~33	3.0~7.2	0.8~1.5	3.3~6.5
	疏浚挖泥船	12.8~34	3.5~7.2	1.2~2.2	3.0~3.6
	水草收割船	16.5	5.4	0.9	4.2
	蓝藻收集船	15.0	3.6	0.6	3.6
旅游	游艇	4.8~7.5	2.3~3.5	0.7~0.9	低于 2
	游轮(最大)	38	7.2	2.2	5.5

表 2-14 太湖防洪控制水位调度线

时段(月-日)	04-01~06-15	06-15~07-20	7月20日至次年3月15日	03-15~04-01
防洪控制水位/m	3.10	3.10~3.50	3.50	3.50~3.10

根据太湖流域实施引江济太以来 2002～2011 年太浦闸上、下游逐日水位资料统计,太浦闸闸上、闸下多年历时保证率统计成果如表 2-15 所示。表 2-15 中可见,太浦闸闸上、闸下水位低于 3.50 m 的历时保证率可达 95%～98%。

表 2-15　太浦闸闸上、闸下多年历时保证率

项目	历时保证率/%								
	2	5	10	25	50	75	90	95	98
太浦闸闸上水位/m	3.66	3.51	3.43	3.29	3.13	3.00	2.89	2.82	2.75
太浦闸闸下水位/m	3.53	3.34	3.23	3.07	2.93	2.80	2.67	2.60	2.55

按《内河通航标准》(GB 50139),Ⅴ-Ⅶ级航道的最低通航水位采用多年历时保证率 90%～95% 水位。太浦闸闸上、闸下水位多年历时保证率 90%～95% 水位分别为:闸上 2.89 m 和 2.82 m;闸下:2.67 m 和 2.60 m。取太浦闸套闸最低通航水位为 2.60 m。

3)套闸规模

近期规模,太浦闸按总净宽 120 m(12 m×10 孔),堰顶高程 0 m,闸上引河底高 0 m,闸下太浦河底高-1.5 m;规划规模,太浦闸按总净宽 120 m,闸槛高程-1.5 m,闸上引河底高-2.0 m,闸下太浦河底高-3.0 m。

太浦河上跨河桥梁的梁底高程,最低是下游横扇大桥,为 8.67 m。参照《内河通航标准》(GB 50139),Ⅶ级航道净高按代表船舶可取 3.5 m、4.5 m。

因此,根据地区限制性船舶的尺度和太浦闸单孔净宽、闸槛高程及跨河桥梁的梁底高程的实际条件,确定套闸规模:12 m×70 m×2.6 m(闸室宽×长×门槛水深),闸门提升底缘和交通桥顶升状态梁底高程 8.70 m 是合适的。

3. 套闸布置

套闸由上闸首、下闸首、套闸闸室、输水系统、消力池(镇静段)、内外引航道和靠船建筑物等构成。

(1)上闸首。利用太浦闸南侧边孔作为套闸上闸首。上闸首为水闸的一孔,闸墙顶高程按水闸确定为 7.20 m,闸底板高程-1.50 m,闸槛高程 0 m。为满足通航净空的要求,上闸首将原水闸闸孔的平板直升门改为双扉门,闸门提升底缘高程 8.70 m。闸上交通桥改为钢结构开启桥,交通桥正常状态梁底高程 6.60 m,交通桥顶升状态梁底高程 8.70 m。在上闸首的上、下游侧均设检修门槽。

(2)套闸闸室。套闸闸室长 70 m,其中镇静段(消力池段)为 20 m,有效长度为 50 m,闸室净宽 12 m。闸室采用整体式结构,为使闸室的侧向水平抗滑能满足要求,底板向临土侧挑出 3.5 m。闸室底板厚 1.20 m,临水侧墩厚 1.30 m。

(3)下闸首。下闸首采用没有上部结构的横拉门门型。下闸首顺水流方向长 20 m,垂直水流方向宽 18.8 m。闸孔净宽 12.0 m,临水侧边墩厚 1.3 m,临土侧边墩厚 5.5 m,内部布置输水廊道,廊道设铸铁充水闸门,螺杆启闭机操作。闸底板顶高程-1.50 m,底高程-3.00 m,闸墙顶高程 5.00 m。横拉门平水启闭,输水廊道平水。在下闸首的上、下游侧均设检修门槽。横拉门门库长 14.2 m,宽 5.4 m,墙顶设卷扬式启闭机。

（4）输水系统。套闸采用集中输水系统。上闸首直接利用闸门输水，下闸首采用短廊道输水。

下闸首岸墙侧布置一条输水廊道，连通横拉门上下游。输水廊道上设 1 扇工作闸门。其孔口尺寸为 2.0 m×2.0 m（宽×高），底槛高程为−1.50 m。

闸室输水时间采用《船闸输水系统设计规范》（JTJ 306）进行复核计算。其中计算闸室水域面积 C 为 840 m²，设计水头采用 1.26 m，阀门全开时输水系统的流量系数取 0.6，相应 α 取 0.59，计算得闸室输水时间为 207 s。

（5）上、下游翼墙。上、下游翼墙按照挡土高度的不同可采用钢筋混凝土扶壁式结构或悬臂式结构，断面同原太浦闸翼墙设计断面。

（6）引航道和靠船建筑物。套闸与节制闸间的分隔墩采用钢筋混凝土倒 T 形结构。上游侧隔墩顶高程为 5.50 m，墩厚 1.30 m，底板宽 5.0 m，厚 1.30 m，底板底高程−4.0 m；下游侧隔墩顶高程为 5.00 m，其余同上游。

为方便船舶等候停靠，在内、外河海漫段以外各设有 2 个靠船墩，靠船墩为预制方桩上承台重力墩结构。靠船墩顶高程 5.00 m，底高程 2.80 m，靠船墩顶部设有系船柱，临河侧设系船钩。两靠船墩之间间距 30 m。

4. 闸室稳定及地基应力计算

按照《水闸设计规范》（SL 256），进行了闸首、闸室等结构稳定及地基应力计算。套闸上闸首稳定计算水位成果见表 2-16。

表 2-16 套闸上闸首稳定计算水位成果

计算工况	水位组合/m		基底应力/kPa			应力比		抗滑稳定安全系数		抗浮稳定安全系数		说明
	上游	下游	σ_{max}	σ_{min}	允许值	计算值	允许值	计算值	允许值	计算值	允许值	
正向挡水设计 1	4.8	3.56	86.46	67.54	120	1.28	2.00	1.69	1.35	1.86	1.10	基本组合
正向挡水设计 2	3.52	2.24	84.77	71.23	120	1.19	2.00	1.77	1.35	1.90	1.10	基本组合
正向挡水校核 2	5.5	3.56	87.24	62.76	120	1.39	2.50	1.42	1.20	1.81	1.05	特殊组合Ⅰ
反向挡水设计	1.9	3.29	110.46	57.53	120	1.92	2.00	2.04	1.35	2.16	1.10	基本组合
反向挡水校核	1.7	3.34	117.91	54.08	120	2.18	2.50	1.98	1.20	2.23	1.05	特殊组合Ⅰ
正向检修	4.02	3.54	95.03	38.31	120	2.48	2.50	1.39	1.20	1.59	1.05	特殊组合Ⅰ
完建工况	无水	无水	120.03	75.97	120	1.58	2.00	—	1.35	—	1.10	基本组合

套闸上闸首稳定计算成果同节制闸闸室。上闸首地基应力、应力比及抗滑、抗浮稳定均满足规范要求。

下闸首闸室稳定计算结果见表 2-17。

表 2-17　下闸首闸室稳定计算成果

工况	上游水位/m	下游水位/m	抗滑稳定系数	允许抗滑稳定系数	抗浮稳定系数	允许抗浮稳定系数	最大基底应力/kPa	最小基底应力/kPa	平均基底应力/kPa	基底应力之比	基底应力之比允许值
完建	无水	无水	2.16	1.25	5.11	1.10	86.88	44.59	65.73	1.95	2.0
正常运行1	3.50	3.11	2.91	1.25	1.79	1.10	55.67	44.74	50.21	1.24	2.0
正常运行2	3.50	2.24	2.00	1.25	1.86	1.10	55.54	42.45	49.00	1.31	2.0
正常运行3	2.60	3.11	3.01	1.25	1.89	1.10	67.04	37.49	52.27	1.79	2.0
正常运行4	2.60	3.56	3.42	1.25	1.86	1.10	69.41	35.06	52.24	1.97	2.0
检修工况	3.50	3.54	1.56	1.10	1.33	1.05	30.34	12.72	18.93	2.39	2.5

　　套闸下闸首各工况抗滑稳定安全系数计算值最小值为 1.56,大于抗滑稳定安全系数允许值;基底应力最大值为 86.88 kPa,小于地基允许承载力 120 kPa;荷载基本组合下最大应力比为 1.97,小于允许值 2.0。套闸下闸首的抗浮稳定是由检修情况控制,抗浮稳定安全系数计算值为 1.33,大于抗浮稳定安全系数允许值 1.05。套闸下闸首抗滑稳定、抗浮稳定、地基应力及应力比均满足规范要求。

　　闸室标准段和镇静段稳定计算成果见表 2-18 和表 2-19。

表 2-18　闸室标准段稳定计算成果

计算情况	水位/m		基底应力/kPa			应力比		抗滑稳定安全系数		是否满足规范要求
	墙后	墙前	σ_{max}	σ_{min}	允许值	计算值	允许值	计算值	允许值	
完建工况	2.0	无水	49.73	46.61	120	1.07	2.00	1.25	1.25	满足
正常工况(低水位)	3.5	2.24	48.07	38.54	120	1.25	2.00	1.69	1.25	满足
正常工况(高水位)	4.5	3.5	37.90	30.01	120	1.26	2.00	1.42	1.25	满足

表 2-19　闸室镇静段稳定计算成果

计算情况	水位/m		基底应力/kPa			应力比		抗滑稳定安全系数		是否满足规范要求
	墙后	墙前	σ_{max}	σ_{min}	允许值	计算值	允许值	计算值	允许值	
完建工况	2.0	无水	56.15	47.30	120	1.19	2.00	1.31	1.25	满足
正常工况（低水位）	3.5	2.24	63.34	37.71	120	1.68	2.00	1.68	1.25	满足
正常工况（高水位）	4.5	3.5	53.39	28.96	120	1.84	2.00	1.48	1.25	满足

套闸闸室墙各工况抗滑稳定安全系数计算值最小值为 1.25，基底应力最大值为 63.34 kPa，最大应力比为 1.84。套闸闸室墙基底应力、应力比及抗滑稳定均满足规范要求。翼墙稳定计算同节制闸，满足规范要求。

5. 沉降计算

按《水闸设计规范》（SL 256）对下闸首进行沉降计算，经计算，套闸下闸首地基最大沉降量 8.1 cm，小于规范规定的 15 cm，满足规范要求。上闸首沉降计算同节制闸。

6. 主要结构计算

上闸首结构计算同节制闸闸室。

下闸首净宽 12.0 m，底板厚 1.5 m，底板的应力分析采用弹性地基梁法，配筋计算依据《水工混凝土结构设计规范》（SL 191）。经计算，底板面层最大弯矩标准值为 968 kN·m，相应配筋采用 φ 25@100，配筋率为 0.34%；底层最大弯矩标准值为 373 kN·m，相应配筋采用 φ 25@200，配筋率为 0.17%。最大裂缝开展宽度均小于 0.2 mm，满足规范要求。

套闸闸室底板的应力分析采用弹性地基梁法，采用"水利水电工程设计计算程序集"中的 G3 模块进行计算。配筋计算依据《水工混凝土结构设计规范》（SL 191）。经计算，底板面层最大弯矩标准值为 928 kN·m，相应配筋采用 φ 25@100，配筋率为 0.43%；底层最大弯矩标准值为 555.6 kN·m，相应配筋采用 φ 25@150，配筋率为 0.29%。最大裂缝开展宽度为 0.25 mm，满足规范要求。

7. 隔墩稳定计算

该套闸无通航等级要求，隔墩船舶撞击力按船舶吨位 50 t（Ⅶ级航道标准）计算，隔墩在通航高水位工况（水位 3.50 m）考虑船舶撞击力按《水工挡土墙设计规范》（SL 379）进行抗倾覆计算；在完建工况按《水工挡土墙设计规范》（SL 379）进行承载力复核计算。经计算，通航高水位工况隔墩抗倾覆稳定安全系数计算值、完建工况平均基底应力均满足规范要求。

8. 靠船墩计算成果

靠船墩采用预制方桩上承台重力墩结构。由于套闸无通航等级要求，靠船墩荷载按Ⅶ级航道标准进行设计，船舶吨位按 50 t 计算船舶撞击力和系缆力。初步拟定桩长 12

m、桩径 0.4 m、桩中心距为 1.2 m 的 2×2 排预制方桩,采用桥梁博士软件中的多排弹性基础计算模块进行计算,计算依据《公路桥涵地基与基础设计规范》(JTG 63)。经计算,桩基水平承载力满足规范要求,竖向和抗拔承载力均满足设计要求。

桩身最大的弯矩标准值为 24.4 kN·m,最大的剪力标准值为 9.4 kN,根据抗弯构件对方桩进行配筋计算,计算结果为主筋单侧配置 3 Φ 14,箍筋按照构造配置即可满足计算要求,实际主筋单侧配置 2 Φ 20+1 Φ 18,箍筋配置 Φ 8@ 200。主筋配筋面积为 882 mm²,配筋率为 0.55%,最大裂缝开展宽度为 0.15 mm,满足规范要求。

9. 套闸重大设计变更评价

(1)在满足防洪、泄洪和供水任务的前提下,在太浦闸南侧增设套闸是合适的,可以满足太湖及太浦闸周边地区渔业、水生态、水环境维护、区域旅游船舶、水政、渔政等执法公务船舶通行的要求。

(2)套闸利用太浦闸南侧边孔作为套闸上闸首是可行的。套闸由上闸首、下闸首、套闸闸室、输水系统、消力池(镇静段)、内外引航道和靠船建筑物等构成。上闸首、上游翼墙为 1 级建筑物,套闸闸室、下闸首、导航建筑物为 3 级建筑物,套闸防洪标准与水闸相同是合理的。

(3)根据太浦闸套闸需通行各类船舶尺度调查成果,套闸规模确定为 12 m×70 m×2.6 m(闸室宽×长×门槛水深),闸门提升底缘和交通桥顶升状态梁底高程 8.70 m 是合适的。

(4)为确保太浦闸泄洪及行船安全,以太湖防洪调度控制水位 3.50 m 作为太浦闸套闸通行最高通航水位,同时,最低通航水位取 2.60 m,通航保证率可达到 95% 左右,通航水位选取是合理可行的。

(5)太浦闸套闸通航时水位差较小,一般情况下仅 0.2~0.3 m,最大水头差 1.26 m,上游采取双扉门提升输水,下游采用孔口尺寸为 2.0 m×2.0 m(宽×高)、底槛高程为 -1.50 m 的廊道输水是可行的。

(6)按照《水闸设计规范》(SL 256)计算,套闸上、下闸首以及闸室等结构的抗滑稳定、抗浮稳定、地基应力及应力比均满足规范要求;上、下闸首地基最大沉降量小于规范规定的 15 cm,满足规范要求。

(7)上闸首结构配筋同节制闸闸室。下闸首净宽 12.0 m,底板厚 1.5 m,底板面层最大弯矩标准值为 968 kN·m,相应配筋采用 Φ 25@ 100,配筋率为 0.34%;底层最大弯矩标准值为 373 kN·m,相应配筋采用 Φ 25@ 200,配筋率为 0.17%。最大裂缝开展宽度均小于 0.2 mm,满足规范要求。

(8)套闸闸室底板面层最大弯矩标准值为 928 kN·m,相应配筋采用 Φ 25@ 100,配筋率为 0.43%;底层最大弯矩标准值为 555.6 kN·m,相应配筋采用 Φ 25@ 150,配筋率为 0.29%。最大裂缝开展宽度为 0.25 mm,满足规范要求。

(9)参照船舶吨位 50 t(Ⅶ级航道标准)计算,隔墩在通航高水位工况下抗倾覆稳定安全系数计算值为 1.62,>1.50,最大应力为 46.80 kPa,<120 kPa,最小应力为 42.87 kPa,应力比为 1.09,<2.0,满足规范要求;完建工况平均基底应力为 104.04 kPa,<120 kPa,应力比为 1.0,<2.0,满足规范要求。

（10）靠船墩采用预制方桩上承台重力墩结构。靠船墩荷载按Ⅶ级航道标准设计,船舶吨位按 50 t 计算船舶撞击力和系缆力。计算得最大的承台竖向位移为 0.5 mm、水平位移为 7.6 mm;桩基泥面处最大水平位移为 2.3 mm,桩基水平承载力满足规范要求。12 m 桩长的单桩承载力特征值为 362.2 kN,单桩抗拔承载力为 177.9 kN,竖向和抗拔承载力均满足设计要求。配筋率和最大裂缝宽度满足规范要求。

10. 后评价建议

一是太浦闸套闸属非标船闸,输水系统和上下游引航道均为简易布置,尽管水头差较小,但通航水流条件并不完全明确,包括上下游引航道的通航条件。因此,建议要结合节制闸运行调度,明确套闸运行条件,并在实际运行中,要根据船舶进出套闸的航行状态,调整双扉门和下游输水廊道阀门的运行方式;二是要制定严格的套闸安全运行管理规定,划定禁航区,必要时增设导航设施;三是在套闸上、下闸首附近醒目位置竖立永久性公告牌,明示套闸使用条件,对过闸船舶提出基本要求等内容。

2.3.4 项目法人前期工作评价

2.3.4.1 开展建设管理专题调研

在水利部太湖流域管理局分管领导的组织带领下,项目法人组成调研组,先后到江苏南水北调东线工程、广东北江流域治理工程进行调研。此外,还派工作人员到走马塘张家港枢纽和江边枢纽,安徽临淮港工程、蚌埠闸和浙江曹娥江大闸等工程现场考察学习。调研组结合工程建设管理、运行管理、建筑外观、设备选型、功能布置以及新技术、新工艺、新材料的应用,编制完成了《太浦闸除险加固工程建设调研报告》。调研中发现,工程建设的上级主管部门和管理机构都很注重施工前期的规划设计工作,把设计工作做足做细,对施工方案不断进行比选、优化,为日后建设管理创造了良好的条件;即使正式进入工程开工前期准备阶段,建设管理单位仍通过施工图设计来优化设计;实行严格的施工图审查批准制度,以有效保证工程前期工作的质量,为保证工程建设质量奠定了良好的基础。建设管理专题调研工作,对项目法人工程建设理念的树立和实施具有鲜明的指导作用,并为项目法人制订"质量争优良、安全无事故、工期不延误、投资不突破、工地创文明、资金保安全"的建设目标指明了方向,通过加强工作机构能力建设,细化部门职责及岗位要求,工程建设管理的建章立制,为工程目标的顺利实现创造了条件。

2.3.4.2 加强与设计单位配合

从安全鉴定工作开始,直至 2011 年 12 月水利部下达初步设计批复文件,项目法人明确专人配合水利部太湖流域管理局规计处和设计院做好工程前期工作,共同研究提出初步设计及概算修改意见,参与初步设计概算审核会议,及时掌握前期工作动态和相关信息。

项目法人加强与设计方沟通、协调,督促要求设计单位按照初步设计审查意见要求,深化施工图设计。设计单位及时对主体工程建筑外观、施工围堰、通航孔、施工组织设计等进行深化优化,并提出了通航孔设置、施工围堰比较和围堰土料场勘察、建筑外观方案等报告。初设设计批复后,督促加快施工图设计和技术规范、工程量清单的编制工作,确保设计的深度、进度基本满足招标需要。

2012年1月,在征询水利部太湖流域管理局相关部门对桥头堡和塔楼功能设施的意见后,结合工程运行管理需要,项目法人提出了优化桥头堡和塔楼功能需求。4月中旬,上海院提交了桥头堡、启闭机房、塔楼的初步设计方案及概算成果。4月22日,水利部太湖流域管理局召开建筑外观设计优化专题会议,明确项目法人要积极与水利部太湖流域管理局相关处室、单位沟通,尽快衔接、落实工程建设中与流域水文观测、信息化建设相结合部分的投资计划以及动用部分工程折旧费;上海院进一步优化功能布局,压缩建筑面积,取消南桥头堡和塔楼水下观测窗,控制单位造价,尽快提出优化设计方案。5月14日,项目法人组织召开专家咨询会,邀请水利部太湖流域管理局、苏州市、吴江区的设计、规划、水利、景区等单位的专家对上海院提交的启闭机房、桥头堡建筑优化方案进行咨询,基本确定了优化设计方案,并向水利部太湖流域管理局进行报备。沟通、协调是良好的润滑剂,为项目法人的决策与思路得到贯彻和实现奠定了基础。

2.3.4.3 优化桥头堡功能设计

2012年1月,项目法人向上海院提出《太浦闸桥头堡功能需求意见》。按照初步设计方案,太浦闸除险加固后,南、北两桥头堡面积合计为722 m²,主要布置有控制室、接待室、配电房和机房等设施。根据2011年11月17日太浦闸除险加固外观设计现场办公会及太湖流域管理局领导有关指示精神,按照深化外观设计,使工程在外观和功能上体现出现代水利、先进水文化、流域及区域的特点和特色等要求,结合前期建设管理专项调研中到其他工程建设管理先进单位的所见所学和水利风景区建设要求,经研究,项目法人就太浦闸桥头堡功能需求提出明确意见,充分表达了项目法人和上级单位领导的工程布局理念和具体功能需求,从运行管理者的角度表达了工程建设的意愿,为今后的运行管理创造良好条件。

意见中建议,北桥头堡靠近管理所大院,紧邻交通主干路,是工程日常运行管理的主要场所和接待参观考察的第一站。根据工程管理需求和参观行程的常规安排,北桥头堡主要建筑划分为三层。一楼主要布置为接待大厅,大厅设有流域及工程的简要介绍材料、信息发布屏等;二楼主要布置为管理所现场办公场所,满足10人左右的现场办公需要;三楼主要布置为中控室,设有视频监控、闸门操作等信息化设施设备。考虑到工程现场应急值班需要,北桥头堡还需设值班休息室1间;设置配电房、机房、工具间、更衣室和卫生间。房间窗户需考虑防噪以及采光。

南桥头堡毗邻太浦河泵站,与泵站上游中心岛相连接。除了设置基本的管理设施外,增加了水利宣传、工程观测、接待等功能,设施主要安排为会商室、展示厅、工作电梯、接待室等。考虑防汛会商功能,结合工程管理需求,拟在南桥头堡布置防汛会商室1间,满足30人左右同时参加防汛会商的需求。以一楼为主布置展示厅,通过图片、音像、实物、模型等展示流域治理和太浦闸建设管理的过程和成果。工程区域位于农村,无专门的给排水以及排污管网。建议在南、北两桥头堡分别设置化粪池,定期清理外运,保证不污染太浦河水体。

2.3.4.4 优化供电系统建设方案

根据太浦闸除险加固工程初步设计报告,拟对太浦闸供配电系统进行改造,新增一路10 kV电源来自35 kV庙港变电所陆家线(架空线)为常用电源,并在紧邻南岸的太浦河泵站附近用高压电缆接入太浦闸 10 kV 变电所(太浦河北岸);原有 10 kV 电源来自 35 kV 横扇变电所作为备用电源使用;同时,将原 160 kVA 变压器更新改造为 250 kVA 变压器,其他供配电设施将作相应改造。

考虑到初步设计方案采用高压电缆从太浦河泵站南侧接入太浦闸变电所,跨线距离远(约 1 km),施工难度大(部分线路需用顶管施工),工程造价较高,且高压线需横跨太浦河,存在一定的安全隐患。同时,横扇变电所已经升级改造,并纳入吴江市滨湖新城管理,供电保证率要比庙港变电所高。2012 年 2 月,项目法人向设计单位提出优化太浦闸除险加固工程双回路供电方案,建议太浦闸常用电源改为横扇变电所供电,得到采纳并实施。

项目法人依据地方行政区划调整掌握的信息情况,在确保主体工程双回路供电的基础上,按照安全可靠的原则,考虑施工难度,及时对供配电系统提出了设计优化建议,提前实施了永久用电的供配电系统改造,不仅为工程建设争取了施工准备工期,且节省了工程建设投资。

2.3.4.5　优化主要设备设施选型

为做好设备的选型工作,优化工程设施设备性能,项目法人组织设计等相关专家实地考察了扬州市、泰州市等卷扬式启闭机、液压油缸的厂家,了解各设备型号和产品性能,用于指导和优化产品选型设计。按照以往的实践经验,上下扉门通常采用两套驱动和两套卷扬装置的启闭机来分别控制闸门运行,但是启闭机机架体积大、结构松散、联控难、成本高。在本工程尝试采用新型离合卷扬式启闭机,增强了本质安全设计,实现了自动化控制,以适应套闸工程的运行管理需要。环保闭式启闭机作为实用新型设备,已经成功应用到望亭水利枢纽更新改造等多个工程,本工程也在设计中推广应用了这种实用新型启闭机,有效降低了启闭机制作成本,减少了启闭机日常维护量。

太浦闸工程是浦江源水利风景区的核心景点,其启闭机房设计独特、空间通透,对工程的内外观有着严格的整体美观要求。启闭机房室内采用传统的现地控制柜将影响室内布置整体协调,为此经制造厂家的努力,研究了新型外观专利现地控制台,使得现地控制台和启闭机高度与体量得到平衡和协调;采用闭式启闭机,减小了启闭机设备的体积,使得室内更加宽敞;工程设置套闸,在不影响通航基本高度要求的情况下,务必增加启闭机房的局部高度,将影响建筑的整体美观,借鉴了双扉门设计理念,解决了通航对闸门高度约束的影响;同时,采用油缸同步顶升技术,实现交通桥在 2 m 行程内的自由升降,解决了交通桥通航净高不足的问题。

项目法人通过考察调研对启闭机设备、现地操作柜、普通闸门和交通桥设备的优化和使用,成功解决了太浦闸工程作为浦江源水利风景区的核心景点建筑内、外观要求,并突显了新技术、新工艺投入使用给工程带来的不一样的崭新体验与感受。

2.3.4.6　优化太浦闸建筑外观设计

2011 年 11 月,由太湖流域管理局苏州管理局与七都镇政府联合建设的太湖浦江源国家水利风景区获得水利部批准。作为风景区的核心景区,太浦闸工程的外观、管理所的功能定位以及周边环境建设也极为重要。2012 年 1 月,太湖浦江源国家水利风景区管理委员会向项目法人发函,要求按照吴江市人民政府批复同意的《太湖浦江源水利风景区规划纲要》和风景区建设规划,优化调整太浦闸除险加固工程启闭机房、桥头堡建筑外观方案,建议增加功能设施,提升景观效果,打造高度识别的水利风景地标工程。

其后,项目法人要求设计单位在初步设计推荐方案基础上,结合水工程、水文化、水景观和水利风景区建设要求,围绕把太浦闸建设成一个生态工程、环境工程、人文工程,凸显出流域特色、区域特点和水文化、水景观的要求,重点对主体工程外观、管理所功能布局进行深化设计,提出优化的总体布局和外观设计方案。同时,项目法人另行委托两家设计单位,提出了四个外观设计方案供参考。七都镇人民政府、太湖大学堂也对工程外观提出了建议。叶建春局长、吴浩云副局长高度重视外观设计工作,多次听取汇报,提出具体要求和指导意见。2012年2月,经水利部太湖流域管理局领导会议研究确定,原则同意上海院的推荐方案,并要求继续完善优化、细化建筑外观及功能布置。上海院对太浦闸除险加固工程启闭机房、桥头堡建筑方案进行了优化设计,在设计中注意传承中国传统天人合一的建筑精髓与治水理念,充分表现吴越文化的创新与包容特质,写意太湖优美的个性轮廓,营建高度识别的标志性建筑。建筑物设计提取"山""水"的波浪线作为设计的"母题",用一系列叠合的波浪线象征太湖特有的地域景色,通过简单的正方体,经过扭转,形成三维立体的"波浪线",在外观中勾画太湖的轮廓,阴柔的曲线包容了太湖的山水形胜。同时,建筑寓意蛟龙出水、风调雨顺(一帆风顺),蛟龙得雨髻鬣动、蟠螭饮河形影联,使得太浦闸工程成为太湖岸边颇具标志性的建筑。

2012年5月14日,项目法人组织召开了太浦闸除险加固工程启闭机房、桥头堡建筑方案专家咨询会,组织有关专家对设计单位提交的建筑优化方案进行了讨论、评审;专家们认为,优化后的建筑方案满足初步设计功能要求,并符合《太湖浦江源水利风景区规划纲要》。项目法人将优化后的太浦闸除险加固工程桥头堡、启闭机房建筑设计方案及时行文进行了报备。

在水利部太湖流域管理局领导的关心和支持下,项目法人在太浦闸建筑外观设计上,坚扣太浦河枢纽工程为风景区的核心景区为重点,结合现场管理与办公需要,从水工程、水文化、水景观要求,围绕把太浦闸建设成一个生态工程、环境工程、人文工程,凸显出流域特色、区域特点和水文化、水景观的目标;在初步设计批复意见指导下,开展工程外观设计优化建设咨询活动,听取地方及水利部太湖流域管理局相关部门建议和意见,咨询方案完成后,项目法人及时向水利部太湖流域管理局汇报。水利部太湖流域管理局主要领导非常重视,亲自主持由相关部门参与的咨询方案审查会议,最终确定了太浦闸启闭机房和桥头堡等建筑设计方案。

2.4　结论和建议

2.4.1　结论

综上所述,太浦闸除险加固工程建设是十分必要且合理的。太浦闸是太湖下游的主要泄洪通道,承担着流域防洪、泄洪和向下游地区供水的重要任务,是太湖水利体系中不可或缺的部分,且太浦闸工程产出的经济、生态和社会效益明显,其除险加固工程符合太湖流域治理规划,符合流域经济社会的发展需求。太浦闸除险加固工程的前期工作是在实地勘察、多方讨论和仔细比选分析后完成的,工程前期工作中的勘察、设计单位资质符合要求,并通过对水文地质、气候气象等环境因素的细致勘察,得出了深度、广度符合要求的项目建议书、可行性研究报告、初步设计报告。太浦闸除险加固工程的立项条件及决策依据科学、充分,决策的流程符合规定要求。

项目法人组织开展建设管理调研树立了良好的建设管理理念,促进了建设目标的合理制订;与设计单位密切联系、沟通与协调,及时提出建议,传递项目法人的建设管理意图和要求,太浦闸建筑工程的管理用房、外观设计调整和套闸重大变更设计等按照程序顺利完成。经过参建各方共同努力,终于实现质量争优良、安全无事故、工期不延误、投资不突破、工地创文明、资金保安全的预定建设目标,取得了较为满意的工作成果。

总的来说,太浦闸除险加固工程的立项决策及勘察设计等工作的完成度高、成果符合工程需求,结合施工、运行情况看,特别是项目法人的积极参与,设计意图清晰表达、功能性和建设目标的顺利实现,有力证明前期工作完成情况良好。

2.4.2　建议

太浦闸工程立项决策前后历经 10 余年,过程曲折而漫长。主要原因是工程建设规模的反复论证,规模与投资变化带来的可行性研究与初步设计程序反复,基于太浦闸工程的极端重要性,江苏、浙江、上海等两省一市对于太浦闸工程的高度重视,带来的利益权衡、反复论证和反复协调,审批难度大。建议水利基本建设工程建设前期设计阶段,需要充分考虑工程所在地政府和群众的需求,防止工程影响补偿漏项,做细做实相关工程概算,避免重大设计变更及超出工程概算情况的发生;建议工程建设在涉及多方利益的情况下,各相关方应进一步增强大局意识,求同存异,按规定加快审批进度。太浦闸建筑设计具有现代特色的美观和鲜明独特的建筑外观,由大量不规则结构杆件和多变的平面结构组成空间复杂、外形异化的空间体,却也带来各平面结构和杆件容易积灰、难以清理的问题,给工程管理和维护增加了难度、维护成本提升等不足。建议在工程建筑设计上,在满足原有功能、应有特色或美观的同时,要充分考虑工程管理和维护便利与成本。

第 3 章 建设实施评价

3.1 建设实施评价内容

建设实施评价内容包括施工准备、建设实施、生产准备、验收工作四部分。依据制度规定、法律法规要求、行业规范和可行性研究报告等评价施工准备是否充分,项目实际投资效益与预计效益是否有偏差,工程是否具备交付投入生产条件,各专项工程的完成情况是否符合上级主管部门对该项目批准的各种文件、可行性研究报告、国家颁布的行业标准规范等文件,竣工结算的单位造价控制是否在批准的范围之内,验收程序及组织机构是否符合规定等,见表 3-1~表 3-4。

表 3-1　项目施工准备评价

一级指标	二级指标	评价内容	评价依据
施工准备评价	项目组织机构情况	①项目法人是否按照国家有关规定组建,是否履行项目法人责任制; ②机构设置是否合理,规章制度是否健全; ③项目法人在保障工程建设实施方面的工作成效	制度规定、法律法规要求、行业规范和可行性研究报告
	招标采购情况	①招标投标方资格、招标程序、法规、规范是否严格按照合同规定; ②招标合同条款内容是否全面、权责对等; ③选择的设计、施工、监理等单位的资质等级、资信、业务范围等情况; ④设备及材料采购方式、采购渠道及程序是否符合法律规范、合同要求	
	合同准备情况	①合同条款内容是否全面、权责对等; ②合同台账是否完整,记录是否全面、准确、详实	
	资金筹措情况	①项目的投资结构、融资模式、资金选择是否合理; ②实际融资方案与原定项目方案的偏差; ③配套资金是否及时筹措到位	
	施工现场准备情况	①"四通一平"(工程现场供水、供电、交通、通信和场地平整)、生产生活临时建筑和主要物资准备是否满足开工和连续施工的需要; ②征地拆迁方案与执行过程	
	项目开工申请情况	①开工手续落实情况,开工条件准备情况; ②开工申请书与批复是否存在差异及原因	

表 3-2　项目建设实施评价

一级指标	二级指标	评价内容	评价依据
建设实施评价	组织管理执行情况	管理主体及组织机构的适宜性、管理有效性、管理模式合理性、管理制度的完备性以及管理效率评价	制度规定和法律法规要求
	合同执行情况	主要合同的执行情况；合同重大变更、违约情况及原因	
	工程监理情况	监理规划内容是否规范化、具体化、全面性；监理单位是否能严格履行监理合同	
	设计执行情况	重大变更设计情况；建设标准执行情况	
	进度控制情况	工程提前(延期)完成情况、原因及产生的影响	批复文件和设计文件
	质量控制情况	工程质量和设备质量	
	资金控制情况	施工阶段关键节点资金到位情况及支付完成情况	
	安全、卫生、环保管理控制情况	工程生产安全情况、安全保证措施、安全管理水平	
	技术创新情况	设计理念创新情况、新技术新工艺应用情况,创造发明与专利技术申请情况	

表 3-3　项目生产准备评价

一级指标	二级指标	评价内容	评价依据
生产准备评价	运行条件	①运行管理机构是否已经建立,人员是否满足要求；②管理制度是否健全	上级主管部门批准的各种文件、制度规定、法律法规要求、行业规范、设计文件等
	初期运行及维护情况	①初期运行工程及主要设备是否运行正常、稳定、可靠；②运行发现的问题是否已及时处理；③工程维修养护计划是否已经建立	

表3-4　项目验收工作评价

一级指标	二级指标	评价内容	评价依据
验收工作评价	竣工验收情况	①评价竣工验收程序是否符合国家有关规定； ②工程竣工验收主要结论及问题处理情况； ③工程主要特征、完成的主要工程量及主要技术经济指标分析； ④各部分资料收集情况及是否准确完整； ⑤验收条件评价包括以下内容：工程是否已按批准设计全部完成；工程重大设计变更是否已经由有审批权的单位批准；各单位工程能否正常运行；历次验收所发现的问题是否已处理完毕；各专项验收是否通过；工程投资是否已经全部到位；竣工财务决算是否已经完成并通过竣工审计；运行管理单位是否已明确，管理养护经费是否已基本落实；质量和安全监督报告是否已提交，工程质量是否达到合格标准；竣工验收资料是否准备就绪； ⑥竣工验收主持单位和验收委员会人员组成、工作程序、鉴定书格式及内容是否符合国家有关规定	上级主管部门批准的各种文件、国家颁布的制度和法律法规的要求、施工图设计文件等
	资金使用情况	①工程竣工决算与初步设计概算、立项决策估算的比较分析； ②工程投资节余或超支的原因分析	

3.2　建设实施评价依据和方法

3.2.1　评价方法

建设实施评价的方法主要有对比法、综合评价法和成功度法等。

（1）对比法。对比法是水利建设项目后评价中最常用的方法，它通过将项目运营时各指标的实际值与项目决策时的预测值进行对比，对项目进行评价。对比法可分为"前后对比法"和"有无对比法"。"前后对比法"是将项目实施之前与项目完成之后的情况加以对比，找出差异原因，以确定项目效益的一种方法。这种对比用于评价项目的计划、决策和实施质量，是项目效益评价应遵循的原则。"有无对比法"是将项目实际发生的情况与没有投资运行项目可能发生的情况进行对比，以衡量项目的真实效益、影响和作用。

（2）综合评价法。综合评价法是基于系统理论之上，将项目评价内容分成若干部分，再对每个小部分建立相应的评价指标体系，进而与相应的各级标准值进行比较，通过定性和定量分析,最终将若干部分聚为一体,以对项目整体进行客观全面的评价方式。

(3)成功度法。成功度法是邀请评价专家对各个评价指标的成功度作出评价,一般依靠评价专家的经验和对项目的认识,根据项目的特点和具体情况,按不同方面的重要程度,采用专家打分的方式进行。一般把成功度的标准划分为五个等级:完全成功、基本成功、部分成功、不成功、失败。

3.2.2 评价依据

3.2.2.1 施工准备评价依据

施工准备是建设项目施工前的基础工作,施工准备工作充分与否,直接影响到项目建设能否按期完成、能否有较好的工程质量以及较低的投资。准备工作包括项目实施组织的设置和管理,工程招标投标情况(主体工程、设施设备、施工、监理、总承包等方面的招标采购),合同管理及资金的筹措、管理和使用等内容(见表3-1)。

3.2.2.2 建设实施评价依据

建设实施评价工作,重点分析该阶段项目的组织管理情况、合同执行情况,工程实施和进度、质量、资金控制及安全管理情况,资金来源及使用情况等(见表3-2)。

3.2.2.3 生产准备评价依据

根据工程已具备的运行条件及工程初期运行情况、运行维护情况,对工程的生产准备工作进行评价,判断工程是否具备交付业主并投入生产的条件(见表3-3)。

3.2.2.4 验收工作评价依据

验收工作主要关注项目建设效果,包括各专项工程的完成情况是否符合上级主管部门对该项目批准的各种文件、初步设计、国家颁布的行业标准规范等要求,竣工结算的造价控制是否在批准的范围之内,以及竣工验收遗留问题的及时处理情况,验收工作的程序及组织机构是否符合规定等(见表3-4)。

3.3 建设实施评价过程

3.3.1 施工准备评价

3.3.1.1 项目组织机构情况评价

太浦闸除险加固工程主管部门为水利部太湖流域管理局,工程项目法人为太湖流域管理局苏州管理局(见图3-1)。2011年9月,水利部太湖流域管理局以《关于明确太浦闸除险加固工程项目法人的通知》(太管建管〔2011〕219号)明确太湖流域管理局苏州管理局为工程建设项目法人,对工程建设管理工作负责,对工程质量、进度和资金管理负总责。2012年3月,太湖流域管理局苏州管理局以《关于成立太浦闸除险加固工程建设管理领导及工作机构的通知》(太苏字〔2012〕26号)成立了太浦闸除险加固工程建设领导小组及工程机构(建设处、综合组、财务组)等两级机构,并通过《关于印发太浦闸除险加固工程建设管理领导及工作机构主要职责的通知》(太苏字〔2012〕34号)和《关于明确太浦闸除险加固工程建设管理工作机构人员组成和职责分工的通知》(太苏字〔2012〕61号)明确了主要职责、人员组成,职责分工落实到人,切实组织好太浦闸除险加固工程建设管理工作。为加强技术管理工作,另外聘任 2 名技术顾问(钢结构专业、水工建筑专业),在水利部太湖流域管理局曹正伟副总工指导下,组成项目顾问专家组;建设过程中需要专项咨询的主要技术问题,及时提请专家组研究咨询。工程建设处作为现场管理机构,根据工程实际明确职责分工,印发了太浦闸除险加固工程安全生产管理办法等 17 项建设管理制度,以规范太浦闸除险加固工程安全生产管理、质量管理、财务管理、支付审定、经济合同管理、文明工地管理、档案管理、大事记工作、党风廉政建设、施工现场津贴发放、公文管理、会议、值班管理、宣传工作、印章使用管理和食堂管理等工作。在工程建设过程中,太湖流域管理局苏州管理局严格按照水利基本建设程序,依据工程批复文件、合同、招标投标文件、工程设计图纸等对工程建设进行全面管理。

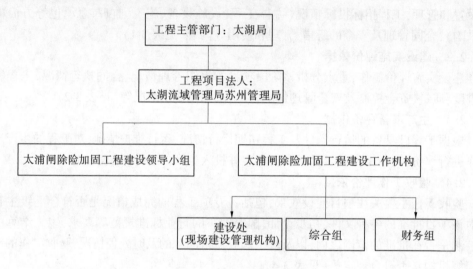

图 3-1　项目组织结构

综上所述,太浦闸除险加固工程项目法人的组建时间、人员构成等符合国家有关规定,现场建设机构设置合理,职责明确,规章制度健全。本项目认真落实了项目法人责任制,生产安全和质量管理、进度控制等方面有力有序,项目法人在项目资金统筹落实、外部环境协调方面工作成效突出,确保了工程建设顺利实施。

3.3.1.2　招标采购情况评价

工程按照分标方案组织招标,施工图设计、建设监理和 4 个施工标段均采用公开招标方式,汽车起重机、交通工具及零星办公设备等按政府采购方式采购。工程施工标段划分为建筑工程、金属结构与电气设备安装标,金属结构设备制作标,自动监控系统施工标,房屋建筑及配套设施施工标。项目法人根据基本建设程序要求和工程招标投标的有关规定,严格执行建设工程招标投标制度,及时上报了工程分标方案和招标方式。具体标段名称及中标单位如表 3-5 所示。

表 3-5　标段名称及中标单位

标段名称	招标方式	工程内容	中标单位
土建施工及设备安装	公开招标	围堰排水、老闸拆除、节制闸、套闸(含北桥头堡、启闭机房)等建筑施工,金属结构设备安装,以及电气、安全监测等设备采购安装	江苏省水利建设工程有限公司
金属结构制作及启闭机制造	公开招标	闸门、检修门、门槽埋件及启闭机等金属结构设备制作	江苏水利机械制造有限公司
自动化设备采购与安装	公开招标	闸门监控系统、视频监视系统、汛情会商系统、多媒体演示系统设备采购与安装	南京钛能电气有限公司
管理用房建筑施工	公开招标	管理用房(南桥头堡)及相关配套设施建设(含内部装饰)	江苏圣通建设集团有限公司(联营体)
施工图设计招标	公开招标	施工图设计服务	上海院
建设监理招标	公开招标	施工阶段的监理服务	安徽省水利水电工程建设监理中心

　　工程项目划分为 4 个单位工程,分别为土建施工和设备安装工程、金属结构制作及启闭机制造工程、自动化设备采购与安装工程、管理用房建筑施工工程。项目法人委托招标代理机构江苏省鸿源招标代理有限公司对以上 4 个施工标段进行公开招标。根据水利部太湖流域管理局《关于转发太浦闸除险加固工程初步设计报告的批复的通知》(太管规计〔2011〕381 号)、《关于印发太湖流域管理局直属水利基本建设项目建设管理暂行办法的通知》(太管办发〔2006〕9 号)及工程招标投标相关规定,在评标过程中坚持公平、公正、科学、择优原则,最终确定江苏省水利建设工程有限公司为土建施工及设备安装施工中标单位,确定江苏省水利机械制造有限公司为金属结构制作及启闭机制造中标单位,确定南京钛能电气有限公司为自动化设备采购与安装中标单位,确定江苏圣通建设集团有限公司(联营体)为管理用房建筑施工中标单位。

　　招标主要流程:招标前向水利部太湖流域管理局报告招标方式、分标方案,编制招标文件并报水利部太湖流域管理局备案,发布招标公告,组织察勘现场,澄清答疑,抽取专家,公开开标,评标与定标,中标单位在太湖网公示,合同谈判与签订,评标结果报水利部太湖流域管理局备案。招标方式和分标方案报水利部太湖流域管理局备案后,项目法人择优确定江苏省鸿源招标代理有限公司为招标代理单位,并委托招标代理单位组织完成工程施工及设备采购的招标工作。招标过程中,接受上级主管部门组织的行政监督和纪检监察,具备条件的自动化设备采购与安装招标、管理用房招标标段进入江苏省水利工程建设交易招标投标系统等地方有形市场交易;招标完成后,及时履行公示程序,并上报招标结果。工程监理、施工、闸门及启闭机制造、自动化设备采购及安装等全部通过公开招标确定承建或供应单位。招标工作中严格执行公开、公平、公正的原则,全部评标工作都在上级主管部门及监察部门人员的监督下进行。项目招标流程如图 3-2 所示。

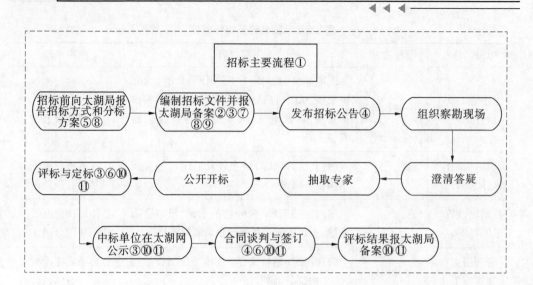

图 3-2　项目招标流程❶

　　施工图设计单位采用公开招标方式选择。但因投标人数量不足导致两次招标失败后,经报请水利部太湖流域管理局批准同意,采用合同谈判方式确定项目设计单位,确定了上海院为工程勘测设计单位,负责工程初步设计、招标设计、施工图设计的全过程设计工作。

　　监理单位采用公开招标方式选择。经过公开招标确定了安徽省水利水电工程建设监理中心为施工监理单位,监理单位设立了监理部,落实了监理人员,规范组织开展建设监理"三控制、两管理、一协调"等工作。

　　综上所述,项目法人按评标委员会的推荐意见,确定中标单位,并将评标报告及中标结果上报上级主管部门备案。对承包单位履行合同情况进行严格监督检查,各项合同均无分包或非法转包现象,所有标段的招标、开标、评标活动都在上级招标投标主管部门及监察部门人员的监督下进行。招标投标方的资格满足要求,招标投标流程明确、程序规范。通过公开招标所选择的施工单位、监理单位、设计单位等履约能力较强,为工程顺利建设实施奠定了基础。

3.3.1.3　合同准备情况评价

　　本工程所签订合同主要有三类,包括设计、监理、招标代理、造价咨询、竣工决算审计、第三方检测、监测与评估、专项验收调查等技术服务类,土建施工及设备安装、金属结构制

---

　　❶　文件编号:①太浦闸除险加固工程土建施工及设备安装验收建管报告(2014.9);②太苏字〔2011〕55 号附件-太浦闸除险加固工程建设监理招标文件(最终);③太苏字〔2011〕55 号关于太浦闸除险加固工程监理招标报告;④太苏字〔2011〕62 号-太浦闸除险加固工程施工图招标合同谈判;⑤太苏字〔2012〕9 号关于太浦闸除险加固工程招标方式、分标方案的报告;⑥太苏字〔2012〕15 号太浦闸除险加固工程施工图设计招标投标情况的报告;⑦太苏字〔2012〕39 号-附件太浦闸除险加固工程金属结构制作及启闭机制造招标文件;⑧太苏字〔2012〕39 号-关于上报太浦闸除险加固工程金属结构制作及启闭机制造招标文件的报告;⑨太苏字〔2012〕43 号附件-太浦闸除险加固工程土建施工及设备安装招标文件(印刷稿);⑩太苏字〔2012〕50 号-关于上报太浦闸除险加固工程金属结构制作及启闭机制造招标投标情况的报告;⑪太苏字〔2012〕51 号-关于上报太浦闸除险加固工程土建施工及设备安装招标投标情况的报告。

作及启闭机制造、管理用房施工等工程施工类,自动监控设备、交通设备、电气设备、通用设备等设备采购安装类。按照招标投标文件,项目法人及时与设计、施工、监理、咨询等单位签订合同,合同采用规范文本,明确双方责任和义务。在工程建设过程中,项目法人严格按照相关法规及合同管理有关规定,从制度、组织、程序等方面加强合同签订和管理工作,对合同的订立及履行过程进行全过程跟踪管理,确保合同管理有序可控。

项目法人制定了太浦闸除险加固工程经济合同管理办法,明确了各部门的管理职责,规范合同起草、流转、送签、审核、签署、存档、履约、总结等程序,保证合同管理各阶段工作有章可循。所有合同均按照经济合同管理有关制度履行了相关洽谈、审批和验收等程序。

按照"统一管理,专人负责"的原则,明确财务组为合同的归口管理部门,对合同进行统一编号;建设处负责合同的签订及履行,指定合同经办人办理合同具体事宜。

严格按照国家的有关法律法规和合同条款执行,在施工质量、价款结算、资金支付、合同验收上严格把关,保证合同条款切实、有效执行。

3.3.1.4　资金筹措情况评价

中央和地方配套投资计划下达 9 971 万元,资金到位 9 971 万元,其中中央资金 8 017 万元,地方配套资金 1 954 万元。太浦闸除险加固工程年度预算下达情况统计如表 3-6 所示。

表 3-6　太浦闸除险加固工程年度预算下达情况统计　　　　　　　　单位:万元

年份	中央资金	地方配套资金	合计	预算下达文件
2011 年	1 000	0	1 000	《关于下达 2011 年中央预算内基建支出预算的通知》(太管财经〔2011〕261 号)
2012 年	2 200	0	2 200	《关于追加下达 2012 年中央水利基建支出预算的通知》(太管财务〔2012〕153 号)
2013 年	4 000	1 553	5 553	《水利部太湖流域管理局关于批复 2013 年预算的通知》(太管财务〔2013〕110 号)
2014 年	817	401	6 771	《水利部太湖流域管理局关于批复 2014 年预算的通知》(太管财务〔2014〕85 号)
至 2015 年合计	8 017	1 954	9 971	

为加强本工程资金管理,由专门设立的财务组负责会计核算、资金支付工作,组织编制年度会计决算、竣工财务决算,加强财务分析和管理,配合有关部门开展财务检查和审计等工作。

根据财务管理有关规定和工程实际,项目法人制定了财务管理、合同管理和资金支付等内部管理制度,严格程序管理,规范合同签订、资金支付等手续。认真审核把关合同进度价款结算,建立工程预付款、质保金台账、资金支付台账、政府采购管理台账、质量保函备查簿等一系列管理台账,为工程建设提供可靠的财务数据。

在工程建设期间,为保证资金专款专用,保证工程施工质量和进度,项目法人探索创新资金监管模式,与银行探讨并签订工程建设资金第三方监管合作协议,将土建施工及设备安装合同的工程资金纳入监管范围,保证资金使用安全。

工程价款结算严格执行合同条款约定,首先由施工单位根据工程施工进度向监理提交"工程价款月支付申请书";监理单位审核后,签发"工程价款月付款证书"并连同"月支付审核汇总表"报送建设处;建设处批准并办理项目法人内部支付审批手续后,报财政部驻江苏专员办财政资金支付审核,再经太湖局复核后提交财政部办理工程价款国库直接支付。按照合同约定支付的工程预付款,在支付工程进度款时按进度比例扣还;质保金在工程价款结算过程中按比例扣留。

单位工程验收后,项目法人组织开展工程计量确认、施工决算编报和监理审核、变更资料完善、竣工图纸编制等造价审核配合工作,及时将造价审核资料提供给审价单位;同时,加强与审价单位、施工单位联系协调,及时督促审价单位出具造价审核报告,并按照审价报告办理施工合同完工结算。

太浦闸工程的防洪效益、供水效益等全部体现为公益性质,本项目资金全部来源于中央和地方财政资金。鉴于太浦闸工程对于保障太湖流域防洪和供水安全的极端重要性,以及太浦闸工程服务与保障地方经济发展的极端重要性,中央和地方政府对于本项目的建设高度重视,从资金保障等方面提供了较好的支撑,为工程施工顺利开展、按时建成并投入使用奠定了经费基础。

3.3.1.5 施工现场准备情况评价

1. 临时用地占地及拆迁准备评价

本工程为原址重建,没有新增永久征地和移民安置。施工临时占地为太浦河泵站中心岛及庙港大桥北岸临时弃土场两处,实际临时占地 2.83 hm²。工程开工前,项目法人与当地政府沟通,按照规定落实临时占地补偿措施;签订临时占地、绿化搬迁及恢复等补偿合同,满足了工程施工需要。工程完工后,太浦河泵站中心岛的施工场地已恢复绿化,庙港大桥北岸临时弃土场已整平并归还当地政府。

工程临时占地主要用于取土场、混凝土弃渣场及施工临时生产、生活设施用房、施工道路等。工程临时占地涉及的其他设施实物量见表 3-7。

表 3-7 工程临时占地涉及的其他设施实物量

项目		单位	泵站管理所	吴江区		合计
				横扇镇	七都镇	
附属物	自来水管	m			900	900
	草坪	m²	13 440			13 440
	竹林	m²	540			540
树木	果木	株		3 200		3 200
	成材树木	株	890			890
	苗木	株				0
	经济树木	株				0
	特殊树木	株	195			195
交通设施	道路	m²	525		2 350	2 875
	桥梁	座				0
水利设施	排灌站	个				0
通信设施	架空线	m	1 000			1 000

2. 施工现场"四通一平"评价

本工程的施工总平面布置基本上按照招标文件中规定的范围进行布置。2012 年 7

月底,开始搭建临时施工场地和部分生产用房,并于2012年8月底搭建到位。办公及生活区利用项目法人提供的管理所用房。生产设施主要布置料场、拌合楼、钢筋场、木工场、小型混凝土拌合系统等,料场和拌合楼布置在中心岛的下游,占地面积约为3 000 m²。钢筋场、木工场布置在中心岛上游,钢筋加工场面积为2 000 m²、木工加工场面积为1 500 m²。金属结构加工场,主要是小型预埋件、止水铜片等材料的堆放和加工,占地面积约100 m²。加工厂内部均设置供排水系统及消防设施。整个施工期临时占用场地采用围墙封闭,与外界隔开。

交通:工程紧靠太浦河河口段,太浦河自太浦闸往下游的河道已达Ⅵ级内河航道标准;工地至庙港、横扇乡均已建有公路,横扇通往江苏、浙江、上海三省(市)有省干道和国道线路连通,通过公路可与沪宁、沪杭铁路线相衔接。施工用黄砂、石子通过水路运输进场。设备及其他材料利用已有上下游桥梁和泵站交通桥进入施工场地。在闸南侧中心岛沿河岸施工范围外修筑临时便道作为进场道路。在上游南侧及下游南侧各修筑一条下基坑道路,以满足主体工程混凝土施工设备以及周转材料进入施工作业面的需要。取土及弃土运输利用太浦河南岸从庙港大桥至弃土场的乡村道路,对该段道路需进行维修加固处理,路面宽7 m,为沥青混凝土路面,总长2 km;从庙港大桥至鱼塘(规划的混凝土弃渣场)已有部分道路,宽度在2 m左右,为满足施工需要,该段道路施工期间路面临时拓宽至5 m,并将原有道路进行维修,拓宽段道路总长度470 m,另外新修建830 m临时道路以连接弃渣场,渣场道路路面宽5 m,采用泥结石路面。

通信:各施工单位的办公、生活等用房利用左岸的管理所原有房屋和租用附近的民房,其通信设施采用有线和无线结合,有线部分为现成电话传真设施,部分为新增设施。

场地平整:施工场地地势平坦,大部分已经硬化,满足施工现场布置需要。

供水:太浦河水质达国家Ⅱ~Ⅲ级标准,直接泵取用作施工用水,生活饮用水则从附近自来水管网接入。

供电:结合工程永久供电线路扩容后作为施工供电电源,施工变压器租用当地供电部门设备,容量为400 kVA。施工用电从项目法人提供的太浦河泵站配电房、太浦闸西院配电房接至生产和生活区,在施工电源输出端的接口处设置计量电表。施工期自备1台250 kW发电机组(设于南侧配电房处)作为电网停电的备用电源,确保施工期电网停电情况下混凝土浇筑及抽排水工作能正常施工。

太浦闸除险加固工程采用改建方案,即在原址拆除重建,新建工程由闸室、上游护坦、下游消力池、海漫、上下游抛石防冲槽、上下游翼墙、交通桥、启闭机房和桥头堡等建筑物组成。由于是原址拆除重建,工程现场"四通一平"基础条件较好,原有水闸的供水、供电、通信设施齐全,场内外交通方便。本项目的钢筋、水泥、砂石料等大宗材料均由施工方提供,没有甲供主材。工程周边经济发达,水陆交通方便,施工所需物资材料供应充足、运输方便。

3. 生产与生活临时建筑准备评价

管理单位原有的管理用房能够满足施工生产生活临时用房需要。根据批准的施工组织设计,主要借助老闸右侧中心岛作为施工场地。项目法人与太浦河泵站的管理单位协调落实了中心岛的临时占用手续,施工单位进场后即完成了绿化移植、场地整平等场地准备工作。施工生产设施包括混凝土拌合系统、砂石料堆场、钢筋加工场等,布置在原老闸和太浦河泵站之间的中心岛靠下游的绿化带上。2012年7月,建设处、主体工程施工单位项目部、监理单位监理部先后进驻工程现场,相继完成钢筋场、木材加工场、砂石料存料场、施工用电设施、临时码头、混凝土生产系统、工地实验室等临时设施建设,钢筋、水泥、砂石等原材料陆续进场,现场办公、生活设施基本到位。按照水利工程建设项目管理有关规定,项目法人及时办理了工程质量和安全监督报批手续。2012年8月下旬,工程具备开工条件。

综上所述,本项目为除险加固项目,原有水闸工程的工作场地、房屋设施和供水、供电、通信等设施齐全,地处长三角经济发达地区,水、陆和空运等交通便利,"四通一平"、生产生活临时建筑和主要物资准备等满足开工和连续施工的需要。施工现场总体布置因地制宜、因时制宜、有利生产、方便生活、易于管理、安全可靠、经济合理,工程项目施工准备充分。

3.3.1.6 项目开工申请情况评价

在水利部批准太浦闸除险加固工程初步设计并落实投资计划与建设资金后,项目法人及时构建项目组织体系,完成招标采购、现场准备和手续申报等工作,使项目具备开工条件。完成准备工作后,项目法人及时向水利部太湖流域管理局提交开工请示。提交项目开工申请表的同时,附上工程概况说明、项目法人组建批准文件、建设资金落实情况证明等支撑材料。2012年8月21日,太湖流域管理局苏州管理局以《关于太浦闸除险加固工程开工的请示》(太苏字〔2012〕63号)上报水利部太湖流域管理局,申请工程开工。2012年9月6日,水利部太湖流域管理局以《关于太浦闸除险加固工程开工申请的批复》(太管建管〔2012〕240号)批复开工报告,同意工程开工。

综上所述,项目开工申请提交及时,开工申请附送的支撑材料完备,申请流程符合规范要求。

3.3.2 建设实施评价

3.3.2.1 组织管理执行情况评价

水利部太湖流域管理局为本工程上级主管部门,负责工程前期立项、可研报告、初步设计等设计文件的初审和上报,负责工程建设程序管理、行业管理及质量、安全、工期、资金等监督管理工作,批准项目法人机构,对工程建设进行全面组织协调、检查和监督等工作。根据水利部委托,工程竣工验收主持单位为水利部太湖流域管理局。

工程质量与安全监督单位为水利部水利工程质量与安全监督总站太湖流域分站。按照水利工程建设项目质量管理有关规定,太湖流域分站先后7次深入施工现场开展质量与安全监督检查活动。审批工程项目划分,跟踪工程施工进度,督查施工质量和安全管理,委托第三方检测单位质量抽检,完成本工程质量评定和安全评价工作。

太湖流域管理局苏州管理局为本工程建设项目法人,负责工程建设管理工作。项目法人成立了太浦闸除险加固工程建设领导小组及建设处(现场建设管理机构)、综合组、财务组,明确职责,配备人员,建立制度,研究确定了"质量保优良、安全零事故、工期不延误、工地创文明"的工程建设目标,形成了有序、高效的工作机制。根据工程现场建设管理需要,为切实加强太浦闸除险加固工程建设管理工作,项目法人以《关于成立太浦闸除险加固工程安全生产等领导机构及工作机构的通知》(太苏字〔2012〕64号)组建了太浦闸除险加固工程现场安全生产、党风廉政、文明工地和质量管理等现场领导机构及工作机构。同时制定印发了安全、质量、文明、档案、宣传等制度。

项目法人认真落实项目法人责任制、建设监理制、招标投标制和合同管理制,组织各参建单位科学管理、精心施工、大干苦干实干,实现了"质量保优良、安全零事故、工期不延误、工地创文明"的建设目标。工程现场推行安全生产标准化管理,实现了安全生产零事故,2015年项目法人荣获全国水利安全监督工作先进集体。优质的施工准备工作符合规范要求,为施工工作的顺利进行打下了坚实的基础。

3.3.2.2 合同执行情况评价

1. 项目法人合同执行情况评价

在项目管理过程中,经过公开招标后,项目法人与相关中标单位签订了合同,在合同执行过程中,项目法人和施工单位均能遵守合同规定,加强合同管理,按照合同文件规定的条款,履行资金支付手续,正确处理合同执行过程中发生的各种情况。单位工程施工完成后,建设处组织监理单位对施工单位的竣工结算报告进行了审核,并委托上海文汇工程咨询有限公司进行了造价审计。在整个单位工程建设过程中,合同执行情况良好,未发生合同纠纷现象。主体工程施工合同名称、编号及金额见表3-8。

表3-8 主体工程施工合同名称、编号及金额

合同名称	合同编号	总金额/万元
太浦闸除险加固工程 土建施工及设备安装单位工程合同	SZ-JJ-TPZCX-2012-004	5 094.118 1
太浦闸除险加固工程 金属结构制作及启闭机制造合同	TPZ-2012-SB01	810.082 5
太浦闸除险加固工程 管理用房建筑施工单位工程合同	SZ-JJ-TPZCX-2013-014	682.065 099
太浦闸除险加固工程 自动化设备采购与安装合同	SZ-JJ-TPZCX-2013-008	211.788 675

2. 施工单位合同执行情况评价

除了施工承包合同外,江苏省水利建设工程有限公司与项目法人另外签订了《资金安全合同》《廉政合同》,工程施工中严格执行施工合同文件各项规定,自觉按合同办事,坚持公开、公正、公平、诚信的原则,无损害国家、集体利益和违反工程建设管理规章制度的情况出现。施工中积极开展廉政建设,加强对本方工作人员监督,自觉接受监察部门对合同执行情况的监督检查。

江苏省水利机械制造有限公司在合同执行过程中,为了保证工程施工质量,严格执行合同中禁止分包和变相分包的条款,自主完成了合同规定的全部工作内容。

南京钛能电气有限公司在执行自动化设备采购与安装合同过程中,对所实施的项目

内容承诺保修 2 年;及时与运行管理单位进行沟通,制定试运行方案及制度,提高自动化系统实际性能,使自动化系统的先进性落到实处。

3. 设计单位合同执行情况评价

本工程勘测设计单位为上海院,负责工程可行性研究、初步设计、招标设计、施工图设计等勘察设计工作。工程开工前,按委托合同要求,向业主及时提供施工图;工程建设期间,设计单位按时进行设计技术交底,主要设计人员经常深入现场了解工程进度,派驻设计代表常驻现场指导施工,及时编制完成工程变更设计报告及图纸,办理工程变更设计及现场签证等资料,参加隐蔽工程、中间检查以及各种验收,参与有关技术问题研究,提供专业参考意见,解决施工过程中与设计有关的问题。合同执行情况良好。

4. 监理单位合同执行情况评价

本工程监理单位为安徽省水利水电工程建设监理中心。太浦闸除险加固工程建设监理合同签订后,监理单位按合同文件要求,成立了安徽省水利水电工程建设监理中心太浦闸工程监理部,并于 2012 年 6 月底按照业主要求进驻现场开展监理工作。监理部进场以后,以投标文件监理大纲为基础,编制了《太浦闸除险加固工程监理规划》,并于 2012 年 8 月 21 日报送业主。针对本工程的施工特点,监理单位组建了总监负责制现场机构,本工程施工监理采用直线职能式管理,并建立了质量控制体系和安全控制体系,职责明确。监理部设总监一名,监理工程师四名,监理员四名。项目监理部依据合同文件及监理规范、各项施工技术规范、监理规划、监理实施细则、各项工程质量检验评定标准进行三控制、二管理、一协调,对工程进行严格监理。合同执行情况良好。

综上所述,项目认真落实合同管理制。按照招标投标文件,项目法人及时与设计、施工、监理、咨询等单位签订合同,合同采用规范文本,明确双方责任和义务。工程共签订合同 56 份,包括设计、监理、招标代理、造价咨询、竣工决算审计、第三方检测、监测与评估、专项验收调查等技术服务类;土建施工、管理房建设、闸门制作及启闭机制造等;交通设备、电气设备、通用设备等货物采购类。所有合同均按照经济合同管理有关制度履行了相关洽谈、审批和验收等程序,合同管理规范,没有发生合同纠纷。

3.3.2.3 工程监理情况评价

监理单位严格按照合同规定,切实做好进度、质量和投资控制。监理工程师在工程质量验收合格及工程量计量准确的基础上,严格审核付款申请,按月签署合同内项目付款凭证,及时支付工程进度款。组织监理人员熟悉设计图纸、设计要求、合同,熟悉工程单价和取费标准,分析合同价构成因素,明确合同内工程量的施工项目,并落实工程量计量方法、措施等,明确投资控制的重点;根据工程具体情况,预测工程可能发生索赔的诱因,加强事前防范,制定防范对策,减少向业主索赔事件的发生。根据合同条款,监理工程师及时、公正、合理地处理施工单位上报的合同支付和合同外增加费用的审核,对设计变更及时进行处理。在日常监理工作中,监理单位对施工单位提出的问题和困难都及时给予答复与协调处理,作好监理记录。太浦闸工程监理部被安徽省水利水电工程建设监理中心授予2014 年度优秀监理部。

3.3.2.4 设计执行情况评价

项目在设计阶段,对建筑物布置、技术结构设计与外观设计等方面进行创新优化;为契合地方经济发展诉求,实施太浦闸除险加固工程设置套闸设计变更、太浦闸除险加固工程管理设施设计变更两项设计变更。项目中不存在因设计原因造成的重大设计变更,设计与变更都充分体现与环境协调的绿色节能理念,且项目建设结果良好地完成了既定的目标,实现了支撑社会经济发展、契合人民生活生产需求的社会目标。

1. 太浦闸除险加固工程设置套闸设计变更

变更原因:据不完全统计,在东太湖区从事太湖养殖、捕捞的有 1 400 余户,船只 3 000 多艘,增设套闸可以减少农业和渔业的运输成本,促进地方经济发展,并为水事管理和水环境维护等提供便捷通道。

变更过程:2012 年 8 月、10 月,苏州市吴江区人民政府以吴政发〔2012〕120 号和吴政〔2012〕18 号文请求水利部太湖流域管理局在太浦闸除险加固工程中增设过船设施。2012 年 11 月,上海院编制完成了《太浦闸除险加固工程设置套闸变更设计报告》并通过了水利部水利水电规划设计总院的审查。2012 年 12 月,水利部以《水利部关于太浦闸除险加固工程设置套闸变更设计报告的批复》(水总〔2012〕572 号)批复设置套闸变更设计报告。

变更内容:利用太浦闸南岸边孔作为上闸首,增设闸室、下闸首、引航导航设施,形成过船套闸。南岸边孔门型由原来平板直升门变更为双扉门,交通桥由原混凝土板梁变更为液压顶升钢结构开启桥。

2. 太浦闸除险加固工程管理设施设计变更

变更原因:在近年来防洪、水资源调度中,太浦闸启闭频繁,工程管理和运行维护任务繁重,太浦闸增设套闸之后也将增加工程管理的任务。因此,需要完善套闸现场管理设施,增强太浦闸及套闸现场运行管理、实时监控和应急管理的能力,保障太湖流域防洪和太浦河下游供水安全。

变更过程:2013 年 11 月,苏州管理局以《关于上报太浦闸除险加固工程管理设施设计变更报告的请示》(太苏字〔2013〕64 号)上报水利部太湖流域管理局,请求对管理设施建设进行设计变更,即将初设批复的管理用房调整至太浦闸南端建设。2013 年 11 月 9 日,水利部太湖流域管理局在上海召开会议,对《太浦闸除险加固工程管理设施设计变更报告》进行了审查。2013 年 12 月 16 日,水利部太湖流域管理局以《关于太浦闸除险加固工程管理设施设计变更报告的批复》(太管规计〔2013〕268 号)批复管理设施设计变更报告,同意将管理用房调整至太浦闸南端、套闸上闸首附近建设,并对太浦河枢纽管理所内原管理用房进行改造。

变更内容:将工程管理用房调整至太浦闸南端、套闸上闸首附近建设,建筑面积 1 095 m²,并对太浦闸管理所内的 340 m² 原管理用房进行改造。

3.3.2.5　进度控制情况评价

1. 总体进度评价

计划工期:工程为了满足汛期行洪要求,水下部分在一个非汛期完成。根据拆除及重建水工建筑物工程量,工程施工总工期安排为 15 个月。根据施工总进度表,工程施工准备期安排 3 个月,从第一年 9 月到 11 月,主要从事水、电、通信的进场及临建设施的建设。围堰填筑安排在第一年 9 月 15 日开始,10 月 15 日完成基坑初期排水;围堰拆除安排在第二年5月上半月。工程土方开挖在第一年10月15日至第二年1月底进行施工,拆除老闸施工在第一年9月15日到11月底进行;新闸土建工程施工在第一年11月15日到第二年4月底进行,5月15日土方填筑完成。金属结构在工厂进行制作后,于第二年4月初到6月中旬在现场安装,已安装的闸门启闭机采用临时电源提供动力。在汛期采用汽车吊作临时启闭,电气设备的安装调试在9月底最终完成。工程安排尾工2个月,于第二年11月全部完工。

实际工期:太浦闸除险加固工程于2012年9月开工,2013年4月底实现水下工程按期完工的目标。在不足8个月的时间里,老闸拆除和新闸水下工程施工任务按期完成,确保了工程按期投入2013年汛期运用,保障了流域防洪和供水安全。2014年9月16日,单位工程验收全部完成。2014年8月23日,通过水利部组织的水土保持专项验收;2014年10月30日,通过水利部太湖流域管理局组织的档案专项验收;2015年2月5日,通过环保部组织的环保专项验收。2015年4月8日,完成竣工验收技术鉴定;2015年6月16日,通过竣工技术预验收;2015年6月17日,通过竣工验收。单位工程实际开工时间、完工时间和验收时间见表3-9。

表3-9 单位工程实际开工时间、完工时间和验收时间

单位工程名称	开工时间(年-月-日)	完工时间(年-月-日)	验收时间(年-月-日)
土建施工及设备安装工程	2012-09-01	2014-06-26	2014-09-16
金属结构制作及启闭机制造工程	2012-10-18	2013-07-30	2013-08-08
自动化设备采购与安装工程	2013-08-15	2014-06-28	2014-08-07
管理用房建筑施工工程	2014-01-05	2014-07-06	2014-08-08

2. 各阶段施工进度评价

重要施工节点计划与实际工期见表3-10。

表3-10 重要施工节点计划与实际工期

重要施工节点	计划工期(年-月-日)	实际工期(年-月-日)
围堰填筑	2012-09-15(开始)	2012-09-01～2012-09-24
基坑初期排水	2012-10-15(完成)	2012-09-25～2012-10-06
围堰拆除	2013-05上半月(开始)	2013-05-05～2013-06-03
土方开挖	2012-10-15～2013-01-31	2013-02-02(完成)
拆除老闸	2012-09-15～2012-11-31	2012-09-16～2012-11-29
新闸土建	2012-11-15～2013-04-30	2012-11-11～2013-04-14
金属结构安装	2013-04～2013-06	2013-04-03～2013-04-25
电气设备的安装调试	2013-09(完成)	2012-09-26～2014-05-16

土建施工及设备安装工程主要包括水闸工程、套闸工程、基础工程、临时工程、导截流工程、拆除工程、安装工程。2012年9月1日开工,2013年4月25日顺利完成了节制闸、套闸等水下工程施工,具备了水下工程通水验收的条件,整个工程至2014年6月全部完成。2014年9月16日通过单位工程(合同工程完工)验收。

金属结构制作及启闭机制造工程于2012年9月28日召开闸门及启闭机设计第一次联络会。2013年3月29日,召开钢闸门、启闭机出厂验收会议。2013年4月3日,节制闸启闭机进场并完成吊装。2013年4月16日,第一批节制闸6扇闸门进场并安装完成;2013年4月21日,节制闸第二批闸门及套闸下闸首横拉门安装完成;2013年4月25日,套闸启闭机及上闸首双扉门完成吊装调试。2013年7月30日完工,2013年8月8日通过单位工程(合同工程完工)验收。

管理用房建筑施工工程为单体两层建筑(桩基已完成),由钢结构房(含装饰)、室内外给排水、电气、暖通等组成。2014年1月5日开工,2014年7月6日完工,2014年8月8日通过单位工程(合同工程完工)验收。

自动化设备采购与安装工程于2013年8月15日开工,2013年8月20日完成设备厂内调试,11月20日自动化设备进场。2014年3月30日控制柜进场,6月15日闸门监控系统完成联调,6月17日视频监控系统完成联调,6月25日汛情会商系统完成联调,6月26日多媒体演示系统完成联调,6月27日监测设施自动化系统完成联调。2014年6月28日完工。2014年8月7日通过单位工程(合同工程完工)验收。

综上所述,太浦闸除险加固工程的实际工期超出了计划工期。太浦闸除险加固工程水下工程按期完成,按期投入2013年防汛和供水运用,工程边施工边运行,充分发挥了防洪效益;其中,为了保证水下工程工期,所采取的系统性的进度保障措施值得总结借鉴。同时,由于发生增设套闸等重大设计变更,以及后续施工工作受到2013年高温气象灾害影响,总工期超出计划,其工期延迟的原因有如下几点:工程变更引起工程量的增加,使得施工单位需要重新制订施工计划;桥头堡、启闭机房为钢结构幕墙结构,构思新颖,钢结构节点形式复杂多变,杆件间相贯焊接,难度非常大,施工十分困难;玻璃幕墙的材料工艺独特,加工周期长且生产厂商少;钢结构施工过程中,适逢高温天气,苏州气象台发布了多次高温红色预警信号,钢结构表面温度高,无法进行施工,该时段钢结构施工暂停;自动化设备采购与安装工程标段工期延迟较多。对于水下工程进度控制工作的保障性措施,可总结相关经验并应用至相关工作中,对进度延误超过工作计划的部分,应总结相关原因,避免再次出现工程延期。

3.3.2.6 质量控制情况评价

1. 工程质量情况评价

太浦闸除险加固工程共划分为4个单位工程、28个分部工程、730个单元工程。各分部工程质量等级如表3-11所示。其中,土建施工及设备安装单位工程划分为11个分部工程、473个单元工程;金属结构制作及启闭机制造单位工程划分为6个分部工程、119个单元工程;自动化设备采购与安装单位工程划分为5个分部工程、32个单元工程;管理用房建筑施工单位工程划分为6个分部工程、106个单元工程。

表 3-11　太浦闸除险加固工程分部工程质量等级

单位工程名称	分部工程		分部工程质量等级	说明
	名称	编号		
太浦闸除险加固工程土建施工及设备安装工程	上游联结段	TPZ2012-01-01	优良	
	▲闸室段	TPZ2012-01-02	优良	
	▲消能防冲段	TPZ2012-01-03	优良	
	下游联结段	TPZ2012-01-04	优良	
	套闸工程	TPZ2012-01-05	优良	
	桥梁工程	TPZ2012-01-06	合格	按交通标准评定
	▲闸门及启闭机安装	TPZ2012-01-07	优良	
	机电设备安装及监测设施	TPZ2012-01-08	优良	
	启闭机房、桥头堡等	TPZ2012-01-09	合格	按房建标准评定
	附属设施	TPZ2012-01-10	合格	检查项目
	临时工程	TPZ2012-01-11	合格	检查项目
太浦闸除险加固工程金属结构制作及启闭机制造	上游检修门埋件制作	TPZ2012-02-01	优良	
	工作门埋件制作	TPZ2012-02-02	优良	
	下游检修门埋件制作	TPZ2012-02-03	优良	
	▲闸门制作	TPZ2012-02-04	优良	
	电动葫芦轨道制造	TPZ2012-02-05	优良	
	启闭机制造	TPZ2012-02-06	合格	
太浦闸除险加固工程管理用房建筑施工	土建工程	TPZ2012-04-01	合格	
	钢结构工程	TPZ2012-04-02	合格	
	给排水工程	TPZ2012-04-03	合格	
	装饰装修工程	TPZ2012-04-04	合格	
	电气工程	TPZ2012-04-05	合格	
	空调工程	TPZ2012-04-06	合格	
太浦闸除险加固工程自动化设备采购与安装工程	闸门监控系统	TPZ2013-03-01	优良	
	视频监视系统	TPZ2013-03-02	优良	
	汛情会商系统	TPZ2013-03-03	优良	
	多媒体演示系统	TPZ2013-03-04	优良	
	监测设施自动化系统	TPZ2013-03-05	优良	

注：标注"▲"的为主要分部工程。

根据水利部《水利工程建设项目验收管理规定》（水利部令 30 号）、《水利水电建设工程验收规程》(SL 223—2008),经施工单位自评、监理单位复核、项目法人确认,太浦闸除险加固工程质量为优良等级。

土建施工及设备安装单位工程共 11 个分部工程,参评 8 个分部工程中 7 个分部工程优良,1 个分部工程合格,优良率 87.5%,主要分部工程优良,外观得分率 92.3%,单位工程质量等级优良。金属结构制作及启闭机制造单位工程共 6 个分部工程,参评 5 个分部工程全部优良,主要分部工程优良,1 个检查分部工程合格,外观得分率 97.2%,单位工程质量等级优良。自动化设备采购与安装单位工程共 5 个分部工程全部优良,单位工程质量等级优良。管理用房建筑施工单位工程共 6 个分部工程,按照房建标准评定分部工程全部合格,单位工程质量等级合格。

2. 项目法人质量管理情况评价

太浦闸除险加固工程获得中国水利工程优质(大禹)奖,项目法人获评"全国水利安全生产监督先进集体",有以下几点供其他工程项目借鉴:

一是建立健全质量管理制度,明确责任落实。项目法人制定了《太浦闸除险加固工程质量管理办法》,明确了参建各方质量职责,对设计质量、工程主要材料和设备质量、施工质量提出了明确的管理办法,对质量评定工作的组织与管理以及工程质量事故的处置做了详细阐述。除此之外,还出台《太浦闸除险加固工程建设管理领导及工作机构主要职责》明确各机构主要职责;出台《关于明确太浦闸除险加固工程建设管理工作机构人员组成和职责分工的通知》,将职责落实到人。开工后,项目法人还组成了由设计、监理和施工单位参加的太浦闸除险加固工程质量管理领导小组,并成立了工程现场的质量管理工作小组。

二是科学管理,加强技术保障措施。施工单位组织编制施工组织设计及专项施工方案,监理单位认真审核并进行审批,对人力资源投入、机械设备投入、施工进度计划和质量保障措施等明确了审批的具体要求;项目法人还组织召开了开工准备工作专家咨询会、主体工程混凝土生产方案专家咨询会、主体工程混凝土施工方案专家咨询会等专题咨询会,提高质量管理决策水平。

三是严控质量源头,把好材料关。项目法人安排专人负责质量控制工作;监理工程师驻守工程现场检查施工质量,确保工程质量落实到位;施工单位下设质检科,有专职质检员负责质量管理工作,施工现场设立现场实验室,有专职试验员负责现场原材料质量检验,并安排专人负责原材料采购,对原材料进行全程跟踪。项目法人除了督促监理单位紧把材料进货渠道关,安排原材料检测外,对于重要的设备和材料,还组织到供货单位进行实地察看,符合要求后方可进场。

四是协同配合,确保质量体系高效运行。建设处组织协调各参建单位,强化过程控制,按照 PDCA 循环控制原理,形成质量检查与控制机制。施工单位每周编报计划,确定质量管理目标、实现措施和行动方案。对照计划,施工单位自检是否严格执行计划的行动方案,监理单位对施工单位的施工作业进行监督、对施工质量进行评价与确认,并将检查结果通报项目法人。在检查的基础上,进行充分的总结,每周进行工地例会,总结上周计划完成情况,明确已经完成的项目,对出现的问题进行分析,采取措施,克服困难,吸取教训,避免重复犯错,对未完成的项目则留到下一周,安排时间,加以解决。

3. 监理单位质量控制管理情况评价

监理单位督促并帮助施工单位建立健全其质量保证体系，认真审查施工单位的质量保证体系、质量控制措施。监理单位从原材料、半成品到工序质量和工艺质量进行控制，所有原材料和中间产品必须有合格证明及检验资料，不合格的原材料不准用于施工。对通常可能发生的质量事故，监理工程师尽早提醒施工单位，采取有效防范措施，避免带有普遍性的质量事故。施工过程中，监理单位严格执行检查制度，对混凝土施工质量和金属结构埋件安装质量等重点部位、关键项目进行旁站监理，并要求设备制造单位的技术人员在现场指导安装。

实行全面检查验收评定制度。从每个单元工程、每道工序开始，严格实行"三检制"，未经终检人员验收的工序、单元工程，监理不予验收；重视对施工措施、施工组织设计、施工方案的审查，着重对围堰、老闸拆除施工、大体积混凝土、土方回填、混凝土配合比确认及埋件施工、场内制作、运输、吊装、焊接等施工方案进行审查控制；检查施工前的其他各项准备工作是否完备（如图纸供应、水电供应、道路、场地、施工组织、施工设备以及其他环境影响因素），尽力避免可能影响施工质量的问题发生。原材料及中间产品的检查和检验，包括对钢材、水泥、骨料等按规定进行复检，对出厂合格证、试验报告进行检查；特殊工种、技术骨干人员和主要设备的控制，包括对电工、焊接、驾驶、起重吊装等特殊工种岗位和施工单位投标文件承诺的技术骨干人员及主要设备到场及退场进行检查控制；监理工程师分工负责，按专业相互配合，每日定时或不定时进行现场巡查，对重点工序及隐蔽工程实行旁站监理；对单元工程质量实行及时评定制度，监理工程师组织施工单位质检人员，对已完成的单元工程进行质量评定，监理工程师及时进行工序、单元工程的检查验收及质量复核工作，对工程材料、施工人员和施工流程等环节进行详细、严格的监督管理。

4. 施工单位质量保证情况评价

一是建立了完善的质量管理网络。制定岗位责任制，工地现场建立以项目经理和项目总工程师为首的各级领导质量负责制，通过建立三级质量管理网络和质量检查制度，实行各级岗位质量责任制，做到层层落实，层层分解，使工地每个员工都有明确的质量责任。并且在工地质检科设实验室，负责工程的质量检测工作。各工种队及各班组也设兼职质检员，负责本部门及本班组的质量检验工作。

二是成功把好原材料进口控制关。原材料在采购前，对生产厂家进行考察，选择优质的原材料，经监理人认可后进行采购。原材料进场后，按规定进行抽样试验，在试验合格后用于工程。对采购的原材料的品种、产地、数量、状态进行记录标识。

三是严格实行三级技术交底制度、三级检查制度。工程实施前，会同业主、监理单位及设计单位进行施工图的会审，并请业主、监理及设计单位对工程的关键部位进行技术交底。交底后，施工单位在内部实行三级交底制度，即总公司对项目部进行交底、项目部对各部门进行交底、各部门对生产班组进行技术交底。在工程施工前，根据工程的特点设置检验点，并报监理单位批准。对工程检验实行三级检查制度，经检验合格后，再报请监理单位检查。在报请监理工程师复检时，附有自检记录和必要的检查记录，监理单位检查合格后再进行下道工序的施工。隐蔽工程的覆盖按规定的要求通知监理单位进行复检。

四是加强监视和测量设备的控制。监视和测量设备在施工过程中进行有效的控制，保证设备的测量精度和准确性,对使用的监视和测量设备,在开工前建立检测计划,按时对这些设备进行周检。

五是对特殊过程进行控制。特殊过程施工前,对施工操作人员进行必要的培训,培训合格后签发上岗操作证,并对操作人员做好详细的技术交底工作。对特殊过程的施工设备做好验证记录,验证合格后方才投入施工。特殊过程的监督检查实行连续跟踪检查制度,特别检查其施工工序是否按制定的工艺方法和步骤要求进行,发现不符合要求的,立即停止施工,待纠正至符合要求后,方可继续施工。

综上所述,由于项目法人、监理单位和施工单位都采取了有效的质量管理措施,保障了主体工程质量优良。

3.3.2.7 投资控制情况评价

1. 投资估算

项目可行性研究报告的投资估算中的主要材料预算价格是根据苏州地区 2010 年第三季度价格水平编制的。基本预备费按 10% 计算,工程总投资为 8 287.96 万元,其中工程部分投资 7 664.57 万元,工程占地挖压拆迁补偿费 323.39 万元,水土保持费 110 万元,环境保护费 190 万元。

2. 设计概算

项目初步设计的设计概算中的主要材料预算价格是根据苏州地区 2011 年第二季度价格水平编制的。基本预备费按 5% 计算,工程总投资为 8 364.13 万元。其中工程部分投资 7 728.50 万元,工程占地挖压拆迁补偿费 335.63 万元,水土保持费 110 万元,环境保护费 190 万元。

3. 项目变更引起的投资变动

2012 年 12 月,水利部以《关于太浦闸除险加固工程设置套闸变更设计报告的批复》批复套闸设计报告,核定增加套闸工程投资 1 954 万元,全部由苏州市吴江区政府出资。

4. 概算执行情况

工程批复概算总投资 9 971 万元,其中工程部分投资 9 363 万元(包括预备费 446 万元),建设及施工场地占用费 295 万元,水土保持费 113 万元,环境保护费 200 万元。工程累计完成投资 9 971 万元,其中建筑安装工程投资 6 245.61 万元,设备投资 1 723.76 万元,待摊投资 2 001.63 万元。与批复概算相比,主要存在"新建工程"部分略有超支,"电气设备及安装""监控设备及安装""导流工程"和"临时交通工程"等部分略有节余。"新建工程"部分略有超支,概算数 3 124.46 万元,实际支出发生数 3 408.54 万元,实际支出较概算增加 284.08 万元,超支比例为 9.09%,超支主要原因是建筑设计优化以及工程量增加;"电气设备及安装"投资有节余,概算数 415.37 万元,实际支出发生数 319.75 万元,节余 95.62 万元,节余比例为 23.02%,节余的主要原因是供配电系统的设计优化;监控设备及安装"投资有节余,概算数 286.77 万元,实际支出发生数 252.22 万元,节余 34.55 万元,节余比例为 12.05%,节余的主要原因是工程招标节余;"导流工程"投资有节余,概算数 638.10 万元,实际支出发生数 501.81 万元,节余 136.29 万元,节余比例为 21.36%,节余的主要原因是导流方案优化和水下工程施工进度控制良好;"临时交通工程"投资有节余,概算数 143.21 万元,实际支出发生数 109.07 万元,节余 34.14 万元,节余比例为

23.84%,节余的主要原因是施工方案优化,详见表3-12。

表 3-12 水利基本建设项目投资分析

项目	概(预)算价值/元		实际较概算增减	
			增减额/元	增减率/%
工程部分投资				
第一部分:建筑工程	37 781 000	40 718 982	2 937 982	7.78
1.老闸拆除	2 141 000	2 077 056	-63 944	-2.99
2.新建工程	31 244 600	34 085 374	2 840 774	9.09
3.房屋建筑工程	3 397 000	3 620 463	223 463	6.58
4.其他建筑工程	998 400	936 090	-62 310	-6.24
第二部分:机电设备及安装工程	7 558 000	6 203 473	-1 354 527	-17.92
1.电气设备及安装	4 153 700	3 197 510	-956 190	-23.02
2.监控设备及安装	2 867 700	2 522 194	-345 506	-12.05
3.交通工具	450 000	441 560	-8 440	-1.88
4.其他设备及安装	86 600	42 209	-44 391	-51.26
第三部分:金属结构设备安装工程	13 393 200	13 948 162	554 962	4.14
1.闸门设备及安装	8 784 300	9 333 056	548 756	6.25
2.启闭设备及安装	4 608 900	4 615 106	6 206	0.13
第四部分:施工临时工程	9 515 900	7 743 239	-1 772 661	-18.63
1.导流工程	6 381 000	5 018 083	-1 362 917	-21.36
2.交通工程	1 432 100	1 090 667	-341 433	-23.84
3.房屋建筑工程	1 187 100	1 099 080	-88 020	-7.41
4.其他临时工程	515 700	535 409	19 709	3.82
第五部分:独立费用	20 921 600	20 726 731	-194 869	-0.93
建设管理费	5 617 100	5 432 394	-184 706	-3.29
生产准备费	153 500	133 697	-19 803	-12.90
科研勘测设计费	7 205 500	7 135 300	-70 200	-0.97
其他	806 100	885 940	79 840	9.90
材料价差	7 139 400	7 139 400	0	0
新建工程材料价差		6 939 400		
房屋建筑工程材料价差		200 000		
一至五部分投资合计	89 169 700	89 340 587	170 887	0.19
基本预备费	4 460 300	4 460 000	-300	-0.01

续表 3-12

项目	概(预)算价值/元	实际较概算增减	
		增减额/元	增减率/%
办公及辅助用房设计变更,启闭机房和桥头堡结构及外观变更等增加投资,动用预备费	4 460 000		
静态总投资	93 630 000	93 800 587	170 587	0.18
总投资	93 630 000	93 666 848	36 848	0.04
移民及环境部分	6 080 000	6 002 848	−77 152	−1.27
建设及施工场地征用费	2 950 000	2 835 751	−114 249	−3.87
水土保持工程	1 130 000	1 083 097	−46 903	−4.15
环境保护工程	2 000 000	2 084 000	84 000	4.20
工程总投资	99 710 000	99 803 435	93 435	0.09
减:银行存款利息		93 435	93 435	
投资合计		99 710 000	99 710 000	

综上所述,太浦闸除险加固工程有效地控制了资金的使用。由于工程在建设过程中采用了大量的技术和管理创新,工程总体布局的优化和招标的节余等原因都为工程节约了费用开支,最终投资控制在预算之内。

3.3.2.8　安全、卫生、环保管理控制情况评价

项目法人以"安全生产零事故"为目标,建立健全安全管理体系,落实安全责任主体,完善安全管理制度,严格开展安全资格审查,积极开展安全教育、隐患排查等活动,努力提升工程建设安全氛围。引进信息化技术,建立了太浦闸除险加固工程信息管理系统平台(见图 3-3),现场封闭管理并引入视频监控系统,实时监控现场工况。工程现场推行安全生产标准化管理,实现了安全生产零事故,2015 年项目法人荣获全国水利安全监督工作先进集体。

项目法人以"建文明工地,树窗口形象"为主题,以"创建省部级文明工地"为目标,组织调动各参建单位和全体建设者创建文明工地的主动性、积极性,健全组织机构,搭建创建平台,营造和谐建设环境,做到现场整洁有序,实现管理规范高效,有效促进了施工的文明有序。2013 年 6 月,水利部太湖流域管理局授予太浦闸除险加固工程"太湖局文明工地"称号。2015 年 4 月,水利部精神文明建设指导委员会以《关于 2013~2014 年度全国水利建设工程文明工地名单的通报》(水精〔2015〕5 号),确认太浦闸除险加固工程获得"全国水利建设工程文明工地"称号。2015 年底,太浦闸除险加固工程建设处被苏州市创建青年文明号活动组织委员会授予 2015 年度苏州市青年文明号称号。

项目法人高度重视环境保护管理工作,严格执行配套的环境保护设施与主体工程同时设计、同时施工、同时投入使用的环境保护"三同时"制度,工程建设期间开展了大量环

图3-3 太浦闸除险加固工程信息管理系统

境保护工作。通过设置生产废水及生活污水处理设施、及时维护和修理施工机械、基坑排水抽排表层清水、施工路面经常清扫洒水、弃土弃渣等表面加遮盖、混凝土拌合站水泥采用水泥罐储存、施工周围设置简易隔离屏、尽量选用低噪机械、对启闭机采用减振降噪处理、弃土弃渣优先回填等环境保护工程措施，并通过设置工程环境管理机构，负责组织、落实、监督本工程的环境保护工作，实行施工期环境监理，施工单位严格按照有关规定、条例开展施工活动等管理措施，工程现场环保管理工作执行情况良好，2015年2月，通过环保部组织的环保专项验收。

3.3.2.9 技术创新情况

1. 技术创新评价的理论基础

技术创新评价的主要内容是对项目在规划设计、建设和运营过程中应用新技术、新工艺和新设备后产生的科技效益、经济效益、社会效益、生态效益进行评价。技术创新后评价是定量分析的过程，因此在评价的过程中需要选用一种科学的方法对产生的各类效益进行计算。

当前适用于水利建设项目技术创新评价的方法为费用效益分析法，其核心思想是将人类的行为进行定量、综合的分析，要求考虑所分析行为的一切影响，并把这些影响转换为货币值来表现。采用费用效益分析法有如下几点优势：客观性强，所用的数据基本是以客观的效果为依据，不是以分析者的主观意愿和观点；更加实用、直观，水利建设项目中的技术创新所产生的效益能直观地体现出来，与费用效益分析法的特征比较契合；能够反映水利建设项目的特点，在创新的过程中既产生了效益，又有技术投入产生的成本，因此需要计算效益是否大于成本；可以准确评价水利建设项目科技创新的经济性和适用性，全面评价在经济范畴中产生的效益。

因此，本项目采用费用效益分析法收集相关的数据并对太浦闸除险加固工程中采用的新技术、新工艺和新设备进行评价。

2. 技术创新评价

1）太湖美 QC 小组创新评价

太浦闸除险加固工程水下工程工期紧、任务重，在保证工程质量的前提下狠抓工程进度始终是参建单位关注的主题。经过分析比较，闸门槽埋件对工期影响较大，参建单位决定将闸门槽埋件安装由二期改为一期预埋，并成立了一期闸门槽安装质量控制 QC 小组。

经过有针对性地加强操作工人安装培训，加强埋件安装支撑，加强焊接过程定位控制，加强混凝土浇筑过程质量控制，以及避免各施工队交叉施工、相互干扰等，达到了预期目标。工作闸门埋件安装共 10 个单元，单元工程优良率 100%，闸门安装完成后，止水密封良好，闸门起落锁定正常。太湖美 QC 小组质量创新活动成效突出，提高了安装质量，节约了施工工期，于 2016 年 6 月获得中国水利电力质量管理协会授予的 2016 年水利行业优秀质量管理小组 QC 成果一等奖(见图 3-4)。

图 3-4　太湖美 QC 小组获奖证书

技术创新的费用效益分析。太湖美 QC 小组在提高闸门槽埋件安装质量优良率的同时，实现节省工期 13 d 并满足通过水下验收要求，为项目节约了一定的人力、物力与经费。据统计，共节省相关费用 26 万元，人工培训费为 5 万元，因此此项创新的效益费用比为：

技术创新效益(RE_1)= 26 万元

技术创新费用(CE_1)= 5 万元

效益费用比(R_1)= RE_1/CE_1 = 26/5 = 5.2

2）太湖安澜 QC 小组创新评价

上闸首采用新型双扉门联动启闭机，其离合器左右齿盘的精准对位并准确啮合是启闭机稳定运作的关键。在工程实施除险加固后，离合器多次出现左右齿盘啮合错位的现象，对闸门的正常升降和工程安全运行产生了严重影响。因此，管理单位成立"太湖局苏州局太湖安澜 QC 小组"，并以"提高双扉门联动启闭机离合器齿盘啮合准确率"为课题，对离合器左右齿盘啮合质量的优化、改进展开研究。

经过现场调研、原因分析和要因确定后，QC 小组制定应对措施并实施相应的技术改进质量管理工作。依据 2020 年 10 月至 2021 年 4 月期间采集的实际数据可知,QC 小组活动效果明显且超目标完成既定任务,对策实施成果使得该装置获得国家发明专利——"一种离合卷筒式固定卷扬启闭机缓冲限位装置"(见图 3-5),并获评 2021 年中国水利工程协会颁发的水利工程优秀质量管理小组 I 类成果(见图 3-6)。

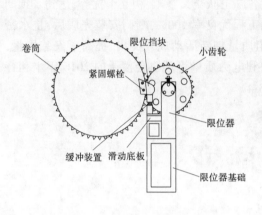

图 3-5　缓冲限位装置示意图

图 3-6　太湖安澜 QC 小组获奖证书

技术创新的费用效益分析。本课题在有效提高了双扉门联动启闭机离合器齿盘啮合精准率的同时,避免了变形限位器拆除等器材变动费用和通航误工费,节约的资金产生了良好的经济效益,该技术详细的经济效益分析如表 3-13 所示。

表 3-13　详细的经济效益分析

序号	项目	计算方式	金额/万元
(1)	变形限位器拆装费	600 元/次×20 次×2 台＝24 000 元	1.2
(2)	变形限位器矫正	1 200 元/次×20 次×2 台＝48 000 元	2.4
(3)	通航船只误工费	2 000 元/天/艘×1 天×5 艘/次×20 次＝200 000 元	20
(4)	活动经费成本	21 600 元	2.16
(5)	节约经济效益	(1)+(2)+(3)-(4)	21.44

技术创新效益(RE_2)＝21.44 万元

技术创新费用(CE_2)＝2.16 万元

效益费用比(R_2)＝RE_2/CE_2＝21.44/2.16＝9.93

太湖安澜 QC 小组的活动显著增强了套闸设备运行的稳定性和可靠性,减少了器材变动的费用与通航受阻的损失,效益费用比为 9.93,技术的创新经济效益良好。

3)套闸下闸首横拉式启闭机技术创新评价

(1)技术创新及应用。

现有技术中,有一种油缸横拉式启闭机,其结构主要包括分别设置在河道上方和下方的轨道,轨道内配合设置有闸门,闸门的上侧和下侧分别设有导向件,闸门的左侧或右侧与油缸活塞杆连接。该装置工作时,油缸推动闸门在轨道内来回移动,实现闸门的开启、关闭。其不足之处在于:在河道里设置轨道技术上存在一定难度、成本较高;水面上的轨道会限制行船的高度,安全性较差。因此,急需一种设置在航道侧边,能使闸门进行水平移动的,体积小且省力可靠的启闭机。

为解决上述问题,本工程采用新型横拉式启闭机(见图3-7)。该机器包括旋转驱动装置、左机架和右机架,左机架、右机架设置在河岸的同一侧,左机架和右机架上分别设有卷筒,卷筒的端部设有与相应卷筒同轴的大齿轮,旋转驱动装置与大齿轮传动连接;左机架、右机架的下侧各自设有支架,支架的下端设有平衡滑轮,河岸两侧的墙体上分别设有定滑轮,河岸每一侧的定滑轮与平衡滑轮一一对应,卷筒上缠绕有钢丝绳,钢丝绳的两端分别绕过所述平衡滑轮的下侧,再分别绕过两端的定滑轮的外侧后经连接在闸门上的吊具相连。新型横拉式启闭机使得闸门可以在水平方向移动,降低制造成本,不影响行船的高度,且运转安全、操作方便,体积小且省力可靠,制造成本低。

图3-7 套闸下闸首横拉式启闭机

(2)技术创新的费用效益分析。

本项创新确保闸门能够在水平方向移动,且不影响河面行船的高度,提高了运行的安全性。同时本项创新采用的新型横拉式启闭机与现有的油缸横拉式启闭机相比,具有操作便捷、体积更小、制造成本更低的优点,创造了可观的经济效益。据估算,采用新设备替代油缸横拉式启闭机节约了设备购置费28.5万元;同时新设备比原有设备易于操作,节省了员工培训费5万元;新设备购置费为8.6万元。

技术创新效益(RE_3)= 28.5+5=33.5 万元

技术创新费用(CE_3)= 8.6 万元

效益费用比(R_3)= RE_3/CE_3 = 33.5/8.6 = 3.90

套闸下闸首横拉式启闭机技术的创新与应用确保了行船高度不受影响,保障了河道安全，节约了固定资产投资成本，从效益费用比来看，本项技术创新为工程带来了较好的经济效益。

4）套闸工程新型联动卷扬式启闭机的技术创新评价

（1）技术创新及应用。

在一些闸孔较多的工程中，随着启闭机工作时间的增加，减速器会出现不同程度的磨损，若不及时更换减速器密封圈等密封设备，减速器可能会出现漏油现象。为避免这一现象，首先要提高减速器的质量，其次，结合实际工程情况以及工作桥空间的大小，在确保闸门正常工作的前提下，尽量减少所使用减速器的数量。所以，此项创新主要解决的技术问题是提供一种上下扉门共用且启闭噪声小、环保、体积小的联动启闭机。

为解决上述问题，本项目采用了一种新型离合卷扬式启闭机，容量为 2×250 kN（下扉门）/2×125 kN（上扉门），扬程为 11.5 m（下扉门）/7.5 m（上扉门）。这种新型联动启闭机在江苏万福闸（节制闸）工程上曾有试用，但尚未通过竣工验收。本工程对这种新型启闭机进行了优化和改进，增强了设备的本质安全设计，实现了自动化控制和联动运行，以适应套闸工程的运行管理需要。这种新型启闭机能够实现上下扉门共用一套传动系统（见图 3-8），有效减少减速器数量，降低减速器因磨损出现的漏油现象，减少启闭机体积、释放工作桥空间，从根本上降低了启闭机日常维护工作量。

图 3-8　新型联动卷扬式启闭机

（2）技术创新的费用效益分析。

本项技术创新通过减少减速器的漏油现象，提高了减速器的质量，从而减少了所使用减速器的数量，给工程带来了较大的经济效益。采用本项技术减少了更换减速器密封圈等密封设备的频率，节省了设备购置费与维修费 65.4 万元。发明联动启闭机的研究费用为 15.5 万元，设备制造成本为 5 万元。

技术创新效益（RE_4）= 65.4 万元

技术创新费用（CE_4）= 15.5+5 = 20.5 万元

效益费用比（R_4）= RE_4/CE_4 = 65.4/20.5 = 3.19

联动启闭机在确保闸门正常工作的同时,减少了工程的运行与维护成本,从效益费用比可以看出,本项创新给工程带来了可观的经济效益。

5)启闭机操控台外观设计评价

本工程启闭机房宽敞通透,启闭机房内的操控台避免了传统控制柜的缺点,结合现场实际进行了人体工程学的创新设计。本工程所采用的启闭机操控台,完全具备现场操控闸门的相关功能,能够精确实现启闭机的现场控制操作,且便于现场的检查、运行和维护。这种操控台体积小巧,结构紧凑,外观新颖,操作方便(见图3-9)。

图3-9　启闭机操控台外观

6)异形钢结构安装工法技术评价

(1)技术创新及应用。

太浦闸启闭机房和桥头堡均为空间刚架结构体系,主要材料为钢结构和玻璃、蜂窝铝板及穿孔铝板组合幕墙,其中钢结构制作安装约620 t,各种幕墙6 800 m^2。启闭机房和桥头堡结构设计非常新颖,但是钢结构和玻璃、铝材等异形空间结构复杂(见图3-10)、造型独特,加工制作、施工安装要求高,且必须进行三维空间立体施工。安装施工期间适逢多年少见的高温气象灾害,台风、雷电和强降雨多发,同时工程建设面临边施工边运行的困难,施工场地局促、高空临水,施工安全隐患多,质量控制难。

为解决上述问题,参建单位组织开展了技术攻关,进行了异形钢结构安装工法研究,经过多次专家咨询、审查修改完善后,形成了独具特色的专项施工方案,明确了材料选购、加工运输、现场转运、三维定位、施工纠偏和检查检测验收等方面的要求和措施。2014年9月,包括启闭机房在内的主体工程顺利通过完工验收。2015年11月,主体工程施工单位印发通知,发布"启闭机房异形钢结构安装工法",并在公司内部推广应用。

(2)技术创新的费用效益分析。

据估算,共节省工期为20 d,共可节省人材机费为30万元,专家咨询及员工培训费用大约为25万元。因此本项创新的效益费用比为:

技术创新效益(RE_5) = 30 万元

技术创新费用(CE_5) = 25 万元

效益费用比(R_5) = RE_5/CE_5 = 30/25 = 1.2

图 3-10　上部建筑物异形钢结构

7）设计理念的创新

本工程在水工建筑物布置、金属结构设计优化、新型启闭机设计，上部建筑物外观和结构设计等方面，均有大胆的设计创新，设计理念中充分体现与周边环境的协调，重视了建筑物节能、绿色环保，实现了与太湖浦江源国家水利风景区、当地旅游经济和百姓生活的开放共享。

水闸、套闸平面布置合理。为满足通航净空要求，套闸上闸首工作闸门由原平板直升门调整为上下扉门，交通桥由原混凝土板梁结构调整为液压顶升钢结构开启桥。下闸首设横拉门，尽量与水闸整体建筑风格相协调。

金属结构和启闭机设计新颖。工作闸门要求双向挡水、动水启闭、运行频繁，所以闸门侧止水为双头 P 形橡皮，闸门采用简支式定轮支承，轴承型式采用具有自动调心功能的自润滑关节轴承，门槽轨道材料采用 316 复合不锈钢板等；套闸上闸首采用一种新型联动卷扬式启闭机，创新地将上下扉启闭装置合二为一，既增加了闸门运行的可靠性，又大大节约了空间和成本。下闸首横拉门体积大、重量大，在设计和制作时大胆进行了启闭装置创新，采用了新型横拉门启闭机。钢结构开启桥创新设计，套闸钢结构开启桥跨度 12 m，桥面宽 8.5 m。为了尽量减小自重和桥面本身的结构高度，设计采用了由三根主梁支撑的正交异性桥面板，同时在端部设置了刚度较大的端横梁，用于保证三根主梁协同工作。为了保证开启作业的顺利进行，在端横梁下方特别设计了导向挡块，而在钢桥面与两侧混凝土桥面交界的边缘处，也设计了特殊的过渡构造。

上部建筑物设计风格独特。启闭机房横跨河面，在南北两侧通过竖向楼梯间连接北岸桥头堡及管理用房，建筑采用简单几何形体，每间隔 4.5 m 旋转 15°，通过旋转变形，塑造出丰富的空间造型，成为太湖波浪的抽象演绎。钢材、铝材、玻璃等现代建筑材料的运用使得建筑造型更加新颖独特；启闭机房结构设计化繁为简，属于国内首创；太浦闸启闭机房为空间刚架结构体系。每 27 m 为一个结构单元，包含 7 片由方钢管焊接而成的异形刚架，刚架根部连接在设置于水工结构侧壁上的预埋件上。刚架之间由不同规格的圆钢管作为系杆连接,从整体上看,这些杆件犹如在一定的规则下"编织"在一起,错落有序;桥头堡结构设计轻灵通透。桥头堡基础采用预制钢筋混凝土方桩,上部结构为钢结构,由于底层存在大跨度悬挑,整个结构必须按空间结构体系考虑。悬挑部分为双向悬挑,最大长度为 8 m,每个支点处由两根斜圆柱共同受力。而在结构的屋顶,还开有一个直径 5.7 m 的洞口。设计时根据空间计算模型的分析结果进行各部分杆件的布置,并在立面所有必要的地方使用了桁架,同时对楼板的刚度也进行了加强。

设计优化后的建筑外观,符合太湖浦江源水利风景区的需要,作为核心工程景观,与东太湖旅游度假区总体规划契合,与东太湖沿线苏州湾大剧院等标志性建筑遥相呼应。

8)采用一种可降低高度的闸槛结构

这种可降低高度的闸槛结构,由底板和近期闸槛组成,底板上预埋有远期预埋件,近期闸槛设在底板上,近期闸槛中预埋有近期预埋件,近期预埋件和远期预埋件均与闸门底槛对应;近期闸槛为由钢筋混凝土浇筑而成的中空堰,中空堰内设有砖砌填芯。这种新型可降低高度的闸槛结构,能够统筹工程建设远期扩大水闸泄流规模的目标的近期需求。2015 年该设计申请了专利,2016 年 6 月取得国家知识产权局授予的实用新型专利(见图 3-11、图 3-12)。

9)钢管柱柱脚刚性连接结构及其安装方法

这种钢管柱柱脚刚性连接结构设计,将各种方形、圆形钢管柱和混凝土柱基础进行刚性连接。安装时,先由预埋锚栓临时固定钢管柱柱脚,再外层包覆封闭柱脚外包钢管,再压力灌注灌浆料,形成钢管柱柱脚刚性连接整体结构。这种新型钢管柱柱脚刚性连接结构及其安装方法,具有用钢量省、方便现场施工和外观简洁美观的优点。2014 年 12 月取得国家知识产权局授予的设计发明专利(见图 3-13、图 3-14)。

综上所述,太浦闸除险加固工程在设计阶段从主体工程结构和外观的设计到机械设备的选型都具有创新性,使得工程既有优秀的功能又有优美的建筑外观。在施工阶段,施工队伍也碰到了许多工程难点,为了应对混凝土裂缝,应用纤维混凝土技术等综合措施对其进行控制;在面临原址拆除和新闸重建的双重任务时,参建单位紧紧围绕工期不延误的进度目标,细化分解、精心组织,采取技术、组织、经济和管理等各种措施,加强进度控制,确保了水下工程施工按期完成。太浦闸除险加固工程获得 2015～2016 年中国水利工程优质(大禹)奖,成为业界的一大亮点。

3.3.3 生产准备评价

根据工程已具备的运行条件及工程初期运行情况、运行维护情况,对工程的生产准备工作进行评价,判断工程是否具备交付业主并投入生产的条件。

3.3.3.1 具备正式运行条件情况评价

本项目实行建管一体模式,项目法人及运行管理单位均为太湖流域管理局苏州管理局,下设的太浦河枢纽管理所负责太浦闸工程的运行管理。根据《关于印发苏州管理局各部门主要职责和人员编制规定的通知》(太苏字〔2011〕59 号),太浦河枢纽管理所主要负责太浦闸工程及辖区内河道、堤防工程的管理、保护工作;根据上级部门调度指令,负责太浦闸工程运行管理和控制运用;按照授权,组织实施所管工程的维修养护、防汛应急、水

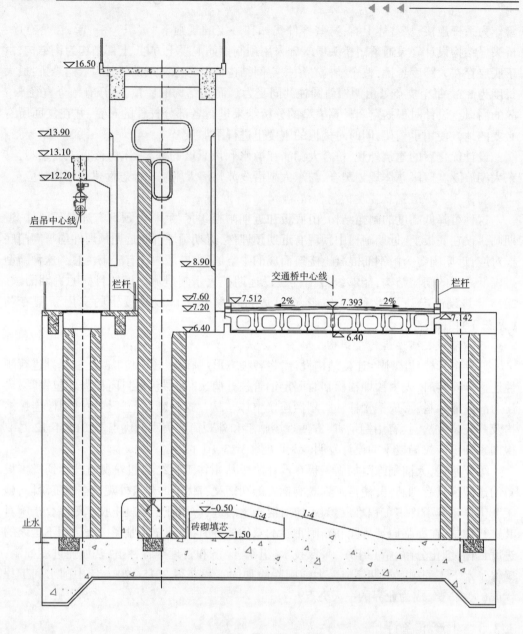

图 3-11 闸槛结构设计示意图 （单位：m）

毁修复等项目；负责所管工程范围内的国有资产、安全生产和环境卫生等管理工作；按照授权，负责所管工程范围内的水政监察、水行政执法，查处水事违法行为。由于是老闸的拆除重建，太浦闸工程原有的运行管理、维修养护经费已经落实。

太浦闸日常调度运行按照 2011 年 8 月国家防汛抗旱总指挥部批复的《太湖流域洪水与水量调度方案》（国汛〔2011〕17 号）实施。

图 3-12　闸槛结构设计专利证书

图 3-13　钢管柱柱脚刚性连接结构实物图

图 3-14　钢管柱柱脚刚性连接结构专利证书

1. 洪水调度

当太湖水位高于防洪控制水位(4 月 1 日至 6 月 15 日,防洪控制水位 3.10 m;6 月 16

日至 7 月 20 日,防洪控制水位按 3.10~3.50 m 直线递增;7 月 21 日至次年 3 月 15 日,防洪控制水位 3.50 m;3 月 16 日至 3 月 31 日,防洪控制水位按 3.50~3.10 m 直线递减)时,实施洪水调度,太浦闸工程按照下列情形执行:当太湖水位不超过 3.50 m 时,太浦闸泄水按平望水位不超过 3.30 m 控制;当太湖水位不超过 3.80 m 时,太浦闸泄水按平望水位不超过 3.45 m 控制;当太湖水位不超过 4.20 m 时,太浦闸泄水按平望水位不超过 3.60 m 控制;当太湖水位不超过 4.40 m 时,太浦闸泄水按平望水位不超过 3.75 m 控制;当太湖水位不超过 4.65 m 时,太浦闸泄水按平望水位不超过 3.90 m 控制;当预报太浦闸下游地区遭受地区性大暴雨袭击或预报米市渡水位超过 3.70 m(佘山吴淞基面)时,太浦闸可提前适当减少泄量。当太湖水位超过 4.65 m 时,应尽可能加大太浦河的泄洪流量。

2. 水量(水资源)调度

当太湖水位低于调水限制水位(4 月 1 日至 6 月 15 日,调水限制水位 3.00 m;6 月 16 日至 7 月 20 日,调水限制水位按 3.00~3.30 m 直线递增;7 月 21 日至次年 3 月 15 日,调水限制水位 3.30 m;3 月 16 日至 3 月 31 日,调水限制水位按 3.30~3.00 m 直线递减)时,相机实施水量调度,太浦河闸泵工程按下列情况执行:为保障太湖下游地区供水安全,原则上太浦闸下泄流量不低于 50 m³/s。当太湖下游地区发生饮用水水源地水质恶化或突发水污染事件时,可加大太浦闸供水流量,必要时启动太浦河泵站增加流量。当太湖下游地区遭遇台风暴潮或区域洪水时,可减小太浦闸供水流量,必要时关闭太浦闸。

另外,太浦闸超标准洪水应急调度按照《太湖超标准洪水应急处理预案》(太防总〔2015〕10 号)实施:当太湖水位超过 4.65 m 但不超过 4.80 m 时,太浦闸全力泄水;若平望水位超过 4.10 m,可适当控制下泄流量;当太湖水位超过 4.80 m 且预报将继续上涨时,太浦闸全力泄水。太浦闸抗旱水量应急调度按照《太湖抗旱水量应急调度预案》(国汛〔2015〕17 号)实施:当太湖水位降至 2.80 m,且预报将继续下降时,将启动本预案,分为 I 级、II 级、III 级应急响应行动。

为确保工程在试运行阶段有规可循、有章可依,管理单位按照工程管理相关规范规程,制定了相关管理制度。依据《水闸技术管理规程》(SL 75—2014),组织编制了《太浦闸工程技术管理实施细则》,对工程控制运用、检查观测、维修养护、安全管理、资料整编与分析等技术管理工作进行规范。联合苏州市吴江区水利局,编制并印发了《太浦闸工程套闸运行管理暂行办法》《太浦闸套闸通行船舶管理办法(试行)》以及《太浦闸双扉门启闭机现地操作规程》《太浦闸套闸船舶通行规程》等一系列操作规程,从套闸的操作、运行、养护到通行船舶的许可、管理,实现了全过程的制度化管理。为规范工程应急抢险工作,组织修订了《太浦闸工程应急预案》。管理单位按照工程管理规程编制了《水利部太湖流域管理局直管工程维修养护技术质量标准》。此外,管理单位按照工程管理科学化、规范化、精细化的有关要求,组织太浦河枢纽管理所制定了岗位职责、运行值班制度、检查维修制度等一系列内部管理制度,为保证试运行期间工程安全运行、不断提高管理水平奠定了基础。

综上所述,管理单位在工程运行前对主要职责、工程调度运行方式、工程运行规则和管理制度等方面做了详细的准备工作,工程具备了正式运行条件。

3.3.3.2　工程初期运行情况评价

2013 年 5 月 15 日太浦闸恢复通水后,工程投入临时调度运行。2013 年 12 月 31 日主体工程基本建成,工程即投入试运行;试运行工作由太湖流域管理局苏州管理局与施工单位共同承担。2014 年 9 月 16 日,土建施工与设备安装标段通过项目法人验收,太浦闸工程正式移交由太浦河枢纽管理所运行管理。

为确保工程运行安全,在工程初期运行期间,管理单位认真开展工程运行维护工作,加强值班和工程检查。参建各方各负其责,协调配合,保证了工程运行安全和施工安全。

1. 临时调度运行情况

2013 年 5 月 15 日,太浦闸恢复通水后,工程投入临时调度运行;2013 年 12 月 31 日,主体工程建设基本完成,临时调度运行阶段结束。临时调度运行期间,苏州管理局组织制定了《太浦闸除险加固工程临时调度运行方案》,明确了临时调度运行基本原则、运行机构、运行程序和注意事项,确保临时调度运行的安全、有序开展。组织成立了各参建单位组成的临时运行机构,其中领导小组负责传达、贯彻上级防汛部门的各项调度指令及工作要求,指导工程运行工作;运行小组负责值班和闸门操作运行。建设处和管理所值班人员负责调度指令接收、向操作人员发送操作票并填写及发送闸门调整报告;施工单位项目部指派具有闸门操作经验的人员负责闸门操作运行,并承担闸门临时维护保养。

工程临时调度运行期间,累计开闸运行 4 654.27 h,向下游供排水约 9.45 亿 m³,启闭闸门 97 次。闸上最高水位 3.82 m、最低水位 2.72 m,闸下最高水位 4.15 m、最低水位 2.61 m,实测最大过闸流量 427 m³/s。临时调度运行期间,本工程及主要设施设备运行正常、稳定、可靠。

2. 试运行情况

2014 年 1 月 1 日,主体工程基本完成,工程进入试运行阶段。由于主体工程尚未进行完工验收,工程试运行的工作机构、工作流程、保障措施仍沿用临时调度运行阶段不变。2014 年 9 月,主体工程各项建设任务完成并通过完工验收后,试运行工作交由太浦河枢纽管理所负责。至 2015 年 4 月 30 日,工程试运行工作基本结束。

试运行期间,苏州管理局指导管理所加强设施设备调试工作。管理所制定了工程试运行方案,定期对节制闸、套闸进行启闭运行,每次试运行均详细记录相关参数,发现问题及时备案并反馈,督促施工单位立即开展整改、完善。

工程试运行期间,节制闸累计开闸运行 10 855 h,向下游供排水约 33.67 亿 m³,启闭闸门 199 次。试运行期间,闸上最高水位 3.99 m、最低水位 2.69 m,闸下最高水位 3.81 m、最低水位 2.11 m,实测最大过闸流量 805 m³/s。套闸累计试运行 49 次(其中双扉门运行 49 次、横拉门运行 40 次、液压开启桥运行 32 次)。试运行期间,本工程及主要设施设备运行正常、稳定、可靠。

依据《太浦闸除险加固工程运行管理工作报告》,太浦闸在临时调度运行和试运行期间,工程管理机构健全,制度完善,太浦闸运行基本正常,主体工程未发现重大问题。闸门、启闭机以及机电设备、自动化控制系统运行正常,但工程主要设备还存在个别问题(套闸上闸首启闭机问题、开启桥液压启闭机问题、启闭机房问题),管理单位针对以上问题进行原因分析并敦促相关单位完成了整改。①套闸上闸首启闭机问题:在试运行的初期,出现了离合器啮合自动控制成功率较低的问题。经施工单位更换了相关设备后,离合器啮合准确,自动控制稳定。试运行还发现在离合器分开状态下副卷筒随主卷筒运转的问题。经分析主要原因为钢丝绳偏松以及副卷筒轴孔与卷筒轴的间隙偏紧。经施工单位调整钢丝绳、副卷筒挡块等设备和改善润滑后,运行正常。②开启桥液压启闭机问题:在开启桥试运行中,发现3号油缸缸口少量渗油。太浦河枢纽管理所将该问题反馈至建设处后,建设处立即组织施工单位进行整改。在更换了3号油缸的密封圈后,未再发现渗油现象。③启闭机房问题:启闭机房建成以后,经过一段时间的运行,发现上部蜂窝铝板幕墙渗水。后经建设处与设计、施工单位共同研究,判断是施工打胶局部有胶缝脱开、胶缝不密实等问题。建设处督促施工单位开展渗水处理和胶缝整改,对渗水点部位的密封胶进行重新修补。经过处理以后,启闭机房幕墙渗水问题已得到有效解决。

综上所述,太湖流域管理局苏州管理局组织技术技能力量投入到工程的初期运行中,努力在试运行中发现问题,以便及时采取措施。截止到竣工验收时,在试运行中发现的问题已经得到了解决。

3.3.3.3 工程运行维护情况评价

太湖流域管理局苏州管理局每年制定维修养护项目实施方案,细化维修养护工作计划,并按照上级主管部门批准后的实施方案组织开展工程维修养护;制定《太湖流域管理局苏州管理局维修养护管理办法》(太苏字〔2014〕41号)等制度,按照《太湖流域管理局直管水利工程维修养护技术质量标准(试行)》(太管建管〔2014〕299号)及时做好维修养护工作,对水工建筑物、防渗排水设施及永久缝、闸门、启闭机、机电设备及防雷设施等提出具体维修养护要求,加强作业过程监督和考核,保证水工建筑物、闸门、启闭机、机电设备等设施设备完好、运行可靠。

主体工程验收移交前,施工单位委托有资质的单位对本工程沉降、水平位移等项目进行变形监测,及时开展观测资料分析;所有监测数据均在规范允许范围内。主体工程验收移交后,管理单位通过人工观测结合安全监测自动采集系统对沉降、水平位移等相关项目进行了观测并编制《太浦闸观测资料汇编分析报告》,及时开展观测成果评审;观测频次和质量满足规程规范要求,观测数据成果满足设计文件要求,观测成果用于指导工程安全运行。

太浦闸除险加固工程从2013年5月15日起投入初期运用,已经历了十个汛期的考验,特别是在2016年及2020年两次太湖流域超标准洪水中发挥了显著的防洪效益,已经历过设计标准洪水的运行考验。

3.3.4 验收工作评价

3.3.4.1 各阶段竣工验收情况

太浦闸除险加固工程单位工程验收由项目法人主持,与合同工程完工验收一并进行,设计、监理、施工、设备制造等单位参加,质量监督机构派员对验收过程进行监督;分部工程验收等按照监理合同约定,由项目法人委托监理单位组织。水下工程通水验收由水利部太湖流域管理局主持;水土保持设施专项验收由水利部主持;工程档案专项验收由水利部太湖流域管理局主持;竣工环境保护专项验收由环保部主持。竣工验收技术鉴定工作由太湖流域管理局苏州管理局委托水利部建设管理与质量安全中心组织完成。经水利部授权委托,水利部太湖流域管理局主持完成了太浦闸除险加固工程竣工验收,竣工验收按照技术预验收和竣工验收两个阶段进行。

太浦闸除险加固工程的法人验收、专项验收情况见表3-14。

表3-14　各阶段验收工作情况

验收种类		验收性质	验收时间 (年-月)	验收结果	验收鉴定书编号
单位工程 验收暨合 同工程 完工验收	土建	法人验收	2014-09	优良	SZ-JJ-TPZCX-2012-004
	金属结构		2013-08	优良	SZ-JJ-TPZCX-2012-003
	管理用房		2014-08	合格	SZ-JJ-TPZCX-2013-014
	自动化设备		2014-08	优良	SZ-JJ-TPZCX-2013-008
工程档案		专项验收	2014-10	通过	太管办〔2014〕246号
水土保持		专项验收	2014-08	通过	2014-85
环境保护		专项验收	2015-02	合格	环验〔2015〕53号
通水验收		阶段验收	2013-05	通过	太管建管〔2013〕100号

竣工验收鉴定书中提出了两条意见和两条建议:抓紧组织实施未完工程,预留费用应严格按审核内容执行;竣工财务决算应在工程竣工验收后及时上报审批;建议加紧落实建筑物钢结构部分的变形观测方案,增加节点焊缝巡查;建议进一步完善金属结构、机电设备等标识和编号。

项目法人重视竣工验收意见和建议的整改落实。未完工程已于2015年12月底前实施完成,并于2016年初通过合同验收;预留费用已严格按审核内容和要求执行完成。2015年8月初,项目法人已经将竣工财务决算行文上报,并已于2016年3月得到水利部批复同意(办财务〔2016〕52号)。项目法人组织设计单位明确了建筑物钢结构部分的变形观测技术要求,组织专业机构编制了建筑物钢结构部分的变形观测方案,并按照方案每年定期组织开展变形观测,同时每月定期组织开展节点焊缝巡查。项目法人已经于2015年汛后,组织增加、完善了金属结构、机电设备等标识和编号。

3.3.4.2　资金使用情况

1. 概算执行情况

本工程共下达投资计划9 971万元,资金到位9 971万元,其中中央资金8 017万元,地方资金1 954万元。资金按年度投资计划下达,各年度资金到位率100%。工程形成交付使用资产9 971万元,其中固定资产9 962.08万元,流动资产8.92万元,工程无结余资金。

2. 竣工决算审计

2015年4月9日,项目法人编制完成工程竣工财务决算并上报太湖局审核、审计;4月14日,水利部太湖流域管理局财务处出具了《太浦闸除险加固工程竣工财务决算》审核意见;5月20日,上海文会会计师事务所有限公司完成了本工程竣工财务决算报表、项目的资金计划、资金管理及使用情况、前期审计决定的整改情况、未完工程及费用等有关情况的竣工决算审计,并出具了竣工财务决算审计报告(文审财〔2015〕0526号)。2015年6月10日,太湖局以《关于太浦闸除险加固工程竣工决算审计的意见》(太管审计〔2015〕90号)提出竣工决算审计意见。审计认为,项目法人编制的《太浦闸除险加固工程竣工财务决算报表》符合《国有建设单位会计制度》《基本建设财务管理规定》和《水利基本建设项目竣工财务决算编制规程》等有关规定,在所有重大方面公允地反映了该工程投资完成情况,可以作为工程竣工验收和交付资产的依据。项目法人针对审计发现的问题及时组织整改,并以《关于太浦闸除险加固工程竣工决算审计整改落实情况的报告》(太苏管〔2015〕33号)向太湖局提交了整改报告。2015年6月16日、17日,竣工验收委员会会议听取了工程竣工财务决算编制及审计情况的汇报,听取了竣工决算审计意见及整改落实情况的汇报。

综上所述,本项目根据国家有关财务管理有关规定和工程实际,制定了财务管理、合同管理和资金支付等内部管理制度,严格程序管理,规范合同签订、资金支付等手续,工程投资控制在预算之内,竣工决算报告通过审计,竣工决算审核有效;积极探索资金监管模式,与相关银行签订了工程资金第三方监管协议,将土建施工及设备安装合同的工程资金纳入监管范围,确保专款专用和资金安全。2014年2月,国家审计署投资司对水利部开展2013年预算执行审计,并延伸到水利部太湖流域管理局,审计了太浦闸除险加固工程建设管理和资金使用情况;2014年8月,水利部"小金库"专项治理检查组重点抽查了太浦闸除险加固工程有关招标投标资料、合同管理情况、政府采购资料以及有关账簿、凭证、年度决算报表及项目验收相关资料等。各类审计与检查均未发现重大问题,各参建单位均未发现不良行为记录及违法违纪问题。

3.4　结论和建议

3.4.1　结论

建设实施后评价主要考察了施工准备、建设实施、生产准备和验收工作等建设实施全过程的管理工作。在施工准备阶段,组织机构设置较合理,提高了工作效率,招标流程科学透明,择优选择承包商,保障了施工质量,资金到位率高,保证了施工流程的连贯性。在建设实施阶段,虽然签订的合同比较繁杂,但管理单位体现了较高的合同管理水平,减少了建设施工阶段因为合同引起的纠纷;建设实施阶段充分执行了初步设计内容及设计变更;工期控制方面,略有超出计划工期,主要是因为发生套闸设计变更,特殊气候引起的钢结构施工滞后,以及自动化设备安装工期的延迟;在工程质量方面,本工程的质量优良率较高,获得2015~2016年中国水利工程优质(大禹)奖。在生产准备阶段,管理单位对运行规则和管理制度等进行了详细规定,确保了工程安全、运行高效;在初期的试运行中,管理单位注意总结发现问题,为后期的稳定运行打下基础。在竣工验收阶段,验收程序符合国家要求,工程按初步设计要求完成,在竣工决算方面有不足之处但都已经得到整改,在决算审计中未发现不良行为记录,工程竣工验收遗留问题也得到了解决。

总的来说,本项目在建设实施过程中,施工准备工作充分、建设施工质量优良、生产准备条件充足、验收工作程序符合规定,建设任务如期完成并实现了初期制定的"质量保优良、安全零事故、工期不延误、工地创文明"的建设目标。

3.4.2 建议

本项目在主体工程已开工后提出了增设套闸这一重大设计变更,而工期目标则是要在一个非汛期内完成所有水下工程建设任务,以满足汛期防洪要求,任务十分紧迫。通过各参建单位认真组织、精心管理、科学施工,水下工程顺利完工并投入使用,为保障流域防洪和供水创造了条件。但通过事后评价发现,如果在2013年汛前的施工关键期出现不利天气影响等因素,施工期的重大设计变更势必将严重影响工期,进而影响防洪安全。因此,对于施工任务要求紧且工期延误会产生重大影响的项目,建议项目法人要在项目前期加强调查研究,充分考虑地方政府及相关方的建设需求,完善项目建设任务,细化项目前期准备工作,以减少设计变更的发生,并给予设计单位相对充足的时间来完成满足施工要求和建设意图的图纸。

第 4 章 运行管理评价

4.1 运行管理评价内容

运行管理评价内容主要包括组织管理评价、工程管理评价和运行效果评价等三个方面,主要通过分析项目投入运行后的管理机构与制度设置、生产和生活设施能否满足工程安全运行管理的要求,工程管理和保护范围是否按有关规定确权划界,并将工程运行期安全监测资料的整编分析成果与设计参数对比分析,以判断工程安全运行状况,进而对项目投入运行后的维护、管理、运营、安全监测、项目功能实现程度及工程运行效果等进行系统评价。

4.2 运行管理评价依据和方法

4.2.1 运行管理评价方法

运行管理评价的方法主要有对比法、逻辑框架法、综合评价法和成功度法等。

4.2.1.1 对比法

对比法是水利建设项目后评价中最常用的方法,它通过将项目运营时各指标的实际值与项目决策时的预测值进行对比,对项目进行评价。对比法可分为"前后对比法"和"有无对比法"。"前后对比法"是将项目实施之前与项目完成之后的情况加以对比,找出差异原因,以确定项目效益的一种方法。这种对比用于评价项目的计划、决策和实施质量,是项目效益评价应遵循的原则。"有无对比法"是将项目实际发生的情况与没有投资运行项目可能发生的情况进行对比,以衡量项目的真实效益、影响和作用。

4.2.1.2 逻辑框架法

逻辑框架法将项目中诸如成本、效益和目标等各类因子间的因果关系加以总结,从而对项目发展方向加以评价,其核心是根据事物的因果逻辑关系,即"如果"提供了某些条件,"那么"会产生某种结果。一般地,条件是指事物性质及其环境,通过逻辑框架法能对项目效率、实效、影响以及可持续性等进行分析。

4.2.1.3 综合评价法

综合评价法是基于系统理论之上,将项目评价内容分成若干部分,再对每个小部分建立相应的评价指标体系,进而与相应的各级标准值进行比较,通过定性和定量分析,最终将若干部分聚为一体,以对项目整体进行客观全面的评价方式。

4.2.1.4 成功度法

成功度法是邀请评价专家对各个评价指标的成功度作出评价,一般依靠评价专家的经验和对项目的认识,根据项目的特点和具体情况,按不同方面的重要程度,采用专家打分的方式进行,一般把成功度的标准划分为五个等级:完全成功、基本成功、部分成功、不成功、失败。

4.2.2 运行管理评价依据

项目运行管理评价指标见表4-1。

表4-1 项目运行管理评价指标

一级指标	二级指标	评价内容	评价依据
项目运行管理评价	组织管理	①工程运行管理单位的组织机构、人员编制是否符合国家有关规程规范要求,机构设置和人员构成是否满足精简高效的原则和管理体制改革的要求,是否适应管理单位生存和发展的需要; ②工程运行管理单位的管理办法、规章制度是否健全,尚需补充完善哪些管理规章制度; ③工程运行管理单位在安全生产、治安保卫、遵纪守法、精神文明建设等方面的先进经验和存在的问题,提出改进意见	国家相关法律法规、国家有关规程规范、行业发展情况、设计文件和批复文件、单位发展规划等
	工程管理	①是否根据国家有关规定划定明确的工程管理范围和保护范围,并办理了土地征用手续; ②管理设施是否按国家有关规范和设计要求设置齐全,其采用先进技术情况及自动化管理程度如何; ③工程管理技术标准、管理规程等是否健全,是否做到有章可循,科学管理; ④工程观测项目是否按照有关规程规范要求满足工程运行状态的分析,是否严格按照规定的内容、测次进行全面、系统和连续的观测,对观测成果是否及时进行整编分析,观测及整编资料是否完整可靠; ⑤是否对工程进行经常性的养护工作,并定期检修,建筑物和设备完好程度如何; ⑥工程运行状态是否良好,建筑物和设备运行的灵活性、安全性、可靠性如何; ⑦对工程管理中存在的问题,提出改进措施	
	运行效果	根据工程投入运行以来历年减灾(防洪、除涝等)和兴利(供水、航运等)实测数据,比较实际效益与原定效益目标的差别与变化,分析产生的原因,并提出应采取的对策和措施	

4.3 运行管理评价过程

4.3.1 组织管理评价

4.3.1.1 管理体制评价

1991年10月,水利部太湖流域管理局以太管〔91〕局字110号文向苏州市人民政府申请在苏州市设立苏州管理处,苏州市人民政府以苏府函〔1991〕17号文同意。1992年10月,水利部太湖流域管理局苏州管理处正式成立。1995年3月,江苏省以《关于太浦闸移交水利部太湖流域管理局管理的通知》(苏政办发〔1995〕5号)将太浦闸工程移交苏州管理处管理。2002年8月,水利部太湖流域管理局以《关于苏州管理处、太湖监测管理处更名的通知》(太管人劳〔2002〕169号)将苏州管理处更名为太湖流域管理局苏州管理局。2011年9月,水利部太湖流域管理局印发《关于印发太湖流域管理局苏州管理局主要职责机构设置和人员编制规定的通知》(太管人事〔2011〕240号),明确了太湖流域管理局苏州管理局的主要职责和管理权限。

2003年6月,太湖流域管理局苏州管理局上报了《太湖流域管理局苏州管理局水管体制改革实施方案》(太苏字〔2003〕41号),正式启动水利工程管理体制改革。2008年,中央财政落实了直管工程维修养护经费。2012年1月,水利部太湖流域管理局以《关于印发太湖流域管理局苏州管理局水利工程管理体制改革工作验收意见的通知》(太管建管〔2012〕12号)同意太湖流域管理局苏州管理局通过水管体制改革验收,完成水管体制改革后,直管工程管理体制更加顺畅。

太湖流域管理局苏州管理局自成立以来,一直按照"精简、高效"和切合事业发展需要的原则组建机构,现有人员主要从事水利工程的行政管理、技术管理、财务与资产管理、水政监察、运行观测等工作,无人员分流情况。2008年起,中央财政预算落实维修养护经费后,太湖流域管理局苏州管理局制定维修养护项目管理规定,引进竞争机制,采取购买服务等方式,扎实开展维修养护,保障了工程的正常运行。

太湖流域管理局苏州管理局内设办公室、工程管理科、水政水资源科、建设与安全科、财务科、人事科、太浦河枢纽管理所、望亭水利枢纽管理所。2016年11月,根据《关于同意苏州管理局增设直属机构的批复》(太管人事〔2016〕230号)增设太湖水事管理中心(太湖流域管理局直属苏州管理局太湖水政监察大队)。2017年12月,编制总数调减为49名,其中设置管理岗位10名,专业技术岗位32名,工勤岗位7名。截至2022年7月,实有在职职工45名,其中管理岗位12名,专业技术岗位26名,工勤技能岗位5名,试用期未聘人员2名。专业技术岗位26名,包括教授级高工1名、高级工程师5名、高级经济师1名、工程师2名、经济师2名、助理工程师14名、助理会计师1名;工勤技能岗位5名,包括技师1名、高级工3名、中级工1名。专设有总工程师技术负责人岗位,工程管理、防汛抗旱、信息化管理、水政监察、安全生产等各技术管理岗位分工明确。

太湖流域管理局苏州管理局印发《太湖流域管理局苏州管理局学习管理办法》《太湖流域管理局苏州管理局职工教育培训管理办法》。每年制定《苏州管理局职工培训计划》，组织职工开展政治理论、综合素质、业务知识、安全生产等培训，并做好学习培训记录。2022年，职工年培训率达到100%。

太湖流域管理局苏州管理局始终重视领导班子建设，强化思想教育，内强素质、外树形象。领导班子成员现有4人，按照集体领导、分工负责、民主集中制原则，依据《太湖流域管理局苏州管理局"三重一大"决策实施细则》（太苏管〔2020〕40号）扎实开展各项工作，团结带领全体职工，行稳致远、真抓实干，贯彻落实水利部太湖流域管理局党组决策部署，切实加强直管工程管理，保障流域防洪、供水和水生态安全。定期召开职工大会，征集职工提案并及时办理；领导班子不定期赴工程现场办公，解决实际问题；职工爱岗敬业，踊跃投入工程管理、防汛防台和水政监察、水利督查等各项业务工作。

太湖流域管理局苏州管理局高度重视党建和党风廉政建设工作，党支部探索形成"红映太湖"党建品牌。2020年，太湖流域管理局苏州管理局支部委员会完成换届选举，明确职责分工、工作任务。2020年，太湖流域管理局苏州管理局调整党风廉政建设组织机构，成立党建工作领导小组。2021年，成立"党支部书记工作室"，印发《太湖流域管理局苏州管理局2021年全面从严治党主体责任清单》（太苏管〔2021〕29号）。2021年积极开展"党员核心业务技能培育""党史学习教育""学习型党组织建设""'两在两同'建新功行动"等活动，扎实开展"三对标、一规划"专项行动，科学谋划新阶段水利发展蓝图。2020年，望亭水利枢纽管理所获"全国模范职工小家"称号。2021年1月，太湖流域管理局苏州管理局党支部荣获水利部第一届"水利先锋党支部"。2021年6月，太湖流域管理局苏州管理局党支部获2019~2020年度苏州市市级机关先进基层党组织。

太湖流域管理局苏州管理局以太苏管〔2020〕25号文调整精神文明建设组织机构，印发《太湖流域管理局苏州管理局2021~2025年度精神文明建设工作规划》（太苏管〔2021〕61号）。太湖流域管理局苏州管理局积极培育和践行社会主义核心价值观，倡导健康、科学、文明、环保的生活方式，深化文明单位创建活动，逐步拓展创建工作的广度和深度，精神文明创建成果丰硕。2020年3月，水利部精神文明建设指导委员会以水精〔2020〕4号文复查确认太湖流域管理局苏州管理局为"全国水利文明单位"。2021年11月，苏州市精神文明建设指导委员会以苏文委〔2021〕8号文授予太湖流域管理局苏州管理局为"2018~2020年度苏州市文明单位"。

太湖流域管理局苏州管理局以太苏管〔2020〕25号文调整水文化和组织文化建设组织机构，加强组织文化建设，提炼单位精神，提升单位软实力。丰富职工文体活动，积极参加水利部太湖流域管理局和苏州市市级机关各项文体活动，展现良好精神风貌。2019年8月，水利部以《关于第二届水工程与水文化有机融合案例的通报》（文明办〔2019〕9号）表彰太湖流域管理局苏州管理局水工程的文化建设。2021年1月，水利部太湖流域管理局以《水利部太湖流域管理局关于印发2020年水利行业节水机关名单的通知》（太湖节保〔2021〕6号）认定太湖流域管理局苏州管理局为水利行业节水机关。2021年5月，太湖治理展示馆通过竣工验收正式开馆，该馆充分利用现有水利工程空间，有机融入太湖水文化元素，集中展示了太湖流域悠久的治水历史成就、流域综合治理管理工作成效、服务和推进长三角一体化国家战略情况等。太湖治理展示馆建设为太湖流域水文化建设注入了新的元素，与太湖水利同知署等已有的太湖水文化阵地形成联动效应，积极推动太湖水文化传播交流。

太湖流域管理局苏州管理局内部管理规范、秩序良好,职工遵纪守法,无违法犯罪行为发生。

综上所述,太湖流域管理局苏州管理局管理体制顺畅,权责明晰,责任落实;管养机制健全,岗位设置合理,人员满足工程管理需要;制订职工培训计划并按计划落实;重视党建工作,注重精神文明和水文化建设,内部秩序良好,领导班子团结,职工爱岗敬业,文体活动丰富。

4.3.1.2 规章制度评价

太湖流域管理局苏州管理局印发《太湖流域管理局苏州管理局制度管理办法》加强制度管理。2022 年汇编形成《太湖流域管理局苏州管理局综合管理制度》《太湖流域管理局苏州管理局水政监察管理制度》《太湖流域管理局苏州管理局安全生产管理制度》《太湖流域管理局苏州管理局标准化管理工作手册》,涵盖了人事劳动、学习培训、岗位责任、请示报告、检查报告、事故处理报告、工作总结、工作大事记、安全管理和工程管理等各个方面,形成较为完善的制度体系。在制度执行中严格把关,做到有章必依、违章必究,做到执行制度有记录,不断加大规章制度的执行力,确保执行效果良好。

依据《水利工程管理考核办法及其考核标准》(太运管〔2019〕53 号),太湖流域管理局苏州管理局结合实际梳理管理事项,依据规程规范进一步摸清工作要求。2019 年 3月,印发《水利部太湖流域管理局直管工程运行管理工作梳理及标准制定(修订)计划》(太苏管〔2019〕19 号),梳理运行管理事项 14 个,工作单元 44 个。2019 年 8 月,印发《水利部太湖流域管理局直管工程组织管理、安全管理、经济管理工作梳理及标准制订(修订)计划》(太苏管〔2019〕41 号),梳理组织管理、安全管理、经济管理事项 18 个,工作单元 60 个。

依据《水利工程标准化管理评价办法及其评价标准》(水运管〔2022〕130 号),太湖流域管理局苏州管理局结合实际进一步梳理,形成 28 个管理事项、81 个工作单元,明确工作内容、要求及适用标准。取消不必要的工作流程,提高工作效率;简化工作环节,优化工作步骤,使作业更有条理。检查、观测、运行、维护等技术管理工作均建立流程图。按照工作内容和要求,2022 年汇编形成《太湖流域管理局苏州管理局水利工程标准化管理工作手册》,细化岗位职责、管理事项、管理标准,形成管理流程图,针对性和执行性强。

综上所述,太湖流域管理局苏州管理局建立健全并不断完善各项管理制度,建立健全了制度体系,内容完整,要求明确,按规定明示关键制度和规程;按照有关标准及文件要求,编制标准化管理工作手册,细化到管理事项、管理程序和管理岗位,针对性和执行性强。不足之处在于,尚需进一步加强制度的宣贯与培训,提高制度执行效果;需进一步完善和细化标准化管理工作手册。

4.3.1.3 经费保障评价

太湖流域管理局苏州管理局人员经费、公用经费等运行管理经费主要由浙江、上海地方财政承担;维修养护经费由中央财政承担;经费不足部分,由单位创收经费弥补。经费到位及时,基本满足单位和工程运行管理需要。

太湖流域管理局苏州管理局按照预算项目储备管理的有关规定,做好项目申报工作,并按照批复的预算组织项目实施。制订了《太湖流域管理局苏州管理局财务管理办法》《太湖流域管理局苏州管理局政府采购管理办法》《太湖流域管理局苏州管理局项目管理办法》《太湖流域管理局苏州管理局经济合同管理办法》《太湖流域管理局苏州管理局中央级预算项目验收管理实施细则》等管理制度,明确了财务人员岗位责任制。严格执行各项财务会计制度,各项支出按照部门预算及上级批复文件执行,做到开支合理、专款专用。

2022 年 6 月,上海东华会计师事务所有限公司印发了《太湖流域管理局苏州管理局(太湖局直管枢纽)2021 年度部门决算报表审计报告》(东会财〔2022〕383 号),审计意见认为:太湖局直管枢纽编制的财务报表在所有重大方面按照《政府会计准则》和《政府会计制度》及相关规定编制,公允反映了太湖流域管理局苏州管理局(太湖局直管枢纽)2021 年度部门财务报表决算的实际情况。

太湖流域管理局苏州管理局每月按时足额发放职工工资、津贴和补贴,职工平均收入福利待遇不低于苏州市平均水平。在编职工全部按规定缴纳了养老保险、医疗保险、失业保险、工伤保险、生育保险和住房公积金。

综上所述,太湖流域管理局苏州管理局运行管理经费和工程维修养护经费及时足额保障,满足工程管护需要,来源渠道畅通稳定,财务管理规范;人员工资按时足额兑现,福利待遇不低于当地平均水平,按规定落实职工养老、医疗等社会保险。

4.3.2　工程管理评价

4.3.2.1　工程状况评价

1. 工程面貌与环境

太浦闸管理区域全部委托专业公司开展绿化养护和卫生保洁,庭院整洁,环境优美。科学合理地开发利用和保护水利风景资源,以太浦闸为主要工程景观成功申报了太湖浦江源国家水利风景区。2015 年 8 月,水利部批复了《太湖浦江源国家水利风景区总体规划》(水规计〔2015〕345 号)。2021 年 12 月,水利部水利风景区建设与管理领导小组办公室以景区办函〔2021〕64 号文公布吴江太湖浦江源水利风景区为国家水利风景区高质量发展典型案例。

太浦闸闸区种植各类景观苗木,地面铺设草坪,无水土流失情况,上下游两侧河道护坡部分采用生态护坡,水面干净整洁,水生态环境良好。太浦闸工程管理范围占地面积75 042.75 m²,宜绿化区域面积 57 194.24 m²,已绿化面积 53 000 m²,太浦闸工程管理范围宜绿化区域绿化率为 92.7%。

综上所述,太浦闸工程整体完好、外观整洁,工程管理范围整洁有序;工程管理范围绿化程度高,水土保持良好,水质和水生态环境良好。

2. 闸室

通过工程巡查和安全监测,及时掌握太浦闸闸室结构运行状况。闸室结构及两岸连接建筑物安全,无倾斜、开裂、不均匀沉降等安全缺陷。近年来太浦闸观测未发现明显异常情况。根据 2019 年水下检查情况,太浦闸消能防冲及防渗排水设施完好,运行正常。

通过日常检查及日常养护修理,及时对损坏的混凝土进行修补。混凝土结构表面整洁,无大面积脱壳、剥落、露筋、裂缝等现象,伸缩缝填料无流失。定期开展工程上下游河道水面保洁和清障,闸室无漂浮物。近年来太浦闸上下游河势监测数据表明,河床无明显淤积,无冲刷现象。

综上所述,太浦闸闸室结构及两岸连接建筑物无倾斜、开裂、不均匀沉降等安全缺陷;消能防冲及防渗排水设施完整、运行正常;闸室结构表面无破损、露筋、剥蚀、开裂;闸室无漂浮物,上下游连接段无明显淤积。

3. 闸门

太浦闸节制闸闸门为平面钢闸门,太浦闸套闸采用双扉式平面闸门和横拉门。按照"经常养护、及时维修、养修并重"的养护修理原则,采用经常检查与定期保养相结合的方式,做好闸门养护修理,发现问题及时处理或上报,确保闸门安全运行。闸门启闭顺畅,止水可靠;定期清洗闸门,表面整洁;闸门无裂纹,无明显变形、卡阻、锈蚀;闸门行走部件运转灵活;门体承载构件无变形;吊耳板、吊座和绳套无变形、裂缝或严重锈蚀;主滚轮、侧滚轮、动滑轮等运转部件运转灵活,闸门运行平稳。

2019 年结合太浦闸安全鉴定工作,太湖流域管理局苏州管理局组织开展了太浦闸闸门安全检测工作,形成《太浦闸工程钢闸门与启闭机安全检测报告》。2019 年 6 月,太湖流域管理局苏州管理局组织召开了太浦闸工程钢闸门和启闭机安全检测成果审查会,对闸门安全检测成果进行认定。2019 年 10 月,水利部太湖流域管理局组织召开了安全鉴定审查会;2019 年 12 月,水利部太湖流域管理局以《水利部太湖流域管理局关于印发太浦闸工程安全鉴定报告书的通知》(太湖建管〔2019〕254 号),同意太浦闸工程安全类别评定为一类闸,闸门安全等级评定为安全。太浦闸闸门安全检测发现的 4 个问题已全部处理完成。

按照水利部《水工钢闸门和启闭机安全运行规程》(SL/T 722—2020)规定,修订印发《水利部太湖流域管理局直管工程闸门和启闭机设备管理等级评定实施细则》。2017 年,太浦闸闸门和启闭机被评为一类单位工程,设备完好率为 100%,太湖流域管理局苏州管理局以太苏管〔2017〕36 号文审定并印发该评定意见。2021 年,太浦闸闸门和启闭机被评为一类单位工程,设备完好率为 100%,太湖流域管理局苏州管理局以太苏管〔2021〕39 号文审定并印发该评定意见。

2021 年 1 月 7 日,苏州市最低气温降到了-8 ℃。低温期间太浦河枢纽管理所控制闸门开度按 60 m³/s 向下游供水,并加强工程巡视和检查,太浦闸上下游未形成冰盖。

综上所述,太浦闸闸门启闭顺畅,止水正常,表面整洁,无裂纹,无明显变形、卡阻、锈蚀,埋件、承载构件、行走支承零部件无缺陷,止水装置密封可靠;吊耳无裂纹或锈损;按规定开展安全检测及设备等级评定;冰冻期间对闸门采取防冰冻措施。

4. 启闭机及机电设备

太浦闸启闭机维修保养到位,运转灵活,安全可靠。

(1)卷扬启闭机:机体表面保持清洁,无尘、无油污;启闭机的联轴器紧固牢靠,定位准确牢固;定期检查减速器、齿轮箱、绳鼓等传动部位,油路、油质、油量符合规定,润滑良好,无"跑、冒、滴、漏"现象;限位装置限位准确,灵活可靠;定期检查滑动轴承,确保轴瓦、轴颈无划痕或拉毛,轴与轴瓦配合间隙符合规定;定期检查滚动轴承,确保滚子及其配件无损伤、变形或严重磨损;制动装置动作灵活、制动可靠;定期对钢丝绳进行清洗保养,涂抹防水油脂。

(2)液压启闭机:定期检查油泵、油管系统,有滴、冒、漏现象时,及时修理或更换密封件,保持无渗油现象;定期检查供油管和排油管,保持色标清晰、敷设牢固;活塞杆伸缩平稳,无锈蚀、划痕、毛刺;定期检查活塞环、油封,无断裂、失去弹性、变形或严重磨损;液压阀动作灵活准确、安全可靠,安全阀及时进行测试,节流阀、压力阀调节正常;对指示仪表进行定期检验,保持盘面清晰、信号指示完好、准确;贮油箱无漏油现象;液压油检测结果合格,油质和油箱内油量符合规定,保持油箱油位在允许范围内,吸油管和回油管口保持在油面以下。

(3)螺杆式启闭机:螺杆无弯曲变形、锈蚀;螺杆螺纹无严重磨损,承重螺母螺纹无破碎、裂纹,螺纹无严重磨损。

2021年,太湖流域管理局苏州管理局太湖安澜QC小组的"提高双扉门联动启闭机离合器齿盘啮合精准率"质量管理活动成果荣获中国水利工程协会水利工程优秀质量管理小组Ⅰ类成果。太浦闸闸门和启闭机设计参数见表4-2。

表4-2 太浦闸闸门和启闭机设计参数

项目			单位	数量	说明
闸门和启闭机	节制闸	闸门孔口尺寸(宽×高)	m×m	12×7.3	
		主闸门门重	t	24	
		主闸门启闭机型号		卷扬式启闭机 QPB2×250 kN-9.0 m	
	套闸	上闸首双扉门(宽×高)	m×m	12×7.5	
		上闸首启闭机型号		离合卷筒式卷扬式启闭机 QPB2×250 kN-11.5 m(下扉门)/ QPB2×125 kN-7.5 m(上扉门)	
		下闸首横拉门(宽×高)	m×m	12×5.5	
		下闸首启闭机型号		卷扬式启闭机(HL)QPB2×100 kN-15.0 m	
		下闸首廊道直升门(宽×高)	m×m	2.0×1.4	
		下闸首廊道直升门启闭机	QDA180 kN		螺杆启闭机

续表 4-2

项目			单位	数量	说明
闸门和启闭机	液压开启桥及液压启闭机	桥底面高程	m	6.60	
		液压启闭机	台(套)	1	QPPYI-4×400 kN-2.2 m
		推力	kN	4×400	
		最大行程	mm	2 200	
		工作行程	mm	2 100	
		油缸内径	mm	250	
		柱塞杆直径	mm	210	
		工作压力	MPa	12	
		电动机功率	kW	2×15（主备 2 台）	QA200L-4-B35

  太浦闸机电设备及防雷设施维修保养到位。对电机绕组进行定期检测；委托专业机构对变压器、操作器具和避雷设施进行检测；柴油发电机定期检查,做好保养；各指示仪表和信号灯清晰、准确,完好无缺；定期对机电设备进行检查,保持无尘、无污、无锈,做到防雨、防潮；定期对电力线路、电缆线路、照明线路等进行检查,保持线路整齐,无破损、老化、无漏电、短路、断路、虚连等；柴油发电机维护良好,转动部位润滑良好,油质、油量符合要求,电刷压力调整到位,发电机风扇无卡阻现象,蓄电池电量保持充足,能随时投入运行。

  2019 年结合太浦闸安全鉴定工作,太湖流域管理局苏州管理局组织开展了太浦闸启闭机安全检测工作,形成《太浦闸工程钢闸门与启闭机安全检测报告》。2019 年 6 月,太湖流域管理局苏州管理局组织召开了太浦闸工程钢闸门和启闭机安全检测成果审查会,对启闭机安全检测成果进行认定。2019 年 10 月,水利部太湖流域管理局组织召开了安全鉴定审查会；2019 年 12 月,水利部太湖流域管理局以《水利部太湖流域管理局关于印发太浦闸工程安全鉴定报告书的通知》(太湖建管〔2019〕254 号),同意太浦闸工程安全类别评定为一类闸,启闭机安全等级评定为安全。太浦闸启闭机安全检测发现的问题已全部处理完成。

  按照水利部《水工钢闸门和启闭机安全运行规程》(SL/T 722—2020)规定,修订印发《水利部太湖流域管理局直管工程闸门和启闭机设备管理等级评定实施细则》。2017 年太浦闸闸门和启闭机被评为一类单位工程,设备完好率为 100%,太湖流域管理局苏州管理局以太苏管〔2017〕36 号文审定并印发该评定意见。2021 年,太浦闸闸门和启闭机被评为一类单位工程,设备完好率为 100%,太湖流域管理局苏州管理局以太苏管〔2021〕39号文审定并印发该评定意见。

  综上所述,太浦闸启闭设备整洁,启闭机运行顺畅,无锈蚀、漏油、损坏等,钢丝绳、螺杆或液压部件等无异常,保护和限位装置有效；机电设备完好、运行正常,按规定对电气设备、指示仪表、避雷设施、接地等进行定期检验,无安全隐患；线路整齐、牢固、标注清晰；按规定开展安全检测及设备等级评定;备用电源可靠。

5.上下游河道和堤防

太浦闸堤防无雨淋沟、渗漏、裂缝、塌陷等缺陷。堤防砌石护坡无松动、塌陷等缺陷,浆砌块石墙身无渗漏、倾斜或错动,墙基无冒水、冒沙现象。近年来太浦闸上下游河势监测数据表明,河床无明显淤积、冲刷现象。

综上所述,太浦闸上下游河道无明显淤积或冲刷;两岸堤防完整、完好。

6.管理设施

太浦闸主要依托水利部太湖流域管理局太浦闸国家基本水文站提供水位、雨量、流量测报工作。太浦河枢纽管理所以共享的方式接入太湖流域水量水质自动监测站、水位雨量站等流域监测信息,满足太浦闸运行管理需要。太浦闸设有垂直位移、水平位移、扬压力、永久缝、结构应力、地基反力、钢结构建筑变形等安全监测设施。工程现场建设了安全监测系统,实现了对安全监测数据的自动采集。

太浦闸建设了视频监视系统,实现了太浦闸闸门启闭机、上下游河道、中控室、套闸闸室、交通桥等重点区域实时视频监视,太浦闸视频监视系统设备情况见表4-3。

表4-3　太浦闸视频监视系统设备情况

序号	设备名称	型号规格	单位	数量	运行情况
1	网络视频录像机	SRN-1000P(含17"液晶显示器),网络摄像机录像资源:100 Mbps;云台控制协议:支持主流品牌,支持多码流摄像机和编码器,支持移动监控/搜索,支持ONVIF设备录像	套	2	正常
2	专用硬盘	3 TB视频专用	块	16	正常
3	视频工作站	配置同监控主机	台	1	正常
4	摄像机	室外高清网络快球摄像机、室内高清网络快球摄像机、室外高清网络红外枪式摄像机	套	54	正常
5	信号防雷器	网络摄像机防雷器,网络电源二合一	只	33	正常
6	机柜	2 260 mm×800 mm×600 mm,钢化玻璃门	台	1	正常
7	液晶拼接屏	2×255"	套	1	正常
(1)	55"超窄边液晶拼接单元	M55PJCZ-GS,原装进口DID FHD-LED屏	台	4	正常
(2)	图像拼接控制器	LCD-CONTROLLER16,4路VGA、4路视频信号输入,可实现单屏显示,多屏、全屏拼接组合	台	1	正常
(3)	拼接控制软件	与拼接控制器配套	套	1	正常

太浦闸闸区防汛道路已全部硬化,道路完好、畅通。太湖流域管理局苏州管理局建立了连接水利部太湖流域管理局的 50 M 专线网络,太浦闸建立了连接太湖流域管理局苏州管理局的 30 M 专线网络。现有通信网络主要用于水利部太湖流域管理局、太湖流域管理局苏州管理局、工程管理所之间进行信息共享交换及异地视频会商等业务。太浦闸工程由吴江区供电局横扇变电所 10 kV 供电,并由太浦河泵站供电线路作为第二供电电源,管理所配备一台 100 kW 柴油发电机组作为备用电源。

太浦闸北桥头堡设有办公室、会议室、中控室、机房及资料室、配电间等,南桥头堡设有会议室、接待室和太湖治理展示馆;太浦闸设有总配电房,包括发电机房和配电室。

综上所述,太浦闸雨水情测报、安全检测、视频监视、警报设施、防汛道路、通信条件、电力供应、管理用房等满足运行管理和防汛抢险要求。

7. 标识标牌

太湖流域管理局苏州管理局制定了《太湖流域管理局直管工程标识牌设置技术标准》,规范标识牌的设计、制作和安装工作。太浦闸工程管理区域内设置必要的工程简介牌、责任人公示牌、安全警示等标牌。根据工程实际,太浦闸工程平、立、剖面图,电气主接线图、启闭机控制图、主要技术指标表、主要设备规格检修情况表等图表齐全,并在关键部位和重要场所进行了上墙明示。

太浦闸技术图表与标识标牌的形状、尺寸,根据工程规模、周边环境、制作工艺和美观要求等情况合理设计、科学设置,安装牢固稳定、安全可靠。太浦河枢纽管理所定期检查标识标牌,如发现有破损、变形、褪色等影响使用的情况时,及时整修或更换。

综上所述,太浦闸工程管理区域内设置了必要的工程简介牌、责任人公示牌、安全警示等标牌,内容准确清晰,设置合理。

4.3.2.2 安全管理评价

1. 注册登记

2008 年 3 月,依据《水闸注册登记管理办法》(水建管〔2005〕263 号),太浦闸完成初始注册登记。2015 年 10 月,按照《水闸注册登记管理办法》(水运管〔2019〕260 号)要求,提供水闸注册登记证、水闸注册登记变更事项登记表及太浦闸除险加固竣工验收相关材料,向水利部太湖流域管理局申请办理了变更事项登记;2017 年 3 月,根据 2016 年太湖流域超标准洪水期间太浦闸最大过闸流量变化情况,太湖流域管理局苏州管理局及时申请办理了变更事项登记;2019 年 12 月,根据太浦闸安全鉴定结论完成水闸安全状况注册登记变更。通过水闸注册登记管理系统(堤防水闸管理信息系统)做好信息填报并通过审核,水闸注册登记后,生成电子注册登记证书。

综上所述,太浦闸按照《水闸注册登记管理办法》完成注册登记;登记信息完整准确,更新及时。

2. 工程划界

1995 年,接管太浦闸工程后,太湖流域管理局苏州管理局与地方水利部门签订了《关于太浦闸上、下游河道及堤防管理范围的移交协议》,确定了太浦闸工程的管理范围;2005 年 1 月,对太浦闸工程再次进行了划界确权,消除了在工程管理范围方面的遗留问题。2020 年,完成了太浦闸管理范围的电子测绘并内业成图。2022 年 7 月 19 日,苏州市吴江区人民政府对太浦闸管理范围和保护范围划定成果进行了公告。工程划界确权完成后,在管理范围内设置了界桩和公告牌。目前,太浦闸工程管理范围和保护范围明确,相关资料齐全,界桩和公告牌设施完善,各类标志清楚。

太浦闸共领取土地证 3 本,领证率 100%。太浦闸工程管理用地 75 042.75 m²,包括横扇镇亭子港村 3 653.35 m²(吴国用〔2001〕字第 17035005 号)、七都镇环湖公路北侧 13 965.5 m²(吴国用〔2006〕第 1900003 号)、七都镇环湖公路南侧 57 423.9 m²(吴国用〔2006〕第 1900004 号)。

综上所述,太浦闸按照规定划定工程管理范围和保护范围,管理范围设有界桩和公告牌,保护范围和保护要求明确;管理范围内土地使用权属明确。

3. 保护管理

太湖流域管理局苏州管理局水政监察支队下设太湖水政监察大队、太浦闸水政监察大队和望亭水利枢纽水政监察大队。截至 2022 年 8 月,太湖流域管理局苏州管理局共有水政监察员 14 名,其中专职水政监察人员 4 名,兼职水政监察人员 10 名。太浦闸水政监察大队共有兼职水政监察员 2 名。水政监察员定期学习培训,培训合格后进行资格认定。配有车辆、无人机、照相机、电脑、录音笔等执法工具。

在工程管理范围内设置水法规宣传标语和安全警示标牌,内容与工程性质、设置部位相符,节制闸设有拦河警示设施、船闸设有通航设施和助航标志。在“世界水日”“中国水周”、宪法宣传周期间集中开展普法宣传活动,在太浦闸工程悬挂水日、水周宣传标语横幅和海报。

按照职责负责管理管辖范围内的水行政事务,加强水行政安全巡查,工程管理范围内无违规建设行为,工程保护范围内无危害工程安全活动。太湖流域管理局苏州管理局协调和争取地方人民政府的支持,由地方人民政府三部门联合发出通告,集中整治太浦闸管理区域捕鱼现象,工程范围内捕鱼、钓鱼现象得到了有效遏制。

综上所述,太浦闸依法开展工程管理范围和保护范围巡查,发现水事违法行为及时予以制止,并做好调查取证、及时上报、配合查处工作,工程管理范围内无违规建设行为,工程保护范围内无危害工程安全活动。

4. 安全鉴定

2000 年 11 月,太浦闸安全鉴定为三类闸,需进行除险加固。受水利部太湖流域管理局的委托,上海院在安全鉴定的基础上,于 2010 年 2 月编制完成《太浦闸除险加固工程可行性研究报告》,国家发展和改革委员会以发改农经〔2011〕1607 号文对该可行性研究报告进行批复。2011 年 7 月,上海院编制完成《太浦闸除险加固工程初步设计报告》。2011 年 12 月,水利部《关于太浦闸除险加固工程初步设计报告的批复》(水总〔2011〕639 号)批复工程初步设计报告。太浦闸除险加固工程于 2012 年 9 月开工,2015 年 6 月通过竣工验收。

2019 年上半年组织开展太浦闸工程安全鉴定工作;2019 年 10 月,水利部太湖流域管理局组织召开了安全鉴定审查会;2019 年 12 月,水利部太湖流域管理局以《水利部太湖流域管理局关于印发太浦闸工程安全鉴定报告书的通知》(太湖建管〔2019〕254 号),同意太浦闸工程安全类别评定为一类闸。太浦闸安全鉴定发现的问题已全部处理完成。

综上所述,太浦闸按照《水闸安全鉴定管理办法》及《水闸安全评价导则》开展安全鉴定;鉴定成果用于指导太浦闸的安全运行管理和除险加固。

5. 防汛管理

工程管理科是防汛抗旱业务管理部门,负责太湖流域管理局苏州管理局防汛抗旱、防台风工作,组织、协调、监督、指导工程管理所做好所管工程的防汛抗旱工作。2016 年 5 月,印发了《太湖流域管理局苏州管理局关于成立防汛抗旱工作组织机构的通知》(太苏管〔2016〕40 号),进一步明确了防汛抗旱组织机构;2020 年 4 月,以太苏管〔2020〕25 号文调整了防汛抗旱组织机构。2021 年 5 月,太湖流域管理局苏州管理局获江苏省防汛抗洪工作先进集体称号。

以保障太湖流域防洪安全为出发点,以保障直管工程安全度汛为目标,坚持"安全第一、常备不懈、以防为主、全力抢险"的方针,认真落实各项防汛措施。修订《太湖流域管理局苏州管理局防汛抗旱工作制度》,每年 3 月根据实际情况修订上报《太湖流域管理局苏州管理局防汛抗旱工作责任制》,进一步明确了防汛责任人及其职责,防汛责任制落实到位。

2022 年修订印发《太湖流域管理局苏州管理局水旱灾害防御专项应急预案》《太浦闸工程水旱灾害防御现场处置方案》《闸门钢丝绳更换现场处置方案》《工作闸门事故现场处置方案》《启闭机及闸门启闭设备事故现场处置方案》《变配电设备事故现场处置方案》。根据预案要求,定期选择科目开展预案演练,检验应急反应能力、处置能力和应急预案的可操作性。2021 年 4 月,组织参加太湖流域防汛救灾应急演练;2021 年 5 月,组织开展太浦闸工程运行应急供电及触电伤害事故救援演练;2022 年 4 月,组织开展太浦闸手摇装置启闭闸门及检修闸门吊装演练;2022 年 6 月,组织参加太湖流域防洪调度演练。

2022 年 1 月,太湖流域管理局苏州管理局以《太湖流域管理局苏州管理局关于调整应急领导小组及应急抢险队伍的通知》(太苏管〔2022〕4 号),进一步明确了防汛抢险组织机构和太浦河枢纽管理所应急抢险小分队。太湖流域管理局苏州管理局定期组织开展防汛培训,学习制度和操作技能。按照"防汛抗洪工作实行各级人民政府行政首长负责制,统一指挥"的原则,2005 年起,太湖流域管理局苏州管理局与苏州市吴江区防汛抗旱指挥部办公室建立了直管工程防汛抢险应急机制;2020 年 4 月,太湖流域管理局苏州管理局与苏州市吴江区防汛抗旱指挥部办公室签订了为期 5 年的《太浦闸工程防汛应急抢险物资及抢险队伍协议》,落实了防汛抢险队伍,明确了防汛物资的储备地点、调运线路、调用方式及经费分担。在工程现场,配备了防汛艇、车辆等抢险机动运输工具,根据工程运行管理需要及时补充必要的防汛备品备件,登记造册,满足抢险需求,确保完成抢险任务。

每年太湖流域管理局苏州管理局均按规定开展各项汛前准备工作。1 月,下发《关于做好直管工程汛前检查的通知》;1 月底,太浦河枢纽管理所完成汛前自查,提交汛前检查报告和汛前维修养护计划;2 月上旬组织完成汛前检查复核,商讨完善汛前维修养护工作方案;4 月底组织完成闸门、启闭机、供配电系统、闸门监控系统及备用发电机组汛前维修养护工作,对高压供变电、防雷避雷设施及工器具进行检测;4 月下旬,太湖流域管理局苏州管理局组织开展工程度汛准备工作的复查,并向水利部太湖流域管理局报送《水利部太湖流域管理局直管工程汛前准备工作情况报告》。

太浦闸以 BIM 模型为应用主体,基于工程安全监测数据,结合历史数据、智能分析模型,开展预警、预报信息推送,保障工程安全可靠运行。开发了太浦闸水位流量智能监测软件,对照调度指令对工程运行过程中的水位、流量进行实时监测预警,2019 年该软件取得计算机软件著作权登记证书。开发建设了闸门运行无线声光预警系统,2022 年 4 月该系统被国家知识产权局授予国家发明专利(专利号:ZL202110852212.2),该系统列入2022 年度水利先进实用技术重点推广指导目录(编号:TZ2022270)。

综上所述,太湖流域管理局苏州管理局防汛组织体系健全;防汛责任制和防汛抢险应急预案落实并定期组织演练;按规定开展太浦闸汛前检查;配备必要的抢险工具和器材设备,明确大宗防汛物资存放方式和调运线路,物资管理资料完备;预警、预报信息畅通。

6. 安全生产

2020 年 12 月,修订印发《太湖流域管理局苏州管理局安全生产责任制度》,进一步明确安全生产责任,进一步健全安全生产管理网络,层层签订安全生产责任状,落实"一岗双责"。根据安全生产标准化评审标准要求,2022 年修订完善并形成《太湖流域管理局苏州管理局安全生产管理制度》汇编,共计 8 篇 32 项安全管理制度。

2020 年 12 月,修订印发《太湖流域管理局苏州管理局安全隐患排查治理制度》。制订安全生产隐患排查方案,扎实开展隐患排查治理和专项整治活动,按月、季开展安全检查与督查,排查安全生产隐患,并开展安全防护、作业安全、消防设施情况等专项检查。组织开展水利安全生产大检查、汛期检查、危化品易燃易爆物品安全、电气火灾综合治理专项整治等检查活动。对排查出的安全隐患进行分析评价,确定隐患等级,登记建档,及时整改治理,对整改情况复查,确保整改到位,实现闭环管理。

2020 年 8 月,修订印发《太湖流域管理局苏州管理局安全教育培训管理制度》。制订职工培训计划,定期组织培训,全面提高职工安全生产意识和技能。每年组织职工参加安全生产法知识网络答题和全国水利安全生产知识网络竞赛以及"水安将军"等活动。2021 年,太浦河枢纽管理所 1 名职工获"水安将军"活动优胜奖。

太浦闸工程现场配备了绝缘靴、绝缘手套、绝缘毯等安全用具,2021 年、2022 年安全工器具和电气设备检验合格。定期发放劳动防护用品,及时检查更换灭火器、消防桶等消防器材,救生圈、救生衣、千斤顶、电工钳等器具配备齐全。

2019 年 11 月,印发《太湖流域管理局苏州管理局危险源辨识及评价汇总表》。根据危险源辨识情况每年更新,工程现场设置安全警示标识、重大危险源辨识牌等。

2016 年 8 月,编制印发《太湖流域管理局苏州管理局生产安全事故综合预案》《太湖流域管理局苏州管理局安全事故专项应急预案》《太湖流域管理局苏州管理局现场处置方案》,并抄送水利部太湖流域管理局安全生产领导小组办公室备案。2022 年 7 月,太湖流域管理局苏州管理局征求水利部太湖流域管理局业务部门意见后,修订印发《突发事件综合应急预案》,以及《水旱灾害防御专项应急预案》《生产安全事故专项应急预案》《突发公共卫生事件专项应急预案》《突发社会安全事件专项应急预案》和相应的现场处置方案,形成较为完整的"1+4+N"应急预案体系,并抄送水利部太湖流域管理局备案。2021 年 5 月,开展太浦闸工程运行应急供电及触电伤害事故救援演练;2021 年 8 月开展交通安全知识培训和消防演练;2022年6月开展太浦闸工程启闭机及闸门启闭控制设备事故现场处置演练。

太湖流域管理局苏州管理局近年来无较大及以上生产安全事故,无其他造成社会不良影响的重大事件。2015年5月,水利部以《水利部办公厅关于表扬全国水利安全监督工作先进集体和先进个人的通报》(办人事〔2015〕98号)表彰太湖流域管理局苏州管理局为全国水利安全监督工作先进集体。2016年9月,在全国水利安全生产应急预案竞赛活动中,太湖流域管理局苏州管理局参赛的预案成果在水管单位类排名全国第一。2018年3月,水利部以办安监〔2018〕40号文公布了太湖流域管理局苏州管理局为水利安全生产标准化一级单位。2019年,在全国水利安全生产标准化建设成果展评活动中,太湖流域管理局苏州管理局上报的"实现安全生产达标,筑牢安全生产根基"成果荣获二等奖。2021年4月,复评批准太湖流域管理局苏州管理局为水利安全生产标准化一级单位。

综上所述,太湖流域管理局苏州管理局安全生产责任制落实;定期开展安全隐患排查治理,排查治理记录规范;开展安全生产宣传和培训,安全设施及器具配备齐全并定期检验,安全警示标识、危险源辨识牌等设置规范;编制安全生产应急预案并完成报备,定期开展演练;近年来无较大及以上生产安全事故。

4.3.2.3 运行管护评价

1. 管理细则

根据水利部《水闸技术管理规程》(SL 75—2014),太湖流域管理局苏州管理局结合太浦闸工程特性和实际情况,组织修订了《太浦闸工程技术管理实施细则》。2015年11月,水利部太湖流域管理局以《水利部太湖流域管理局关于太浦闸技术管理实施细则的批复》(太管建管〔2015〕216号)批准同意修订。2022年,太湖流域管理局苏州管理局组织开展了太湖流域管理局直管工程技术实施细则的修订。

综上所述,太浦闸结合工程具体情况,及时制定完善水闸技术管理实施细则,内容清晰,要求明确。

2. 工程巡查

按照《水闸技术管理规程》(SL 75—2014)和《太浦闸技术管理实施细则》有关要求,开展日常检查工作。日常检查由太浦河枢纽管理所组织开展,通过眼看、耳听、手摸的方法对工程及设备分部位地进行观察和巡视,日常检查每月至少1次。在日常检查的基础上,增加了工程每日巡视工作。

太浦河枢纽管理所按照防汛工作制度全面开展直管工程汛前汛后定期检查。每年1月上旬,太湖流域管理局苏州管理局印发《关于做好直管工程汛前检查的通知》,对直管工程汛前检查工作进行布置;1月底前,太浦河枢纽管理所完成汛前检查后向太湖流域管理局苏州管理局报送《太浦闸汛前检查报告》。10月上旬,太湖流域管理局苏州管理局及时下发《关于开展直管工程汛后检查和上报防汛工作总结的通知》,部署直管工程汛后检查和总结工作;10月中旬,太浦河枢纽管理所完成汛后检查后向太湖流域管理局苏州管理局报送《太浦闸汛后检查报告》;11月,太湖流域管理局苏州管理局向水利部太湖流域管理局上报《水利部太湖流域管理局直管工程汛后检查情况的报告》。

太浦闸经历台风或大洪水过后,根据要求开展专项检查。2021年,做好台风"烟花"

"灿都"防御工作,2022年,做好台风"轩岚诺""梅花"防御工作,按照制度及时开展了台风过境前后的检查。

针对工程检查发现的问题,太浦河枢纽管理所制定维修养护工作计划和任务分解表,及时做好问题处理。汛前准备工作完成后,太湖流域管理局苏州管理局向水利部太湖流域管理局上报《水利部太湖流域管理局直管工程汛前准备工作情况报告》;汛后工作完成后,太湖流域管理局苏州管理局向水利部太湖流域管理局上报《太湖流域管理局苏州管理局防汛工作总结》。

综上所述,太浦闸按照《水闸技术管理规程》(SL 75—2014)开展日常检查、定期检查和专项检查,巡查路线、频次和内容符合要求,记录规范,发现问题处理及时到位。

3. 安全监测

太浦河枢纽管理所对照技术管理实施细则,根据确定的观测内容、测次和频率开展水位、流量、垂直位移、扬压力、伸缩缝等观测工作,内容齐全,记录规范,成果真实。

太湖流域管理局苏州管理局定期开展观测资料整编分析。每年汛前,组织对上一年度太浦闸观测资料进行了整编分析,并对观测成果进行审查。通过开展观测资料整编,对周期性的观测数据进行分析判别,评估水闸运行状态和发展趋势,进一步指导工程运行。

每年由专业计量测试单位对观测仪器进行检定,检定结论符合使用要求。太浦闸借助自动监测设备开展垂直位移、扬压力、底板内力等观测,大部分埋设的观测设施均能满足观测需要。2020年,完成太浦闸人工观测信息化模块建设工作,录入历年观测数据并校核,实现观测工作的数字化管理,推动观测成果的实时分析。建设太浦闸工程运行BIM,实现太浦闸安全监测数据及分析图表实时可视化展示。截至2022年6月,太浦闸观测设施完好率为99.6%。

综上所述,太浦闸按照《水闸安全监测技术规范》(SL 768—2018)要求开展安全监测,监测项目、频次符合要求;数据可靠,记录完整,资料整编分析有效;定期开展监测设备校验和比测。

4. 维修养护

根据预算管理要求,太湖流域管理局苏州管理局每年制定《水利工程维修养护预算实施方案》,细化维修养护工作计划,实施方案经审查后报上级主管部门批准。认真执行《太湖流域管理局苏州管理局水利工程维修养护项目管理规定》等制度。在水利部太湖流域管理局业务主管部门指导下,修订完成《太湖流域管理局直管水利工程维修养护技术质量标准》并经水利部太湖流域管理局印发。及时做好维修养护工作,加强作业过程监督和考核,保证水工建筑物、闸门、启闭机、机电设备等设施设备完好、运行可靠。项目资料齐全,管理规范。

综上所述,太浦闸按照有关规定开展维修养护,制定维修养护计划,实施过程规范,维修养护到位,工作记录完整;太湖流域管理局苏州管理局加强项目实施过程管理和验收,项目资料齐全。

5. 控制运用

太浦闸控制运用严格执行太湖流域防汛抗旱总指挥部(简称太湖防总,下同)或水利部太湖流域管理局调度指令。依据《太湖流域管理局直管工程控制运用方案》,太湖流域管理局苏州管理局接到调度指令后及时转达太浦河枢纽管理所,管理所做好详细记录、复核,在规定的时间内完成调度指令的执行;执行完毕后,及时向水利部太湖流域管理局报送闸门调整报告。在调度指令执行过程中,管理所详细记录闸门运行操作过程及相关指标。

综上所述,太浦闸有水闸控制运用计划或调度方案并按规定申请批复;按控制运用计划或上级主管部门的指令组织实施,并做好记录。

6. 操作运行

在闸门和机电设备运行过程中,严格执行值班制度,按照《太浦闸操作规程》和《太浦闸操作手册》做好工程运行工作,每年对工程运行情况进行统计,各种操作运行记录规范齐全。太浦闸套闸按照《太浦闸套闸运行管理办法》控制运用,套闸运行服从统一指挥,未发生影响工程防洪、泄洪和供水的情况。按照规定明示闸门及启闭设备操作规程。操作人员根据岗位需要,经培训取得闸门运行工、电工等操作证,每年结合专题开展闸门运行工、电工等技能竞赛。未发生操作运行人为事故。

综上所述,太浦闸按照规定编制有闸门及启闭机设备操作规程,并明示;根据工程实际,编制有详细的操作手册,内容包括闸门启闭机、机电设备操作流程等;严格按规程和调度指令操作运行,操作人员固定,持证上岗,定期培训;无人为事故;操作记录规范。

4.3.2.4 信息化建设评价

1. 信息化平台建设

太湖流域管理局苏州管理局依托原有工情业务系统,构建工程管理标准化平台,进一步优化了值班管理、工程运行、工程检查模块;编制《工程观测模块建设方案》,完成太浦闸人工观测模块建设工作,录入历年观测数据并校核,实现了观测工作的数字化管理,推动了观测成果的实时分析。将水利工程管理考核、OA办公、太浦闸工程BIM等纳入工程管理标准化平台。完成工情移动APP升级,在手持终端开展工程检查、运行工作,提升工作效率。

对照"数字工程、智慧管控"技术方案,太湖流域管理局苏州管理局有序推进工程运行智能化建设。结合工程运行管理实际需要,开展工程BIM建模、数据看板建设等,借助人工智能神经网络,建立数据学习机制,初步实现流量智能提取、流量跟踪监控、闸门智能调整等智能控制功能,有助于更准确高效地执行调度指令,提高了工程运行智能化水平。

太浦闸对相关业务模块数据信息及时更新。工情业务应用系统、智慧管控系统与水利部太湖流域管理局智慧太湖平台实现融合共享,工程视频监控系统与水利部太湖流域管理局视频监控平台实现融合共享。开展"十四五"数字孪生太浦闸建设,根据要求推动实现与水利部相关平台实现信息融合共享、上下贯通。

综上所述,太浦闸建立工程管理信息化平台,实现工程在线监管和自动化控制;工程信息及时动态更新,与水利部相关平台实现信息融合共享、上下贯通。

2. 自动化监测预警

太浦闸将雨水情、安全监测、视频监控等关键信息接入太浦闸工程BIM平台和太浦闸中控室工程视频监视系统,实现动态管理。监测监控数据异常时,能够自动识别险情,及时预报预警。太浦闸工程运行BIM获2021年"智水杯"全国水工程BIM应用大赛金奖。开发了太浦闸水位流量智能监测软件,对照调度指令对工程运行过程中的水位、流量进行实时监测预警,2019年,该软件取得计算机软件著作权登记证书。"一种闸门运行无线声光预警系统"获得国家发明专利,并列入2022年度水利先进实用技术重点推广指导目录。

综上所述,太浦闸雨水情、安全监测、视频监控等关键信息接入信息化平台,实现动态管理;监测监控数据异常时,能够自动识别险情,及时预报预警。

3. 网络安全管理

太湖流域管理局苏州管理局制定《太湖流域管理局苏州管理局网络安全及信息系统运行维护管理办法》《太湖流域管理局苏州管理局机房管理规定》,加强信息系统运行维护工作。委托专业公司开展业务系统运行及开发性维护,定期检查,系统运行安全可靠。信息系统使用效率高,形成了主要依靠业务系统开展闸门操作、运行管理的方式。业务系统获公安机关信息系统安全等级2级保护备案证明。

综上所述,太湖流域管理局苏州管理局网络平台安全管理制度体系健全;网络安全防护措施完善。

4.3.3 运行效果评价

4.3.3.1 防洪防台运行评价

2013年5月4日,太浦闸除险加固工程通过通水验收;5月15日,太浦闸恢复通水。自太浦闸恢复通水至2022年底,太浦闸累计排水219.2亿 m^3,期间成功防御流域2016年特大洪水和2020年大洪水以及"利奇马""烟花"等多次台风暴雨袭击,防洪防台效益显著。

2016年,受超强厄尔尼诺事件影响,太湖流域发生流域性特大洪水。针对2016年前期太湖水位偏高和气象年景偏差的预测,水利部太湖流域管理局于年初就加大力度预降水位,一季度太浦闸累计排水8.80亿 m^3,太湖水位从1月1日的3.41 m降至4月1日的3.09 m,低于太湖防洪控制水位,为太湖充分发挥调蓄作用创造了条件。进入4月,随着太湖水位不断上涨,太湖防总持续加大太湖洪水外排力度,4月17日调度太浦闸按500 m^3/s 排水。据统计,自4月1日至6月2日太湖水位首次超警前,太浦闸及望亭水利枢纽累计排水13.94亿 m^3,相当于降低太湖水位0.60 m。入梅后,太湖防总多次视下游水情控制太浦闸下泄流量,为缓解下游杭嘉湖地区的紧张汛情创造条件。7月6日8时,太湖水位涨至4.80 m,太湖流域发生特大洪水。超标洪水期间,太浦河、望虞河两河累计排泄太湖洪水16.25亿 m^3,相当于降低太湖水位0.70 m,确保了太湖安澜,太浦闸等水利工程效益极其显著。2016年,太浦闸全年排水50.46亿 m^3,是2002年以来多年平均排水量的5倍,创历史新高,其中汛期排水36.59亿 m^3。太浦闸最大日泄量达到7 759万 m^3(日平均流量达898 m^3/s),创历史新高,太浦闸日平均流量超设计标准运行累计9 d。2016年,太湖流域大汛无大灾,特大洪水共造成直接经济损失75.28亿元,占流域GDP(2015年)的0.11%,远低于1991年和1999年,无人员因灾死亡和失踪。

2020年,太湖流域发生流域性大洪水。太湖防总、水利部太湖流域管理局充分依托现有防洪工程体系,科学精细调度骨干工程,未雨绸缪预排预泄,全力外排流域洪水,统筹做好沟通协调,全力保障各地防洪安全。受前期流域降雨持续偏多影响,1 月 30 日太湖水位最高涨至 3.41 m,位列 1954 年来历史同期第 2 位。水利部太湖流域管理局坚持依法、科学、精细调度骨干水利工程,至入汛当日累计通过太浦河、望虞河排太湖洪水 14.1 亿 m³,相当于太湖 0.60 m 的需水量,成功在汛前将太湖水位降至防洪控制水位以下,为迎梅度汛腾出了防洪库容。6 月 28 日,太湖水位超警后,调度太浦闸逐步加大排水力度到 700 m³/s。超标洪水发生后,太浦闸持续突破设计流量排水,太浦闸最大日泄量达到 7 317 万 m³(日平均流量达 826 m³/s),创历史新高,太浦闸日平均流量超设计标准运行累计 5 d。2020 年,太浦闸全年排水 29.34 亿 m³,工程经历了超设计标准洪水、超强台风的考验,工程设施设备运行可靠,建筑物稳定,工程质量得到了全面检验,工程发挥了显著的防洪效益,太浦闸除险加固后排水量如图 4-1 所示。

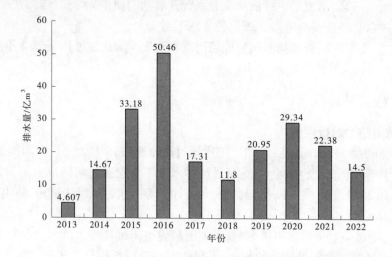

图 4-1 太浦闸除险加固后排水量

2021 年,第 6 号台风"烟花"近海移速异常缓慢,且横穿太湖流域,登陆后在流域内滞留超过 24 h,造成流域多地出现持续性强降水过程。"烟花"登陆时恰逢天文大潮,在风、暴、潮、洪"四碰头"影响下,太湖水位迅速上涨,太湖发生 2021 年第 1 号洪水,太湖最高水位涨至 4.20 m。台风影响期间,太浦闸压减泄量,充分发挥太湖拦蓄作用,协助下游地区破解风、暴、潮、洪"四碰头"的极端不利局面。待台风降水渐止、区域河网水位下降后,太浦闸加大排水,降低太湖水位。

4.3.3.2 供水运行评价

随着太湖流域经济和社会生活的发展,流域水质每况愈下,太湖流域成为我国最为典型的水质型缺水地区,亟需对流域的水资源进行补充和调配。2002 年起,水利部太湖流域管理局根据"以动治静、以清释污、以丰补枯、改善水质"的原则,会同江苏、浙江、上海两省一市水利部门开展引江济太水资源调度工作,利用流域现有水利工程体系,通过望虞河将长江水引入太湖和河网,通过太浦河和环太湖口门向苏州、无锡等太湖周边区域和上海、杭嘉湖等地区供水,以增加水资源有效供给,加快水体流动,增强水体自净,提高水环境的承载能力,缓解流域水质型缺水矛盾,最终达到改善太湖和流域河网水环境的目的。

太浦闸除险加固工程水下工程施工完成,恢复通水后,保持长年运行,向下游地区供水,尤其是2016年底黄浦江上游金泽水源地投入使用后,发挥了显著的供水效益。自太浦闸恢复通水至2022年底,太浦闸已累计向下游供水149亿 m³,多次应急调度运行向下游地区增加供水,有效防控下游锑浓度异常等突发水环境事件,保障了太浦河下游水源地供水安全,太浦闸除险加固后供水量如图4-2所示。

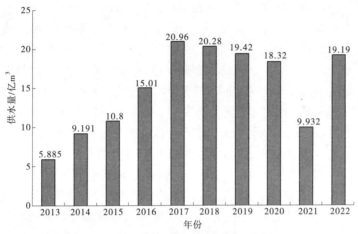

图 4-2 太浦闸除险加固后供水量

4.3.3.3 航运运行评价

2012年8月、10月,吴江区人民政府分别以吴政发〔2012〕120号文和吴政〔2012〕18号文请求水利部太湖流域管理局在太浦闸除险加固工程中增设过船设施。2012年11月,《太浦闸除险加固工程设置套闸变更设计报告》编制完成并通过了水利部水利水电规划设计总院的审查。2012年12月,水利部以《关于太浦闸除险加固工程设置套闸变更设计报告的批复》(水总〔2012〕572号)批复套闸设计变更报告。

增设套闸工程以后,改善了太湖周边地区渔业生产条件,便利了水政、渔政等执法船只通行。太浦闸新增的船舶过闸设施,允许东太湖及太浦闸两岸地区渔业生产、水生态水环境维护、区域旅游船舶、水政渔政等执法公务船舶通行,有利于改善地区渔业生产条件,提升太湖浦江源国家水利风景区品质以及加强水资源管理。以2020年为例,东太湖太阳岛退垦施工期间,太浦闸开启套闸通航运行81 d,放行船只7 000余艘,极大地便利了施工船只的进出,节约了运输成本,提升了施工效率。大致估算可得,套闸的增设有效节约渔业和运输成本约200万元。

4.3.3.4 水利风景区建设运营评价

2010年3月,太湖流域管理局苏州管理局和苏州市吴江区七都镇人民政府携手,通过科学合理地开发利用和保护水利风景资源,以太浦闸除险加固为契机,顺势而为,以太浦闸为主要工程景观成功申报了太湖浦江源国家水利风景区。水利风景区面积约20 km²,是长三角生态绿色一体化发展示范区中的重要生态环境保护地。水利风景区自然禀赋优良、水利资源独特,依托东太湖、太湖环湖大堤、太浦闸(泵站)工程及湖岸天然河道绿地而建,是自然河湖型景区。2011年11月,太湖浦江源水利风景区获批为第十一批国家水利风景区。

景区注重组织建设和规划引领,成立了太湖浦江源国家水利风景区管理委员会并及时更新管委会成员名单。2014年编制完成《太湖浦江源国家水利风景区总体规划方案》,2015年8月,通过水利部批复(水规计〔2015〕345号)。总体规划方案根据景区现状条件及风景资源分布状况,遵循保障太湖水安全、改善太湖水环境、维护太湖自然生态、提升太湖水景观及人与自然和谐共生的原则,明确了景区"一带两心,水陆并行,四区协同,二十四景"的发展方向。截至目前,已完成24个景观节点中幸福港湾、湖光塔影、西峰秀色、岸芷汀兰、部分酒店配套等19个景点建设,总投资近20亿元,完成总体规划方案的80%。除此之外,景区还非常重视周边区域功能布局,对周边乡土街景设计、建筑设计、乡村色彩加以控制引导,塑造丰富生态人文空间,乡村靓丽底色与水利风景区美景交相辉映。

景区认真落实"共抓大保护,不搞大开发"要求,加强景区水域治理,严格落实生态红线刚性保护,实施生态红线区域清理整治,加大宕口整治力度。切实打好"水、气、土"三大污染攻坚战,大力实施"263"(江苏省"两减六治三提升"专项行动)"331"(苏州市"331"整治火灾专项行动)专项行动。2018年完成太湖围网拆除,2019年完成太湖水源地清理整治,2020年完成太湖停捕、恢复生态工作。目前,属地政府正在实施东太湖综合整治后续工程,从描绘田园风光、产业更新迭代、完善基层治理等多方面着手,高标准打造太湖沿岸生态环境,高起点开展景区范围内太湖沿岸纵深1km范围生态提升计划,实施新一轮城乡绿化行动计划,借力属地园林景观提升工程,完成一批行道树彩色化景观提升,加快景观廊道建设,着力打造太湖最美岸线,点亮太湖风光带。

近年来,景区紧抓长三角一体化绿色生态示范区建设机遇期,挖掘景区内优质自然生态资源与人文学术资源的品牌价值。充分结合吴江区溇港文化、社会学文化、国学文化、非遗文化、桥文化等内核,以江村(开弦弓村)为主要建设板块,着力打造社会学研学圣地,乡村振兴实践新样板。2019年,属地政府成立江村建设专班,由地方主要领导担任组长,强力推动文化建设工作,助力"中国·江村"乡村振兴示范区建设,同时融入周边乡村创建特色康居村、特色田园乡村建设工作。景区内一批文旅项目快速实施,如吴溇老街改造、"江村文化礼堂"、创新工场、文化步道。景区配套服务设施得到完善,属地文旅要素更加丰富。其中,吴溇老街综合改造及环境提升工程项目,对做优水文章,保护、传承和弘扬太湖溇港文化具有重要作用。同时,围绕"美美江村,研学圣地"主题,景区打造了一条融合江村文化、突出江村特色的文化研学游览路径。举办"昆曲木偶"表演,擦亮非物质文化遗产的"文化名片"。另外,景区充分挖掘水利文化特色,以太浦闸工程为依托,建设太湖治理展示馆,有机融入太湖水文化元素,集中展示太湖流域治理成效。

景区积极开展招商引资,借力民营资本助推太湖浦江源国家水利风景区建设。属地政府进一步优化营商环境,推进"一门式""一窗式"服务,使企业办事更加高效便捷。积极做好项目立项及审批代办服务,让投资客商有宾至如归的感觉,吸引了阿巴厘旅游农业(苏州)有限公司、乡伴文旅公司、首旅如家集团、苏州文旅酒管公司、金蟾文旅公司等入驻浦江源水利风景区,开发了如阿巴厘农场、江村理想村、太湖如家小镇乡野趣乐部、江村·姑苏小院、江村CLUB等文旅项目。截至目前,太湖浦江源国家水利风景区建设中民营投资占比62.27%,成为了景区投资建设的主力军、生力军,丰富了水利风景区的文化内涵,有效缓解了水利风景区建设管理中资金短缺、运营困难的难题,维持了景区可持续发展。

景区坚持以水利工程为依托,项目建设始终遵循安全、绿色原则,不断筑牢绿色支撑,打牢坚实安全基础,为保障流域防洪安全、供水安全和水生态安全发挥了重要作用。景区深度融入太湖鱼米文化、溇港文化、社会学文化、国学文化、非遗文化等,通过溇港文化体验与社会学研学双功能联合驱动,推动打造特色文旅品牌。目前,"湖先生、菜小姐"文化形象已通过自媒体、新媒体等渠道得到广泛传播。另外,工程水文化充分彰显,以太浦闸为主体申报的水工程与水文化有机融合案例,荣获2019年水利部第二届水工程与水文化有机融合12个典型案例之一。经过多年发展,景区成为生态文明、美丽河湖建设、推进乡村振兴的重要载体,在推进七都镇高质量发展方面,作出了重要贡献。以河湖长制实践为重要抓手,打造幸福河湖,彰显河湖魅力。推进实施水利文旅的融合发展,有效带动周边村民就业,景区累计获得直接投资近20亿元,文旅消费超100亿元,不断增强当地群众的安全感、获得感、幸福感。

2021年,景区入围国家水利风景区高质量发展典型案例建议名单,2022年,入围全国首批红色基因水利风景区名录。

4.4 结论和建议

4.4.1 结论

太浦闸工程整体完好、外观整洁,闸室结构及两岸连接建筑物未见重大缺陷;闸门设施完好,机电设备运行正常,消能防冲及防渗排水设施完整,按规定开展了闸门和启闭机的安全检测及设备等级评定;上下游河道无明显冲刷,两岸堤防完整完好;工程管理范围环境优美,水土保持、水质和水生态环境良好;雨水情测报、安全监测和视频监视、警报等设施设置合理,满足运行管理要求;标识标牌较规范。

太浦闸按规定完成水闸注册登记,信息完善准确、更新及时;2019年,经安全鉴定为一类闸;界桩齐全、明显,土地使用权属明确,无违章建筑和危害工程安全活动;安全管理责任制落实,岗位职责分工明确,防汛组织体系健全,应急预案完善,未发生生产安全事故,获得水利安全生产标准化一级单位称号。

太浦闸制订了水闸技术管理实施细则,各项技术图表齐全并上墙明示;工程巡查、检查制度健全,定期检查记录较规范;按规定开展了工程观测,进行资料整编和初步分析;工程维修养护按计划进行,金属结构和机电设备维修养护良好;及时排查、治理工程隐患,实行台账闭环管理;制定了操作规程,控制运用方案按程序报批并遵照实施,操作规范。

太浦闸管理体制顺畅,机构健全,职责明确;开展了业务培训,人员基本满足管理需要;编制完成标准化管理工作手册和制度汇编;落实了工程维修养护和管理经费;人员工资及时足额发放,福利待遇高于当地平均水平;按规定办理职工养老、医疗等社会保险;重视党建、精神文明建设,内部秩序良好;档案管理设施齐全。

太浦闸建成综合管理信息化平台,已接入雨水情和视频监视等相关信息,工程信息化程度较高;建立了网络平台安全管理制度,落实了安全防护措施。

综上所述,太浦闸除险加固后工程运行管理是完全成功的,工程效益得到显著发挥。

4.4.2 建议

本项目实行建管一体模式,项目法人及运行管理单位均为太湖流域管理局苏州管理局,在工程建设及设备安装调试期间,管理单位运行人员深入参与其中,并提出了许多符合运行管理实际需要的、具有良好操作性的建议意见,为后期工程及设备安全稳定运行提供了先决条件,降低了维护成本。建议在类似项目中,可以安排工程运行管理单位技术人员参与工程建设全过程,提前熟悉工程状况及设备性能,为后期更好地开展工程技术管理及运行维护创造条件。

第 5 章　经济评价

5.1　经济评价内容

经济评价包括国民经济评价和财务评价,是项目投产运营后,根据项目各项实际数据资料和项目寿命期内其余年份的预测资料进行的经济后评价。这个阶段的经济评价特点是计算方法与前期工作评价相同,但要求基础数据要据实计算,然后将前期工作中的项目经济评价预期指标效果与实际效果进行对比,对预期效果与实际效果的背离程度进行定量计算(不能定量计算的,则进行定性描述),并分析产生差异的原因,反馈评价结果,以达到从经济角度提高项目决策水平的目的。

国民经济评价包括对工程防洪效益、供水效益以及改善下游水环境带来的降低污水治理成本的生态效益等进行评价;鉴于本项目属于公益性项目,不能产生直接的经济效益,因此财务经济评价主要对项目建设过程中资金到位情况以及是否能获得持续、充足的运行资金进行评价。

5.2　经济评价依据和方法

5.2.1　国民经济评价依据和方法

国民经济评价是一种宏观评价,是按合理配置资源的原则,采用费用与效益分析的方法,运用影子价格、影子汇率、影子工资和社会折现率等经济参数,从国家整体角度计算分析项目需要国家付出的代价和对国家的贡献,评价投资行为的经济合理性和宏观决策的正确性。一般以经济内部收益率和经济净现值作为判别项目经济可行性的主要指标。其评价的基本参数主要有基准年、基准点、计算期及社会折现率等。

国民经济评价采用的投资和费用,是在工程项目竣工决算投资的基础上,剔除属于国民经济内部转移的费用,再按影子价格进行调整计算。效益应按与无项目的对比可获得的直接效益和间接效益计算。各部门效益计算内容主要包括防洪效益、城镇供水效益、农业灌溉效益、发电效益、航运效益和其他水利效益等。

5.2.2　财务评价依据和方法

财务评价是从管理者的角度出发,以工程竣工决算、实际投产运营等方面的数据资料为基础,按照国家现行的财税制度和价格体系,采用可比价格,分别测算项目的实际财务支出和收入,考察工程的盈亏状况,评价项目的财务合理性,与项目规划设计指标相比较,分析财务效益实现程度,以及出现差异的原因。并根据评价结果和价格体系提出诸如水价、电价等改革建议,为项目投资决策部门总结经验教训,为水库或水闸等管理单位提供决策依据。

财务评价与前评估中的财务分析在内容上基本是相同的,都要进行项目的盈利性分析、清偿能力分析和外汇平衡分析。但在评价中采用的数据不能简单地使用实际数据,应将实际数据中包含的物价指数扣除,并使之与前评估中的各项评价指标在评价时点和计算效益的范围上都可比。

财务评价以动态分析方法为主、静态分析为辅,动态分析与静态分析相结合,以财务内部收益率(FIRR)、财务净现值(FNPV)和投资回收期(P_t)三项指标进行评价。同时,计算不确定因素的变化对财务评价指标的影响,分析敏感性因素对财务评价指标的影响程度。本项目财务经济评价,依据项目建设概算批复与工程建设中实际使用资金和工程能否保持正常持续、充足的运行预算资金,采用对比法和定性评价等方法。

5.3 经济评价过程

5.3.1 国民经济评价

太浦闸除险加固工程是太湖环湖大堤上极为重要的口门控制建筑物,具有防洪、调节太湖洪水和向上海市等下游地区供水的功能,同时还具有除涝、改善水环境等综合功能,特别是在防御流域洪水、承泄太湖洪水中占有极为重要的地位,社会效益显著。依据《中央政府投资项目后评价管理办法》《水利建设项目后评价管理办法(试行)》和《江苏省政府投资水利建设项目后评价办法(试行)》等规定,结合太浦闸除险加固工程的具体性质,选取工程防洪效益、供水效益以及改善下游水环境带来的降低污水治理成本的生态效益等三方面的指标,来衡量太浦闸除险加固工程的经济效益,其效益计算如下。

5.3.1.1 防洪效益

防洪效益可以减免洪涝灾害损失的方式反映其效益。根据 1998 年颁布实施、2014 年修订的《已成防洪工程经济效益分析计算及评价规范》(SL 206—2014),对已完工程一般采用实际年法计算其直接经济效益,即计算已成工程条件下实际年份灾害直接经济损失与假设无工程条件下相同年份灾害损失的差值,即:

$$\Delta D = D_{无} - D_{有} \tag{5-1}$$

式中:ΔD 为工程防洪减灾效益;$D_{无}$ 为在没有工程条件下的经济损失;$D_{有}$ 为在有工程条件下的经济损失。

对于洪灾经济损失常采用淹没水深–损失率关系法计算:

$$D = \sum_i \sum_j W_{ij} \eta(i,j) \tag{5-2}$$

式中:D 为洪灾直接经济损失,元;W_{ij} 为评估单元在 j 级水深的第 i 类财产的价值,元;$\eta(i,j)$ 为第 i 类资产在 j 级水深条件下的损失率,%。损失类别主要包括居民房屋损失、家庭财产损失、农业损失、工商业资产损失、公路及铁路损失等。

太浦闸除险加固工程在2015年完成竣工验收,因此可以从2016年太湖流域特大洪水来分析太浦闸除险加固工程的实际防洪效益。此外,因太浦闸仅为太湖流域泄洪调度过程中的一小部分,所以仅考虑太浦闸临近区域(苏州、杭州、嘉兴、上海、湖州)的直接防洪效益,而太湖流域其他区域效益因相对较小故不再考虑。在上述方法指导下,水利部太湖流域管理局编著的《2016年太湖流域洪水》显示,太湖流域2016年的洪涝灾害,造成太浦闸临近区域直接经济损失13.43亿元,在无主要防洪工程的情景下,2016年梅雨将对太浦闸临近区域造成67.55亿元的直接经济损失,对比有无主要防洪工程两种条件下的减灾效益,2016年梅雨期间太湖流域太浦闸临近区域减灾效益为(67.55-13.43=54.12亿元)[1]。

具体到太浦闸除险加固工程的防洪减灾效益,由于流域工程体系是一个综合性的系统工程,很难对单个工程进行效益计算,可依据太浦闸除险加固工程在2016年的洪水期排水量进行估算:

$$\Delta D_i = \Delta D \cdot \varphi \tag{5-3}$$

式中:ΔD_i为单个工程的防洪减灾效益;φ为该工程在当年流域工程体系防洪中的排水占比(%)。

据《2016年太湖流域片防汛防台年报》显示,2016年太湖流域主要工程的全年累计总排水量为222.94亿m^3,其中太浦闸全年累计排水50.46亿m^3,占比22.63%,可估算出太浦闸除险加固工程2016年实际防洪减灾经济效益为(54.12×22.63%=12.24亿元),因此,太浦闸除险加固工程的实际防洪效益达到12.24亿元。[根据太浦闸在太湖流域治太骨干工程中的投资比例和重要性确定分摊系数,2016年特大洪水太浦闸防洪效益为4.33亿元(详见8.3.1节)]。

在2016年太浦闸除险加固工程的实际防洪效益计算基础上,2016年的太湖流域洪灾为100年一遇,结合太湖流域防洪工程体系50年一遇的设计标准,即50年一遇洪水不成灾,因此不考虑50年一遇洪水时太浦闸除险加固工程带来的防洪效益,按照频率法可求得太浦闸除险加固工程的多年平均防洪效益为:$\frac{1}{2} \times (2\% - 1\%) \times 12.24 = 612$(万元)。

5.3.1.2 供水效益

太浦闸除险加固工程是引江济太水资源调度中的骨干工程,其主要功能包括调节流量、控制水位,在望亭水利枢纽引长江水入太湖期间,太浦闸将优质水源平稳地输送给下游地区,保障了下游地区的供水安全。因此,在计算太浦闸除险加固工程的供水效益时,以太浦闸除险加固工程在引江济太调度期间对下游城市的增供水量为数据基础,然后按照太浦闸除险加固工程在引江济太水资源调度工程的贡献率进行折算得到太浦闸除险加固工程的供水效益。

根据《水利建设项目经济评价规范》(SL 72—2013),可采用分摊系数法计算供水效益。分摊系数法把供水工程视为用水单位的组成部分,将按照一定比例(即公摊系数)所

---

❶ 见《2016年太湖流域洪水》第8章249页。

分摊的用水单位效益,作为供水工程效益。按照水在创造增加值中的贡献比例,本书主要分析太浦闸的增供水量对受水区的第一产业、第二产业和居民生活用水带来的经济效益。

$$B_1 = Vqk = \frac{I}{W}fqk \tag{5-4}$$

$$B_2 = Vqk = \frac{er}{p}fqk \tag{5-5}$$

式中:B_1 为第一产业、第二产业的供水效益,亿元;B_2 为居民生活用水的效益,亿元;V 为每立方米水的价值,元/m^3;k 为调水利用系数;q 为产业增供水量(按照各产业的用水比例来分配增供水),m^3;W 为产业用水量,亿 m^3;I 为产业增加值,元;f 为供水效益分摊系数,%;e 为恩格尔系数;r 为居民可支配收入;p 为人均年用水量。

在供水效益计算上,主要考虑的受水地区为苏州市、嘉兴市和上海市,其中,太浦河长白荡饮用水水源地是嘉善和平湖市唯一的饮用水水源地。黄浦江上游金泽水库作为上海市四大饮用水水源地之一,日供水规模为 351 万 m^3,主要向上海市闵行、奉贤、金山、青浦和松江西南五区供应原水,受益人口约 670 万。金泽水源地来水由太湖经太浦闸下泄和太浦河两岸支流来水构成(主要集中在太浦河的太浦闸—黎里段)。从金泽断面来水组成来看,不同典型年金泽断面的来水均以两岸来水为主,年均占比在 62%~68%,太浦闸来水主要受太湖水位、金泽断面 NH_3-N 浓度及下游潮水上溯影响,占比在 24%~28%。苏州市吴江区的平望和横扇水厂都位于太浦河的沿线,为苏州部分地区提供水源。

计算周期设定为 2016~2020 年。首先,对公式中的相关系数进行计算,参考已有研究,第一产业供水效益分摊系数为 $f_1 = 0.4$(平水年),$f_2 = 0.53$(枯水年),根据太湖流域水情年报,计算期内皆为平水年,因此第一产业供水效益分摊系数 f 取值为 0.4。第二产业供水分摊需要根据水对工业总产值的贡献率和各城市的工业产值增加率来计算,已知水对工业总产值为 0.2,即工业用水每增加 1%,工业总产值将增长 0.2%,同时已知上海、苏州、嘉兴的第二产业产值平均年增长率,计算出三市的工业供水效益分摊系数如表 5-1 所示。参考已有研究,调水利用系数 k 取值 0.37。

表 5-1　第二产业供水效益分摊系数

城市	平均年工业产值增长率	第二产业分摊系数
苏州	0.048 6	0.009 7
嘉兴	0.070 6	0.014 1
上海	0.025 5	0.005 1

根据 2016~2020 年的引江济太年报,上海、苏州、嘉兴三个城市的水资源公报和统计年鉴,获取太浦闸历年增供水量(见表 5-2)、三个城市的用水总量及各产业的用水量(因数据原因,仅统计三个城市的第一产业、第二产业的用水量,如表 5-3~表 5-5 所示)、产业增加值等数据,计算出各个城市的第一产业、第二产业增供水量和供水效益,最后依据式(5-4)计算出太浦闸每年的供水效益。

表 5-2　太浦闸历年增供水量

年份	2016	2017	2018	2019	2020
增供水量/亿 m³	15.01	20.96	20.28	19.42	18.32

表 5-3　苏州第一产业、第二产业增供水量及产业增加值

年份	第一产业增供水量/亿 m³	第二产业增供水量/亿 m³	第一产业增加值/亿元	第二产业增加值/亿元
2016	1.59	3.14	221.81	7 434.61
2017	2.15	4.44	221.98	8 217.83
2018	1.91	4.40	214.25	8 918.33
2019	1.81	4.20	196.7	9 130.18
2020	1.72	3.94	196.4	9 385.58

表 5-4　嘉兴第一产业、第二产业增供水量及产业增加值

年份	第一产业增供水量/亿 m³	第二产业增供水量/亿 m³	第一产业增加值/亿元	第二产业增加值/亿元
2016	1.22	0.47	118.58	2 126.66
2017	1.67	0.68	116.33	2 425.01
2018	1.57	0.70	115.93	2 755.69
2019	1.39	0.65	119.32	2 906.03
2020	1.32	0.67	124.18	2 861.09

表 5-5　上海第一产业、第二产业增供水量及产业增加值

年份	第一产业增供水量/亿 m³	第二产业增供水量/亿 m³	第一产业增加值/亿元	第二产业增加值/亿元
2016	1.63	4.13	114.34	8 570.24
2017	2.45	5.54	110.78	9 525.89
2018	2.52	5.25	104.78	10 360.78
2019	2.49	5.00	107.06	10 193.6
2020	2.13	4.62	103.57	10 289.47

按照上述公式计算出 2016~2020 年太浦闸除险加固工程的增供水量的效益如表 5-6 所示。

表 5-6　各年供水效益计算　　　　　　　　　　　　单位:亿元

年份	上海	苏州	嘉兴	合计
2016	3.72	6.69	3.22	13.63
2017	5.42	9.85	4.72	19.99
2018	5.35	9.74	4.82	19.91
2019	5.16	9.11	4.83	19.10
2020	4.86	8.79	4.66	18.32

对于居民生活用水的供水效益,首先根据各市的统计年鉴收集各项社会经济数据,其次居民生活供水效益分摊系数取值应考虑为水对劳动力恢复的贡献率,本书取 0.3。计算结果如表 5-7 所示。

表 5-7　居民生活用水供水效益计算　　　　　　　单位:亿元

年份	上海	苏州	嘉兴	合计
2016	7.12	3.09	0.92	11.13
2017	10.93	4.84	1.49	17.26
2018	11.35	4.99	1.50	17.84
2019	11.74	6.27	1.70	19.71
2020	14.09	6.55	2.99	23.63

考虑到太浦闸除险加固工程的增供水量依托引江济太水资源调度工程,太浦闸除险加固工程作为引江济太水资源调度工程的一部分,按照太浦闸除险加固工程投资额占引江济太水资源调度工程总投资额的比例确定贡献值,取 2%,调整后的太浦闸除险加固工程 2016~2020 年供水效益如表 5-8 所示。

表 5-8　太浦闸除险加固工程 2016~2020 年供水效益

年份	2016	2017	2018	2019	2020
供水效益/万元	4 952	7 450	7 550	6 422	8 390

5.3.1.3　生态效益

太浦闸除险加固工程通过下泄太湖流域优质水资源,一定程度上改善了下游地区的水质条件,从而节省太浦河沿线自来水厂的水处理成本。根据相关试验,在引江济太调水期间,太湖及周边河网的水质等级平均可以提高 2 个等级,在非引江济太调水期间,没有相关试验,因此没有水质改善情况的依据。计算时仅考虑引江济太期间通过调水将水质从Ⅳ/Ⅴ类提高到Ⅲ/Ⅳ类的情况,收集沿线各个水厂的数据,计算出因水质提高减少的水处理成本。再根据历年引江济太调水的天数,按照太浦闸除险加固工程在引江济太水资源调度工程的贡献率进行折算,得到太浦闸除险加固工程的生态效益,如表 5-9 和表 5-10 所示。

表 5-9 各水厂数据及日效益

水厂名称	减少的药剂成本/元			供水量/ (万 m³/d)	日效益/ (万元/d)
	液氯	硫酸铝	合计		
横扇水厂				2	0.050 6
平望水厂				0.5	0.012 65
青浦原水厂	0.006 3	0.019	0.025 3	26	0.657 8
松浦原水厂				500	12.65
闵行二水厂				67	1.695 1

表 5-10 太浦闸生态效益计算

年份	引江济太期间引调水天数/d	水质改善效益/万元	折算后(2%,万元)
2016	30	451.99	9.04
2017	75	1 129.96	22.60
2018	82	1 235.42	24.71
2019	72	1 084.76	21.70
2020	40	602.65	12.05

5.3.2 财务评价

根据《水利建设项目经济评价规范》(SL 72—2013)及《建设项目经济评价方法与参数》的规定和要求,太浦闸除险加固工程作为公益性的水利工程,财务评价重点评估项目建设过程中资金到位情况以及是否能获得持续、充足的运行资金等两个方面。

5.3.2.1 建设投资评价

太浦闸除险加固工程初步设计批复概算静态总投资为 9 971 万元(其中中央投资 8 017 万元,江苏省苏州市吴江区投资 1 954 万元)。按照最终竣工决算审计报告,太浦闸除险加固工程总投资 9 971 万元,其中工程部分投资 9 363 万元,建设及施工场地占用费 295 万元,水土保持费 113 万元,环境保护费 200 万,交付使用资产价值 9 971 万元。

本工程实际累计完成投资 9 971 万元,其中建筑工程实际投资 4 071.90 万元,机电设备及安装工程投资 620.35 万元,金属结构设备安装工程 1 394.82 万元,施工临时工程实际投资 774.32 万元。与批复概算相比,主要存在"建筑工程"和"金属结构设备安装工程"部分略有超支,"机电设备及安装工程""施工临时工程"等部分略有节余(见表 5-11)。

表 5-11 工程投资概算数和实际数对比   单位:元

项目	概算价值	实际价值	概算增减额
建筑工程	37 781 000.00	40 718 982.28	2 937 982.28
机电设备及安装工程	7 558 000.00	6 203 472.94	-1 354 527.06
金属结构设备安装工程	13 393 200.00	13 948 161.87	554 961.87
施工临时工程	9 515 900.00	7 743 239.49	-1 772 660.51
独立费用	20 921 600.00	20 726 730.54	-194 869.46
基本预备费	4 460 300.00	4 460 000.00	-300.00
静态总投资	93 630 000.00	93 800 587.12	170 587.12
移民及安置费用	6 080 000.00	6 002 848.00	-77 152.00
工程总投资	99 710 000.00	99 803 435.12	93 435.12

其中工程总投资经费 8 017 万元来自中央资金,1 954 万元来自地方配套资金,具体资金划拨进度见表 5-12 所示。

表 5-12 资金划拨进度

年份	工程总投资	年度投资额			
		1	2	3	4
年度投资比例/%	100	10.02	22.06	55.69	12.22
合计/万元	9 971	1 000	2 200	5 553	1 218

5.3.2.2 运行投资评价

工程运行费指工程项目正式建成后,在正常运行期内每年需要支出的各种经常性费用,主要包括人员经费和运行维护经费;人员经费按照水利部关于水利工程定岗定员相关标准确定人员数量并进行核算,运行维护经费则参照水利部《水利工程维修养护定额标准》(水办〔2004〕307 号)测算。由于工程于 2015 年结束试运行阶段,进入正式运行阶段,所以年运行费用从 2015 年开始,将每年工程发生的人员工资福利费以及工程基本运行维护费等计入年运行费用,2015~2020 年每年年运行费用如表 5-13 所示,考虑到物价指数的变动与员工工资水平上涨等因素,工程年运行费用较稳定。

表 5-13 年运行费用统计表

年份	2015	2016	2017	2018	2019	2020
年运行费/万元	241.37	268.04	255.31	324.16	354.75	385.40

从工程运行资金到位情况来看,太浦闸除险加固工程自 2015 年试运行到 2021 年期

间,工程所需的运行经费到位率达 100%,确保了工程的良好运行。

5.4　结论和建议

5.4.1　结论

本项目经济评价结论如下:

(1)从项目建设投资情况来看,太浦闸除险加固工程最终投资额与概算额差异甚微,工程建设期间严格按照投资计划进行项目工期的把控,保质保量完成了项目目标,且工程所需投资额按照投资计划到位率达 100%,保证了工程建设的顺利开展。

(2)从项目运行投资情况来看,2015 年至 2021 年期间,项目年运行资金在 240 万元至 390 万元,经费增长趋势较为稳定,且运行经费到位率达 100%,确保了工程的正常运行需要,为工程效益的发挥提供了保障。

(3)从项目效益来看,太浦闸除险加固工程主要承担防洪、泄洪和下游地区供水的任务,在防洪效益上,太浦闸除险加固工程在 2016 年太湖流域这场百年一遇的洪水中,按照其在当年流域工程体系防洪中的排水量占比贡献,对比有无工程计算得到太浦闸除险加固工程的实际防洪效益达到 12.24 亿元,据此计算得到太浦闸除险加固工程的多年平均防洪效益达 612 万元;在供水效益上,按照 2016~2020 年太浦闸除险加固工程在"引江济太"调度期间对下游城市的增供水量以及太浦闸除险加固工程的贡献折算,得到太浦闸除险加固工程在 2016~2020 年间的供水效益分别达到 4 952 万元、7 450 万元、7 550 万元、6 422 万元、8 390 万元;在生态效益上,相应计算得到太浦闸除险加固工程在 2016~2020 年间的生态效益分别达到 9.04 万元、22.60 万元、24.71 万元、21.70 万元、12.05万元。

总的来看,太浦闸除险加固工程以近 1 亿元的投资总额和 300 万元左右的年运行费用,每年创造了近 1 亿元的巨大社会效益,保障了太湖流域的防洪、供水、水生态和水环境安全,有力促进了沿线地区经济社会高质量发展。

5.4.2　建议

本项目经济评价有两点建议:

(1)在项目的运行方面,当前太浦闸工程的数字孪生工程建设先行先试工作正在有序推进中,应围绕保障工程运行安全、精细化控制运行的重点,加快工程运行智能化改造步伐,提高实时监测、及时预警、有效处置的能力;另外在有限的预算下,应提高工程运行资金的利用效率。

(2)从项目的效益方面,在保障工程在防洪、供水、生态保护上的重要效益外,可进一步拓展太浦闸除险加固工程的社会效益。当前太湖浦江源国家水利风景区基本建成,未来应更好依托太湖浦江源国家水利风景区这张名片,加快周边配套设施建设,带动周边经济发展,提升居民生活幸福指数。

第 6 章　环境影响评价

6.1　环境影响评价内容

根据《水利建设项目后评价管理办法(试行)》,环境影响评价的内容主要包括工程影响区生态环境问题、环境保护措施执行情况和环境影响情况等。环境影响评价主要评价工程建设与运行管理过程中环境保护法律、法规的执行情况;分析工程建设与运行引起的自然环境、生态环境和其他方面的变化,评价项目对环境产生的主要有利影响和不利影响;对照环境影响调查结果与项目环境影响评价文件的差别及变化的原因,评价环境保护措施、环境管理措施和环境监测方案的实施情况及其效果;提出环境影响评价结论,提出项目运行管理中应关注的重点环境问题和需要采取的措施。

6.2　环境影响评价依据和方法

本项目环境影响评价主要依据《水利水电建设项目环境影响后评价技术导则》并结合本项目作为除险加固工程的实际,确定本项目环境影响评价指标包括工程环境保护设计执行情况评价、污染物类要素控制的有效性评价、生态环境影响评价等三个方面。具体的评价指标见表6-1。采用前后对比、实施效果分析的方法进行多维度评价。

表 6-1　项目环境影响评价指标

一级评价指标	二级评价指标	指标内涵	评价依据
环境保护设计执行情况评价	环境保护合规性评价	反映了项目在工程建设及运行期间遵守环境保护方面法律法规准则的情况	收集并分析项目在建设及运行期间有无因环境保护问题受到政府部门处罚、公众举报等现象
	环境保护措施有效性评估	反映了项目在工程建设及运行期间制定的各项环境保护措施是否落实,是否可行且有效的情况	收集项目在建设及运行期间制定的各项环境保护措施,如水文情势影响减缓措施、水环境保护措施、水生生态保护措施、陆生生态保护措施等,分析其落实情况及实施效果

续表 6-1

一级评价指标	二级评价指标	指标内涵	评价依据
污染物类要素控制的有效性评价	噪声污染控制的有效性评价	反映了项目在工程建设及运行期间控制噪声污染环境的能力	分析项目在建设及运行期间产生的噪声的处理、控制情况
	水体与空气保护的有效性评价	反映了项目在工程建设及运行期间控制水体与空气污染的能力	分析项目在建设及运行期间产生的水体与空气污染类要素的处理、控制情况
生态环境影响评价	建设期生态环境影响评价	反应了项目在工程建设过程中对当地生态环境产生的有利影响和不利影响	分析项目的建设对水文水资源、水环境、水生生态、陆生生态等生态环境的影响,对比分析实际影响与环境影响评价文件预测影响的差异
	运营期生态环境影响评价	反映了项目在运行期间对周边土壤、空气、水、生物多样性等环境方面带来的变化影响	检测对比项目周边区域土壤、空气、水、声、生物多样性等环境要素在项目建设前后的变化

6.3 环境影响评价过程

太浦闸位于江苏省苏州市吴江区境内的太浦河进口,西距东太湖约 2 km,北距苏州市约 50 km,是环太湖最大的拦河节制闸,作为太湖流域控制性骨干工程,主要任务是防洪、泄洪、向下游地区和上海市供水。太浦闸除险加固工程区内有大量的陆生动植物、浮游动植物、底栖生物、鱼类。太浦闸除险加固工程影响范围广,在施工过程中可能对太浦河水质和周围水环境以及邻近地区环境产生一定的影响,不及时、不到位的环保措施会对生态环境造成很大的负面影响。工程影响区内的主要环境敏感目标包括水环境、大气及声环境、生态环境等,见表 6-2。

表 6-2 工程影响区内的主要环境敏感目标

要素	保护目标	区位关系	保护要求
水环境	东太湖湖区	工程建设河道上游约 1.8 km	II 类标准
	吴江水厂取水区	距离取水口约 2.5 km,位于取水口二级保护区和准水源保护区范围内	II 类标准
	太浦河	工程所在水体	III 类标准
	亭子港	水闸管理所紧邻	III 类标准

续表 6-2

要素	保护目标	区位关系	保护要求
大气及声环境	太浦河北岸太浦闸村居民点	太浦闸	声2类 大气二类
		变电所	
		管理用房	
	太浦河南岸太浦闸村居民点	3#临时道路	
		4#临时道路	
生态环境	工程河道水生态系统和渔业资源、临时弃土（渣）场、施工临时场地及周围陆生植被等	工程影响范围	

6.3.1 环境保护设计执行情况评价

6.3.1.1 环境保护措施合规性评价

1. 环境保护设计及批复情况

初步设计报告中有关环境保护设计章节主要包含环境保护工程措施设计、环境保护监测及环境保护管理等内容。环境保护工程措施主要有设置生产废水及生活污水处理设施、及时维护和修理施工机械、基坑排水抽排表层清水、施工路面经常清扫洒水、弃土弃渣等表面加遮盖、混凝土拌合站水泥采用水泥罐储存、施工周围设置简易隔离屏、尽量选用低噪机械、对启闭机采用减振降噪处理、弃土弃渣优先回填等。环境保护监测主要内容有生活污水监测、生产废水监测、施工期噪声监测、施工期扬尘监测。环境保护管理主要要求有设置环境管理机构，负责组织、落实、监督本工程的环境保护工作，实行施工期环境监理，施工单位严格按照有关规定开展施工活动等。

2011 年 3 月，环保部以《关于太浦闸除险加固工程环境影响报告书的批复》（环审〔2011〕78 号）批复了环境影响报告书，同意本工程建设项目的性质、规模、地点及环境保护对策措施。2011 年 12 月，水利部以水总〔2011〕639 号文批复环境保护概算 200 万元。同时，批复文件中要求项目设计、建设和运营中应重点做好以下工作：严格落实报告书提出的工程施工期各项水质保护措施，制定环境风险应急预案并落实事故防范措施，加强水环境质量监测，确保水质安全；落实报告书提出的各项生态保护措施，加强水土流失防治，优化工程弃渣处置方案；做好施工区附近和施工公路沿线居民点的噪声和扬尘污染防治工作等。

2. 环境保护措施执行情况

（1）落实水质保护措施。生活污水经化粪池预处理后委托七都镇环卫所外运处理；生产废水处理后回用于施工场地、道路洒水降尘和施工车辆冲洗；基坑配备 4 台 15 kW水泵排水，经排水沟排到沉淀池沉淀后，回用于施工场地、道路洒水降尘和施工车辆冲洗。

（2）落实生态保护措施。临时围堰施工成功避开鱼类生殖或索饵洄游阶段；重视水土流失防治，采取了在桥头堡外侧布设乔灌草绿化和草皮护坡，布设排水沉沙设施和临时排水设施，对堆放的砂石料设临时挡护遮盖，施工后期对该区进行平整并恢复绿化等一系列措施，并于2014年8月通过水土保持专项验收；临时弃渣场经整治恢复后归还当地政府；与江苏省太湖渔业管理委员会一同开展以"加强太湖管理保护，建设流域生态家园"为主题的太湖鱼苗投放活动。

（3）做好施工区噪声和扬尘防治。选用低噪声设备和工艺，加强对设备、机械的维护和管理，合理安排施工机械作业；施工场地设置临时围挡；对道路加强管理和养护，经常清扫、洒水，经常对车辆清洗，减少扬尘产生；老闸拆除和施工过程中产生的建筑垃圾由施工单位统一外运处理；施工人员生活垃圾由当地环卫部门定期外运处理，未排入水体。

（4）开展环境保护监测和环境保护监理。项目法人与上海勘测设计研究院签订了施工期环境保护监测合同，对太浦闸上、下游及周边环境进行监测。主要监测项目有水环境监测、噪声监测、施工扬尘监测及周边卫生状况监测。委托上海院承担本工程环境保护监理工作。上海院配备专门的环境监理人员，参与工程现场监督管理，编制了环境监理工作方案，明确了现场监理工作制度。现场监理主要以巡视监理为主，辅以必要的检测手段。环境监理的介入，事前加强环保措施审核，建立有效预控机制；事中加强环保措施督查，发现问题及时处理；事后能顺利完成对环境保护措施执行情况的复核与评估。

（5）编制实施环境应急预案。项目法人委托南京龙悦环境科技咨询有限公司编制《太浦闸除险加固工程水环境专题及应急预案研究报告》。为加强施工过程中环境应急处置，项目法人向各参建单位印发了环境应急预案，督促建立相应的应急机构，落实应急处置措施。

（6）组织开展环保验收调查。项目法人委托北京中环格亿技术咨询有限公司开展竣工环境保护验收调查工作。环保验收调查单位详细收集并查阅了工程设计、施工及验收有关资料，组织专家对环保措施落实情况、环境敏感点的环境现状、生态影响及恢复状况、水土保持情况、污染源分布及防治措施等方面进行现场踏勘调查，同时走访工程涉及的地方相关部门，并对工程区域内的群众进行公众意见调查。根据实际调查情况，环保验收调查单位编制完成了《太浦闸除险加固工程环境保护竣工验收调查报告》。

（7）环境保护竣工验收情况。经江苏省环保厅核准，本工程于2014年9月11日开始环保试运行。2014年11月5日，《太浦闸除险加固工程环境保护竣工验收调查报告》通过环保部环境工程评估中心技术评审。2014年12月23日，环保部华东环境保护督查中心组织开展环境保护竣工验收现场检查工作。2015年2月5日，环保部以环验〔2015〕53号文同意太浦闸除险加固工程通过环保专项验收，工程正式投入运行。

综上所述，本项目在建设实施过程中，有效落实环境保护设计及批复文件要求，环境保护措施落实到位，环境保护监测监理工作扎实，应急预案编制、竣工验收调查、试运行及专项验收工作程序规范。

6.3.1.2 环境保护措施有效性评价

1. 有效落实环境保护措施

项目法人与主体工程中标单位签订《太浦闸除险加固工程土建施工与设备安装施工合同》中明确规定了施工单位必须履行环境保护的义务。施工单位根据环境保护措施的有关要求，有序堆放和处理施工废弃物，避免对环境造成破坏；加强对噪声、粉尘、废气、废水和废油的控制，努力降低噪声、控制粉尘和废气浓度，做好废水和废油的治理与排放。具体采取的环境保护措施有：

（1）水环境保护。对生产性弃水，在施工现场拌合站、基坑排水设置临时沉淀池，泥沙沉淀后采取废水排放或再利用。对施工机械严格检查，防止油料泄漏污染水体的现象发生。

（2）防治空气污染。对施工扬尘污染，做好道路硬化，土方开挖期间配备洒水车及相应人员对道路进行清扫，尽量减少道路扬尘；对机械设备废气排放，主动做好机械维修养护，文明施工，使发动机在良好的状态下工作，减少废气排放。

（3）噪声污染防护。合理安排施工现场，尽量将施工现场、临时设施设置在远离居民区的地方，将噪声较大的拌合站、钢筋场、木工场设在中心岛，远离居民区；科学调度，减少施工机械、运输车辆对居民区的干扰；避免夜间施工。

（4）施工弃渣的处理。施工单位按照相关规定和监理人的指示做好弃渣的治理工作，保护施工开挖边坡的稳定，防止料场、永久性建筑物的基础和施工场地的开挖弃渣冲蚀河床或淤积河道。

（5）现场环境保护。施工单位保护施工区和生活区的环境卫生，及时清除垃圾，并将其运至指定地点掩埋或焚烧处理。在工程完工后的规定期限内，拆除施工临时设施，清除施工区、生活区及其附近的施工废弃物，并按施工监理批准的环境保护措施计划完成环境恢复。

（6）人群健康防护。现场食堂厨师及服务人员均办理健康证，保证食品卫生。

（7）生态环境保护。项目法人根据环保部批复，为防止工程施工断流期间对太浦河河道及上游水源保护区水质造成不利影响，委托编制了环境风险应急预案，通过太浦河支流向下游供水，防止环境污染事件发生。对施工临时占地树木进行移栽、围挡保护，施工完成后及时恢复植被。

2. 做好环境保护监督检查

在工程建设过程中，项目法人对环境保护工作实行了全过程管理，从招标开始，到工程施工，一直到工程结束后的验收工作，在各个环节上都对施工单位提出了环境保护要求，确保施工单位落实环境保护措施。采取的环境管理措施主要有：结合本工程实际情况，将环境保护条款纳入施工承包合同，明确施工单位的环境保护责任；根据环保部批复要求，委托有关单位开展施工期环境风险应急预案编制工作；定期检查环保措施的落实情况；定期检查环境监理对环保措施落实情况的监督管理结果；定期检查环境监测方案执行情况。

通过检查施工单位对工程施工承包合同环保条款的落实情况，项目法人可以有效地对环保工作进行管理，从制度上确保了环境保护措施的实施，从而减小工程施工对环境造成的影响。在工程施工期间,项目法人多次和环境监理单位、施工单位环境管理人员一起,对环境保护规章制度执行情况进行检查,对发现的问题,限期整改。从总体上来看,工程建设期间,各项环境保护的规章制度执行良好,特别是重视对居民点等环境敏感目标的保护。由于进行了全面、有效的环境管理工作,施工期间没有发生过因环境污染问题而与居民的纠纷。

3. 施工期环境监理、环境监测情况

项目法人委托上海院承担本项目的环境保护监理工作。上海院配备专门的环境监理人员,参与项目建设的现场监督管理,编制了环境监理工作方案,明确了现场监理工作制度。现场监理工作以巡视监理为主,辅以必要的检测手段。项目法人与上海院就环境保护专项签订了咨询合同,对施工期间太浦闸上、下游及周边环境进行监测,主要监测项目有水环境监测、噪声监测、施工扬尘监测及周边卫生状况监测。

监测结果显示,水下工程施工期间上游、下游基坑排水水质可以达到《污水综合排放标准》(GB 8978—1996)一级排放标准。混凝土搅拌站排放口水质指标中 CODCr、石油类指标可以达《污水综合排放标准》(GB 8978—1996)一级排放标准;SS 指标达到三级排放标准。

生活污水排放口水质指标中动植物油、石油类均可以达到一级排放标准;CODMn 指标可以达到《污水综合排放标准》(GB 8978—1996)三级排放标准;BOD_5 可以达到三级排放标准;NH_3-N 指标达到三级排放标准。

施工场界南侧昼夜均达标《建筑施工场界噪声限值》(GB 12523—90)。太浦闸村(南岸)、太浦闸村(北岸)以及太浦闸管理区(北岸)等声环境敏感目标,昼夜间声环境质量均可达到《声环境质量标准》(GB 3096—2008)2 类标准,满足相应功能区划要求。

由环境空气扬尘监测数据可知,施工场地北侧界外 TSP 日均值均达到《环境空气质量标准》及修改单(GB 3095—1996)二级标准。

综上所述,根据监测及调查结果,本工程在施工期间较好地执行了环境影响评价文件及环保设计中提出的环保措施,江苏省环境保护厅预审意见和环境保护部环评批复意见基本得到了落实,在保护环境方面取得了良好效果。通过比较,实际落实时发生变化的主要有:

(1)管理所未设置污水处理设施。工程主要施工废水为施工生产废水和施工车辆冲洗废水等,由于管理所建筑物未进行重建,未产生施工废水,故未设置污水处理设施。

(2)工程拆除时,经施工单位现场查勘,认为原老闸墩墙及底板钢筋含量较少,无需爆破,故经工程监理批准后采用振动破碎机、挖掘机、自卸汽车进行拆除,未涉及爆破拆除。工程施工期间符合环保措施中尽量缩短居民聚集区附近的高强度噪声设备的施工时间,每天 22:00 至次日 6:00 禁止打桩、挖掘等高噪声机械作业的要求。

(3)工程取消环评阶段的弃土场和弃渣场,仅设一处临时弃渣场。该临时弃渣场租用七都镇庙港大桥北地块,用来放置围堰拆除等弃渣,该临时弃渣场能承担环保措施中要求的弃土工作。之后弃渣被七都镇人民政府用于其他工程,现临时弃渣场经整治恢复后归还七都镇人民政府。

(4)工程所在区域尚不具备污水纳管条件,生活污水经化粪池收集后由七都镇环卫所清运处理,未排入周围太浦河及亭子港水体。

(5)依据环评要求,施工结束后工程区域需及时进行生态修复,通过增殖放流渔业资源等措施恢复和改善工程影响区域的水生生态环境。建设单位参加了当地政府组织的"认捐花白鲢,洁净母亲湖"增殖放流活动,向太浦河流域放流了1千多尾花白鲢,但放流鱼类的种类、数量、规格均不满足环评要求。之后,建设单位已与江苏省太湖渔业管理委员会签订鱼类增殖放流合同,于2015年1月至2月实施。

(6)批复要求"工程施工须划定保护水域并事先征得当地环境保护部门同意",实际情况是施工前明确了施工保护水域范围,但建设单位未上报环境保护主管部门。

6.3.2 污染物类要素控制的有效性评价

6.3.2.1 噪声污染控制的有效性评价

1.施工期监测点布置

在施工场界北侧、场界南侧、太浦闸村(南岸)、太浦闸村(北岸)以及太浦闸管理区(北岸)各设置一个噪声监测点位。监测项目包括等效连续A声级LAeq。分别于2013年3月20日、21日,2013年6月25日、26日,2013年9月20日、21日,2013年12月27、28日,2014年3月26日、27日和2014年6月27日、28日开展了6期声环境监测,每期监测时间为2 d。

2.监测结果

根据施工期声环境监测结果可知,施工场界北侧昼间基本达标[除2013年1季度超标0.1 dB(A)],夜间除2014年2季度达标外,其余均达不到《建筑施工场界噪声限值》(GB 12523—90)中的相关要求,夜间超标1.8~3.1 dB(A)。施工场界北侧夜间超标主要受北侧莘七线公路交通噪声影响。施工场界南侧昼间、夜间均达标《建筑施工场界噪声限值》(GB 12523—90)中的相关要求。太浦闸村(南岸)、太浦闸村(北岸)等昼、夜间声环境质量均可达到《声环境质量标准》(GB 3096—2008)2类标准,满足相应功能区划要求。太浦闸管理区(北岸)除了2013年2季度夜间超标1.1 dB(A)外,其他时段均达到《声环境质量标准》(GB 3096—2008)2类标准。

6.3.2.2 水体与空气保护的有效性评价

1.施工期监测点布置

地表水水质监测,监测布点在太浦河庙港大桥、太浦河苏震桃大桥(近水文站)和亭子港闸。监测项目包括水温、pH、SS、DO、CODMn、BOD$_5$、NH$_3$-N、TN、TP、石油类。分别于2013年3月14日、2013年6月26日、2013年9月25日、2013年12月23日、2014年3月25日和2014年6月16日开展了6次水环境监测,每次监测为期1 d。

施工废水水质监测,监测布点在施工基坑排水(2处)以及施工混凝土搅拌站排放口,监测项目包括pH、SS、CODCr、石油类。分别于2013年3月14日、2013年6月26日、2013年9月25日开展了施工废水监测,共计开展3次监测,每次监测为期1天。在2013年第2季度监测期间,施工围堰已经拆除,不存在基坑排水。2013年第4季度以后施工内容以外立面装修施工为主,无混凝土搅拌出水。

生活污水监测,监测布点在生活污水处理设施排放口。监测项目包括pH、BOD$_5$、

NH_3-N、CODCr、动植物油、石油类。于 2013 年 3 月 14 日开展了 1 期生活污水水质监测，为期 1 d。2013 年 2 季度开始，本工程生活污水利用原有厂房的生活污水收集设施进行收集后委托环卫部门外运处置，故从 2013 年 2 月开始未对施工生活污水进行监测。

大气质量监测，监测布点在施工场地北侧场界外 10 m。监测项目包括总颗粒物（TSP）。分别于 2013 年 3 月 20 日、21 日，2013 年 6 月 25 日、26 日，2013 年 9 月 20 日、21 日，2013 年 12 月 27 日、28 日，2014 年 3 月 26 日、27 日和 2014 年 6 月 27 日、28 日开展了 6 期施工扬尘监测，每期监测时间为 2 d。

2. 监测结果

监测结果显示，水下工程施工期间上游、下游基坑排水水质可以达到《污水综合排放标准》（GB 8978—1996）一级排放标准。混凝土搅拌站排放口水质指标中 CODCr、石油类指标可以达到一级排放标准，SS 指标达到三级排放标准。生活污水排放口水质指标中动植物油、石油类均可以达到一级排放标准，$CODMn$ 指标可以达到三级排放标准，BOD_5 可以达到三级排放标准，NH_3-N 指标达到三级排放标准。

监测结果显示，施工期施工场地北侧界外 TSP 日均值满足环评要求的《环境空气质量标准》及修改单（GB 3095—1996）二级标准，并满足校核标准《环境空气质量标准》（GB 3095—2012）二级标准的要求，工程的施工建设未对周围环境空气产生影响。

综上所述，整个施工过程中，项目法人十分重视环境保护，并根据施工期环境监测结果和建议，及时采取积极有效措施，尽可能地减少了因施工对周边环境造成的不利影响，同时各施工单位积极推行文明施工、创建文明工地活动，既创造了良好的施工环境，确保工程建设的顺利进行，也避免了对周围环境造成不利影响。

6.3.3　生态环境影响评价

工程影响区内生态环境改善评价需要分别对建设期及运行期的生态环境状况进行分析，由于所在地的生态系统较为复杂，在具体分析中需要分为陆生动植物、水生态环境，以此来评价工程在建设和运行期对于当地的生态环境的影响。

6.3.3.1　建设期生态影响评价

1. 陆生植物

工程对陆生植物的影响主要是来自施工。施工临时场地布置、临时弃土（渣）场作业及施工临时道路修筑等直接破坏施工区地表植被。工程占地对建设单位附属绿地中已成林的雪松、香樟及银杏等进行移栽，移栽的树种有女贞、垂柳、松树、蜡梅、香樟、海桐、紫叶李、槐树、瓜子黄杨、法国梧桐、紫薇、桧柏等。工程完工后，把成材树木移栽回原来区域，树木的成活率为 90% 左右。工程施工过程中对银杏、苏铁、榔榆、木槿、桂花、罗汉松以及广玉兰等树种进行了隔离保护。在中心岛和水闸工程区进行了绿化，绿化面积 2.4 hm^2。因此，工程建设完成后对区域植被影响较小。

2. 陆生动物

施工单位严禁施工人员对陆生动物进行捕食。另外，施工前，施工单位对施工人员进行了专门的培训，要求车辆行驶过程中，尽量避免对蛙类及蛇类等动物的碾压。施工过程中，会影响鸟类及其他动物的栖息环境以及觅食环境，但这种影响随着施工期的结束而消失。

3. 水生态环境

1) 浮游植物和叶绿素 a

环评阶段水生生态调查结果显示，浮游植物有 19 种，其中硅藻物种数最多，为 11 种，其次是绿藻 5 种，蓝藻 2 种，甲藻 1 种。常见种为螺旋鱼腥藻、肘状针杆藻、小席藻和粗壮双菱藻。浮游植物生物多样性指数为 0.27~1.24，物种丰富度指数为 0.60~2.67，均匀度指数为 0.39~0.90，平均值为 0.58。

与环评阶段相比，施工期叶绿素 a 含量有所增加，水体初级生产力位于较高水平，随着水温升高，浮游植物开始大量繁殖。施工期没有降低浮游植物的生产，但与环评阶段相比，施工期浮游植物的数量有所下降，可能是取样点较少的缘故。施工期浮游植物硅藻类和蓝藻类的物种数相同，均为 5 种，说明施工期对硅藻类物种的影响较大，但是常见种仍为鱼腥藻。对比丰富度指数、生物多样性指数以及均匀度指数可知，施工期间的均匀度指数稍降低外，其他两个因子均变化不大。这说明浮游植物生物多样性变化不大，只是物种分布的均匀度有所降低。

2) 浮游动物

与环评阶段相比，施工期浮游动物的种类由 16 种降为 14 种，但是仍以桡足类种类最多。对比丰富度指数、生物多样性指数以及均匀度指数可知，施工期间生物多样性指数有所降低，丰富度指数有所升高，说明浮游动物生物多样性受到影响，但是群落内物种的数目有所增加。

3) 底栖生物

与环评阶段相比，施工期底栖生物 14 种，比环评阶段增加了 9 种，其中优势种由环节动物变化为腹足类动物。底栖动物的密度有所降低，但是生物量有所增加，说明底栖动物由小个体向大个体生物转变。由于环评阶段未做生物多样性指数等分析，因此无法比较施工期对底栖生物生物多样性等的影响。

4) 鱼卵仔鱼

环评阶段在 4 个调查点采集的鱼卵仔鱼 4 种，分别为鲤形目中的鲤和鳑，鲈形目中的河川沙塘，胡瓜鱼目中的大银鱼。施工期间，调查共发现仔鱼、稚鱼 2 种，分别是银鱼科的太湖新银鱼、虾虎鱼科，未发现鱼卵。此外，施工期间，鱼卵仔鱼的数量较环评期间大大减少。由于调查期是 4 月初，非传统的鱼类产卵旺季，且此次调查的站点较少，这可能是鱼卵仔鱼采集较少的缘故。另外，由于工程对河道进行了拦截，阻止了水流的正常交换，影响鱼类的繁殖和生活，再加上水体呈现了不同程度的富营养化，污染也较为严重，这都可能对水域的鱼卵仔鱼的生存带来较大压力。

5) 渔业

环评期间在监测点采集鱼类 23 种，以鲤形目为主。施工期间采集的鱼类 11 种，优势种不变。由于施工期间鱼类未做百分比组成分析，因此无法比较鱼类变化情况。

综上所述，工程施工对浮游植物生物多样性的影响不大，对浮游动物生物多样性稍有影响，底栖生物数量有所降低但是个体有增加趋势，鱼卵仔鱼的数量和种类受到较大影响。

6.3.3.2 运行期生态影响评价

1. 陆生生态

工程施工结束后,工程影响区域进行了人工绿化,种植了树木、草皮,地表植被进行了恢复,建设了生态护岸带,不仅提高了生物多样性、稳定河岸,还能调节微气候和美化环境。工程运行对陆生生态环境几乎没有负面影响。

2. 水生生态

本工程属于原址拆除重建,除水闸宽度有所扩大外不改变水闸现有调度运行方式,对下游生态用水的需求影响较小。在运行过程中,河道的水生物群落、鱼类的饵料生物及鱼类生活环境几乎没有变化,也不会直接侵占太浦河鱼类栖息地。所以,工程运行对工程河道及下游的水生态系统完整性和多样性造成的影响较小。

6.4 结论和建议

6.4.1 结论

项目法人在工程建设过程中,遵守国家有关法律法规,严格执行了环境保护制度,编制了科学合理的环境保护方案,建立了严格的监督机制,在水体、噪声和空气污染物类要素控制、生态保护中执行了环评报告及建设方案中的要求,有效控制了环境污染和施工噪声等。

(1)在环境保护设计执行方面。项目法人执行了环境影响评价制度和环境保护"三同时"建设制度,在施工期间较好地执行了环境影响评价文件及环境保护设计中提出的环保措施,开展了施工期环境监理和环境监测,配套落实了相应的环境保护设施,江苏省环境保护厅预审意见和环保部环评批复意见基本得到了落实,在保护环境方面取得了良好效果。

(2)在污染物类要素控制及有效性方面。工程采用振动破碎机、挖掘机、自卸汽车进行拆除,在施工期间选取低噪声设备和工艺,尽量缩短居民聚集区附近的高强度噪声设备的施工时间,每天22:00至次日6:00禁止打桩、挖掘等高噪声机械作业;合理安排施工现场,尽量将施工现场、临时设施设置在远离居民区的地方,将噪声较大的拌合站、钢筋场、木工场设在中心岛,远离居民区;科学调度,减少施工机械、运输车辆对居民区的干扰,避免夜间施工;经噪声监测点监测,总体噪声污染程度小,未对周围居民日常生活造成困扰。生活污水经化粪池预处理后委托七都镇环卫所外运处理;基坑配备4台15 kW水泵排水,在施工现场拌合站、基坑排水设置临时沉淀池,生产废水处理后回用于施工场地、道路洒水降尘和施工车辆冲洗;对施工机械严格检查,防止油料泄漏污染水体的现象发生;水体监测结果显示,水下工程施工期间上游、下游基坑排水水质可以达到一级排放标准,混凝土搅拌站排放口水质达到三级排放标准,生活污水排放口水质达到三级排放标准。对施工扬尘污染落实防控措施,做好道路硬化,土方开挖期间配备洒水车及相应人员对道路进行清扫,尽量减少道路扬尘;对机械设备废气排放,主动做好机械维修养护,文明施工,使发动机在良好的状态下工作,减少废气排放;大气监测结果显示,施工期施工场地 TSP

日均值满足环评要求二级标准,工程的施工建设未对周围环境空气产生影响。

(3)在改善影响区生态环境方面,项目的生态修复措施达到了预定的效果。工程在施工期和运行期加强了施工管理和环境保护宣传工作;工程完工后,依据环评要求在工程区域及时进行生态修复,对主体工程区、施工临时设施区等临时占地进行了绿化恢复,对上下游护坡联结段进行了堤坡防护和草坪护坡,通过增殖放流渔业资源等措施恢复和改善工程影响区域的水生态环境,完善了生态修复措施。工程的建设未对区域生态环境造成明显不利影响,也没有引起植被的覆盖率和多样性的显著降低,对生态环境的影响较小。

6.4.2　经验启示

项目法人遵守环境保护方面法律法规和有关规定,落实了相应的环境保护措施,项目环境保护效果良好,几点经验启示如下:

(1)严格遵守环境保护方面法律法规和有关规定,落实各项环境保护措施是保证环境保护工作高效有序开展的基石。工程在建设过程中,严格执行环境影响评价制度和环境保护"三同时"管理制度,开展了施工期环境监理和监测,基本落实了环境影响评价文件及批复文件中的要求,配套了相应的环境保护设施,落实了相应的环境保护措施。

(2)依法编报方案、注重后续设计是贯彻落实水土保持"三同时"制度的基础。工程在前期建设过程中对水土保持工作十分重视,依法编报了工程水土保持方案,并上报审批,确保各项水土保持措施的资金及时落实到位。工程加强水土保持工程设计,确保水土保持设施的水土流失防治效果,保护周边的生态环境,同时按照园林景观设计要求,对主体工程区进行绿化、景观专项设计,更好地实现了水土保持和景观效果的有机结合。

(3)现代化、科学化的施工,是减少对大气水体环境影响和控制噪声污染的有效方法。工程在施工中尽可能全部采用现代化机械设备,使工程的开挖、掘进、装载、运输效率提高,大大缩短了对大气水体环境影响的周期。同时,工程在施工期间选取低噪声设备和工艺,尽量缩短居民聚集区附近的高强度噪声设备的施工时间,有效控制了噪声污染。

(4)加强环境保护的监测和监理,重视施工管理和环境保护宣传工作,确保环境保护工作质量。工程严格落实环境管理及环境监测计划,施工期及运行期对水土保持、水环境保护、空气环境保护、声环境保护、固体废物及危险废物处置措施等进行监测。另外工程加强了施工管理和环境保护宣传工作,有效提升周围居民保护水闸绿化的意识,减少环境污染。

第 7 章　水土保持评价

7.1　水土保持评价内容

根据《水利建设项目后评价管理办法(试行)》,水土保持评价主要是对水利建设项目过程中水土保持情况及效果进行评价,并对未来工程建设中水土保持提出对策建议。水土保持评价主要内容包括评价工程建设与运行管理过程中水土保持法律、法规的执行情况;分析工程建设与运行引起的地貌、植被、土壤等的变化情况,对照批准的水土保持方案,评价水土保持措施的实施情况及其效果;提出减免不利影响的措施。

7.2　水土保持评价依据和方法

本项目水土保持评价主要依据《水利建设项目后评价管理办法(试行)》并结合本项目作为除险加固工程的实际,确定水土保持评价指标包括水土保持设计执行情况评价、水土保持措施及落实情况评价、水土保持措施影响评价等三个方面。具体的评价指标见表7-1。采用前后对比、实施效果分析的方法进行评价。

表 7-1　水土保持评价指标

一级评价指标	二级评价指标	指标内涵	评价依据
水土保持设计执行情况评价	水土保持设计执行情况评价	反映了项目在工程建设及运行期间遵守水土保持保护方面法律法规准则的情况,总体工作流程与工程建设水土保持要求的相符性等情况	初步设计报告、竣工验收资料等;收集并分析项目在建设及运行期间有无因水土保持问题受到政府部门处罚、公众举报等现象
水土保持措施及落实情况评价	水土保持各项措施及落实情况评价	反映了项目在工程建设及运行期间制定的各项水土保护措施是否落实,是否可行且有效的情况	收集项目在建设及运行期间制定的各项水土保护措施,分析其落实情况及实施效果

续表 7-1

一级评价指标	二级评价指标	指标内涵	评价依据
水土保持措施影响评价	建设期水土保持措施影响评价	反映了项目在工程建设过程中对当地防治水土流失所产生的有利影响和不利影响	分析项目建设对工程当地水土流失情况的影响,对比分析实际影响与水土保持设计文件预测影响的差异
	运行期水土保持措施影响评价	反映了项目在运行期间对当地防治水土流失所带来的变化影响	检测对比项目周边区域水土流失情况在项目建设前后的变化

7.3 水土保持评价过程

项目区位于长江三角洲冲积平原区,属亚热带湿润季风气候区,年平均降水量1 126.4 mm,年平均风速 3.2 m/s;土壤主要为水稻土;植被类型属中亚热带常绿阔叶林北部亚地带,原状多为人工植被和农田,林草覆盖率约为 38.43%。土壤侵蚀以微度水力侵蚀为主,根据《江苏省人民政府关于划分水土流失重点防治区和平原沙土区的通知》,项目区属江苏省省级水土流失重点预防保护区。水土流失容许值为 500 t/(km² · a)。工程区水土流失的形式主要是水力侵蚀,主要表现形式为沟蚀、面蚀等。工程区属微度水土流失区域。太浦闸除险加固工程影响范围较广,在施工过程中可能对太浦河水质以及邻近地区水土平衡产生一定的影响,不及时、不到位的水土保持措施会对工程周边水土流失造成较大的负面影响。

7.3.1 水土保持设计执行情况评价

7.3.1.1 水土保持设计及批复情况

《太浦闸除险加固工程水土保持方案报告书》依据不同工程阶段可能造成的水土流失特点及强度,将本工程水土保持的防治分区划分为主体工程防治区、施工临时设施防治区和弃土(渣)场防治区。确定的防治目标包括,扰动土地整治率达到 95% 以上,水土流失总治理度达到 97% 以上,土壤流失控制比达到 1.2,拦渣率 95% 以上,林草植被恢复率99% 以上,林草覆盖率 27%。

本工程水土保持方案设计按防治分区进行水土保持设计,分区安排防治措施:

(1)主体工程防治区:水闸工程为二级防治区,在桥头堡外侧布设乔灌草绿化和草皮护坡,并计列覆盖耕植土量;在桥头堡外侧布设永久、临时排水沉沙设施;将施工营地内较大乔木移栽至太浦河北岸。附属设施二级防治区空地布置绿化,计列覆盖耕植土量。

(2)施工临时设施防治区:施工营地为二级防治区,四周布设临时排水设施;对堆放在该区内的砂石料设临时挡护遮盖;在该区空地布置泥浆池、沉沙池,以存放、收集、沉淀和回用桥头堡基础施工时产生的泥浆钻渣;明确主体工程剥离表土去向,施工后期对该区进行平整并恢复绿化,计列移栽费用和覆盖耕植土量,并作具体绿化设计。施工便道二级防治区两侧布设临时排水沉沙设施。

(3)弃土(渣)场防治区:弃土(渣)场为二级防治区,在该区四周布设临时排水沉沙设施;对堆放在该区内的周转料布设临时挡护遮盖。

2010年8月,水利部以《关于太浦闸除险加固工程水土保持方案的批复》(水保〔2010〕299号)批复本工程水土保持方案。2011年12月,水利部以水总〔2011〕639号文批复水土保持专项费用为113万元。

7.3.1.2 水土保持设施实施情况

在工程建设过程中,项目法人将有关水土保持工程的要求纳入主体工程建设计划中,水土保持工程建设主要按照水利部批准的水土保持方案报告书内容及要求,结合现场施工实际情况,由主体工程施工单位实施。水土保持工程建设由太湖流域管理局水土保持处监督指导,同时接受地方水行政主管部门的监督。

开展水土保持监测。项目法人委托上海勘测设计研究院承担本工程水土保持工程监测任务。上海勘测设计研究院成立了项目组,依据《水土保持监测技术规程》和《太浦闸除险加固工程水土保持方案报告书(报批稿)》及批复文件,开展了现场监测工作,共设置监测点位7处。2013年现场巡查6次,出具监测报告4份;2014年现场巡查3次,出具监测报告2份,并编制完成水土保持监测总结报告。

开展水土保持监理。项目法人委托上海勘测设计研究院进行水土保持监理工作。上海勘测设计研究院组织成立了监理机构,配备监理人员进驻工地,依据国家相关规程、规范,结合工程建设具体情况,遵循"四控制、二管理、一协调"的工作原则,开展本工程水土保持监理工作。本工程水土保持监理工作从2013年1月开始到2014年6月结束,监理期间完成了水土保持监理季报和年报,并于2014年7月提交了《太浦闸除险加固工程水土保持监理总结报告》。

实施水土保持工程措施和植物措施。按照水土保持方案中的相关设计,主体工程防治区完成了水闸永久排水沟、临时沉沙池、场地平整、绿化等措施,施工临时设施防治区完成了施工营地四周排水土沟、砂石料堆场四周浆砌石块石挡墙、砂石料堆场表面彩条布遮盖、后期场地平整、绿化等,弃土(渣)场防治区完成了堆体表面彩条布临时遮盖和播撒草籽临时防护,以及后期场地的清理、平整。实施了水闸周边空地及施工营地绿化,绿化总面积为2.4 hm^2,其中主体工程施工区绿化面积1.38 hm^2,施工临时设施区1.02 hm^2。

根据《开发建设项目水土保持设施验收管理办法》《开发建设项目水土保持设施验收技术规程》规定,项目法人委托北京水保生态工程咨询有限公司开展太浦闸除险加固工程水土保持设施验收的技术评估工作。2014年4月至7月,评估单位会同监测、监理单位深入到工程现场,对水土流失防治责任范围内的水土保持设施进行了实地查勘和资料查阅,完成了技术评估。

2014年8月23日,水利部在江苏省苏州市主持召开了太浦闸除险加固工程水土保持竣工验收会议,并完成了现场检查。2014年9月18日,水利部办公厅关于太浦闸除险加固工程水土保持设施验收鉴定书的函(办水保函〔2014〕960号),同意太浦闸除险加固工程通过水土保持竣工验收。

综上所述,本项目水土保持方案及报批程序完整,流程符合规定。在建设实施过程中,有效落实水土保持设计及批复文件要求,水土保持设施实施到位,监测监理工作扎实,技术评估及专项验收工作程序规范。

7.3.2 水土保持措施及落实情况评价

本项目水土保持措施总体思路:以防治水土流失、恢复植被、改善项目水土保持责任范围内生态环境、保证主体工程正常安全运行为最终目的;以对周边环境和安全不造成负面影响为出发点;以水闸工程区为重点,同时配合主体工程设计中已有的水土保持设施,综合规划,并布设水土流失防治措施体系。

7.3.2.1 工程措施实施情况

(1)主体工程防治区:施工期内,在上、下游桥头堡四周设置永久砖砌排水沟,排水沟土方开挖回填量 286.81 m³、砖砌量 60.27 m³;施工结束后,对场地内的空地进行平整,覆土并进行乔灌草绿化,场地平整面积 1.38 hm²,覆土 6 900 m³。

(2)施工临时设施防治区:施工后期,本区绿化区域平整覆土,共计回覆耕植土 5 150 m³,绿化场地平整面积 10 300 m²。

(3)弃土(渣)场防治区:弃土完成后进行场地平整,平整面积 17 900 m²。

7.3.2.2 临时防治措施

(1)主体工程防治区:施工期内,结合永久、临时排水沟设置砖砌沉沙池。

(2)临时设施防治区:施工前期,在施工场地四周设置排水沟,开挖土方 576 m³;施工期内,对本区的表土和砂石料堆场裸露面采用彩条布覆盖防护,并在砂石料堆场四周设置块石挡墙进行围护,共用彩条布 800 m²、块石 40 m³。

(3)弃土(渣)场防治区:施工期内,对弃土(渣)场的临时堆土、弃渣采用彩条布进行覆盖防护,共用彩条布 3 000 m²;对弃土(渣)完成后的裸露面采用草籽撒播临时防护措施,草籽撒播面积 1.78 hm²。

7.3.2.3 植物防治措施

1. 主体工程防治区

施工前期对临时占地范围内银杏、香樟、槐树、红枫、桂花、雪松等乔木进行了移栽并养护,后期种植在水闸工程区,树木移栽 300 株。施工后期,除移栽乔木外,对本区空地进行乔灌草景观绿化,面积 1.02 hm²,其中乔木 146 株,灌木 1 148 株,草皮 1.0 hm²,对桥头等边坡区域采用草坪进行防护,坡面草皮绿化 0.36 hm²。

2. 施工临时设施防治区

施工后期对本区进行乔灌草绿化,共完成植物措施面积 1.02 hm²,其中乔木 62 株,灌木 428 株,草皮 10 100 m²。

7.3.2.4 水土保持工程措施实施情况评价

太浦闸除险加固工程水土保持措施实施过程中,结合工程实际情况进行了优化和完善,所完成的水土保持工程措施、临时措施满足水土保持设计与批复要求,其中部分内容与原方案设计工程类型和工程量相比,发生了少量变化。

1. 主体工程防治区

(1)水闸工程区。实际施工阶段,按照原设计方案实施,场地平整面积减少 500 m²,绿化覆土量减少 444 m³。根据实际施工需要,对水闸四周设置的浆砌块石排水沟改为砖砌排水沟,浆砌量减少 149 m³,砖砌量增加 60.27 m³;排水沟长度增加且需要部分回填,土方开挖回填量增加 130.81 m³。实际施工阶段,沉沙池土方开挖按照原设计方案实施,土方开挖量减少 2.4 m³,砖砌量根据施工需要有所增加,工程量增加 3.01 m³。

(2)附属设施区。本次工程不对附属设施区的管理所进行改造,配电房只进行设备更换、升级,故此附属设施面积取消,相应的场地平整工程量减少 0.11 hm²,覆土量减少 540 m³。

2. 施工临时设施防治区

(1)施工营地区。实际施工阶段按照原设计方案实施,场地平整面积减少 500 m²,绿化覆土量减少 412 m³。实际施工中,排水沟尺寸调整,土方开挖量增加 91 m³;根据工程建设需要,水闸两侧桥头堡基础由原来的钻孔灌注桩优化为混凝土预制方桩,泥浆池取消,工程量减少 269.3 m³;为提高临时防护措施安全性,施工营地内砂石料四周的砖砌挡墙改为浆砌块石挡墙,砖砌量减少 36 m³,浆砌块石量增加 40 m³;彩条布可重复利用,工程量减少 330 m³。

(2)施工便道区。弃土(渣)场位置变化至庙港大桥北侧区域,去往该区域的道路利用了原有硬化道路,因此方案中通往弃土场的施工便道取消,其内设计的排水沟土方开挖量减少 2 790 m³,沉沙池土方开挖量减少 28.7 m³、砖砌量减少 1.18 m³。

3. 弃土(渣)临时堆场防治区

原主体工程设计的弃土弃渣场占地类型为农用地,后期复垦,弃土(渣)场位置发生变化,原有弃土、弃渣场取消,相应措施取消;实际施工中,在庙港大桥北侧空地新设置 1 处弃土(渣)临时堆场,占地类型为建设用地,弃土完成并进行场地平整后归还当地政府,场地平整工程量增加 1.79 hm²。

根据施工现场情况,临时排水沉沙措施未实施,排水沟土方开挖量减少 715 m³、沉沙池土方开挖量减少 28.8 m³、砖砌量减少 1.18 m³;弃土量减小,彩条布苦盖防护工程量减小 5 814 m²;为避免弃土结束后裸露时间较长造成的水土流失隐患,增加了草籽绿化的临时防护措施,草籽绿化面积增加 1.78 hm²。

7.3.2.5 水土保持植物措施实施情况评价

太浦闸除险加固工程实际完成水土保持植物措施与方案设计工程量发生了少量变化,植物措施面积由方案报告书中的 2.62 hm² 减小为 2.4 hm²。

方案阶段考虑了阶段性扩大系数,施工阶段按照实际面积实施,乔灌草绿化和草皮护坡面积略有减小。本次工程不对管理所进行改造,配电房只进行设备更换、升级,故此附属设施面积取消,因此该区域绿化面积相应取消,附属设施区绿化面积减小 0.11 hm²。考虑到移栽及养护成本费用,实际施工占地内仅移栽大型乔灌木,较方案设计阶段匡算的 1 139 株减少至 300 株。植被数量根据实际绿化面积进行增减。

7.3.3 水土保持影响评价

7.3.3.1 建设期情况评价

建设期水土保护影响情况评价,主要包括投资评价、扰动土地整治率、水土流失总治理度、土壤流失控制比、拦渣率等评价,内容如下:

(1)投资评价。本工程批复的水土保持方案确定水土保持估算总投资167.84万元,实际完成水土保持投资185.94万元,造成实际投资超出估算总投资的主要原因为工程建设过程中相关工程设施尺寸的调整、人材机等费用的涨价和相关独立费用的调整。体现了项目法人对水土保持工作的高度重视,为全面实施水土保持设计方案,想方设法通过调增预算来解决由于市场影响因素带来的资金不足困难,圆满地完成工程水土保持方案。

(2)扰动土地整治率。项目施工扰动土地面积为10.54 hm²。通过各项措施共计完成整治面积10.51 hm²,其中植物措施面积2.4 hm²,工程措施面积2.16 hm²,建筑物、硬化及水面面积5.95 hm²。项目区平均扰动土地整治率为99.72%,达到批复方案中扰动土地整治率需大于98%的防治目标。

(3)水土流失总治理度。项目共计完成水土流失治理面积4.56 hm²,平均水土流失总治理度为99.35%,达到批复方案水土流失治理度需大于97%的防治目标。

(4)土壤流失控制比。本工程所在区域为南方红壤丘陵区,以水蚀为主,本项目的容许土壤流失量为500 t/(km·a)。根据监测报告,工程实施以后运行初期项目区平均土壤侵蚀模数为295 t/(km·a),土壤流失控制比为1.7,达到批复方案土壤流失控制比需大于1.2的防治目标。

(5)拦渣率。据统计,工程建设中实际产生弃渣量约7.76万m³,其中:围堰5.71万m³、建筑垃圾1.51万m³、其他土石方0.54万m³,工程剥离的表层土0.15万m³临时堆放在施工区,施工后期用作绿化用土,建筑垃圾1.51万m³由拆除分包单位(苏州市天和市政工程有限公司)负责清运处理,剩余6.25万m³弃渣堆放于庙港大桥北侧临时弃土(渣)场。虽然在施工建设过程中已经采取了防护措施,但在土方堆置、运输、防护的过程中还是产生了一些流失,经分析测算,得到有效防护的临时堆土量约为7.75万m³,拦渣率为99.9%,满足批复的水土保持方案拦渣率的防治目标95%的要求。

7.3.3.2 运行期情况评价

工程维修养护经费来源于政府预算,资金保障较为充足,管理单位重视水土保持工作,各项排水设施维修养护及时,挡墙、护坡等设施完好,林草植被覆盖保持完好,给太湖浦江源水利风景区的优美环境增添了色彩。

项目法人能够依据国家的水土保持法律法规,按批准的设计文件履行好项目法人和管理单位职责,通过优化方案、增加资金投入,及时做好建设施工扰动范围、临时施工区域的地形、地貌、地面植被保护及恢复,建设工程影响区水土流失状态得到较好控制;现代化、科学化的施工,是减少水土流失的有效方法,工程在施工中尽可能采用了现代化机械设备,使工程的开挖、掘进、装载、运输效率提高,大大缩短了地面扰动和弃土弃渣临时堆存时间,使裸露地面以最快速度进行平整、清理、覆土和植被恢复,避免了施工期的大量水土流失;管理单位在运行期内,运行维修经费及时落实,水土保持措施落实到位,做好永久性的水土保持设施维修养护,水土保持法律法规得到良好执行。

7.4 结论和建议

7.4.1 结论

综上所述,本项目水土保持工作流程符合工程建设水土保持规范和规定要求,且水土保持工程效果显著。项目法人依法编报了水土保持方案,组织开展了水土保持专项设计,优化了施工工艺。期间委托上海院开展了水土保持监理、监测工作,由北京水保生态工程咨询有限公司进行水土保持设施验收技术评估,建设单位对水土保持设施进行了自查初验,编制了《太浦闸除险加固工程水土保持方案实施工作总结报告》,并通过了水利部的验收;相关单位实施了水土保持方案确定的各项防治措施,完成了水利部批复的防治任务。建成的水土保持设施质量合格,水土流失防治指标达到了水土保持方案确定的目标值,较好地控制和减少了工程建设中的水土流失。工程运行期,管理单位责任落实,维修养护经费由中央财政和地方财政预算承担,经费保障程度较高,水土保持设施得到良好的维护。管理单位在工程标准化管理创建中,水土保持设施不断得到完善和进一步提升。

7.4.2 建议

施工期的水土保持设施,要做到及时到位,如挡土坎、拦土网布、绿植等措施,是水土保持的必备措施,同时也是环境保护和文明施工的需要,只有及时实施到位,工程施工环境、水土资源才能得到有效保护;运行期工程绿化维修养护经费保障,是搞好水土保持的基础,建议维修养护定额应符合市场变化实际,及时修订,并提高绿化维修养护定额水平。

第 8 章 社会影响评价

8.1 社会影响评价内容

社会影响评价应分析项目对所在流域或区域社会经济、社会环境带来的影响,针对项目对社会经济目标、交通运输、旅游、综合效益、社会支持程度、社会安定、直接和间接就业机会、当地人民生活质量、对周边建筑或基础设施的影响、专业人才培养等方面的影响进行评价。在分析项目对社会的各种正负影响的基础上,得出社会影响评价结论,并提出建议。

太浦闸的主要任务是防洪、泄洪和向下游地区供水,确保太湖流域防洪和水资源调度安全,促进太湖流域经济、社会发展。因此,本次社会影响评价应是对太浦闸除险加固实现的实际社会效果进行分析评价。太浦闸除险加固工程对社会发展目标的贡献和影响,包括社会经济、社会环境。因此,本项目社会影响评价的内容如下:

(1)社会经济影响评价,对社会经济活动直接相关的社会效益影响评价。

(2)社会环境影响评价,对心理社会环境、物理社会环境和科技环境等直接相关的社会效益影响评价。

(3)与前评价相比较,论证前评价的准确性,总结经验,提出对策和建议,提高决策水平。

8.2 社会影响评价方法和指标

8.2.1 评价方法

8.2.1.1 社会调查

社会调查方法是决定社会影响评价工作质量和成果可信度的关键所在,只有准确地把握社会情况,才能作出正确的分析判断。太浦闸除险加固工程社会调查的方法主要采用文献调查法,收集流域规划、国民经济与社会发展公报、统计年鉴、社会学、人文学等方面的资料,摘取其中对社会影响评价有用的社会信息,并做好合理性检查。

8.2.1.2 研究分析

研究分析方法,主要是在定量与定性分析相结合方法的基础上,采用有、无项目对比分析法等。

1.定量与定性分析相结合的方法

太浦闸除险加固工程的社会效益与影响比较广泛,社会因素众多,关系复杂,许多影响是无形的,甚至是潜在的。如防洪、泄洪对流域或区域安全稳定的影响。有些社会效益和影响可以借助一定的计算公式定量计算,如直接就业效果等。但大量的、复杂的社会因素往往很难定量计算,只能进行定性分析。在社会影响评价中,采用定量分析与定性分析相结合的方法,对主要影响区内指标进行计算与分析,进而评价项目对社会发展产生的影响。

太浦闸位于太浦河上游,对苏州、嘉兴、上海产生的社会影响广泛,为分析项目对区域的社会效益,选取苏州市吴江区、上海市青浦区、嘉兴市嘉善县为项目的主要影响区。

2.有无对比分析法

有无对比分析是指有项目情况与无项目情况的对比分析。它是社会影响评价中通常采用的分析评价方法,通过有无对比分析,可以确定拟建工程引起的社会变化,亦即各种社会效益和影响的性质与程度,从而判断项目存在的社会风险和社会可行性。

8.2.2 评价指标

水利项目影响着地区的社会经济与社会环境,需要通过各项指标来评价项目与社会的协调程度。依据《水利建设项目后评价报告编制规程》《水利建设项目社会评价指南》等规范,结合项目自身及项目周围社会状况特点,制定表8-1(社会影响评价指标表),明确评价项目对社会经济、社会环境的影响指标。

表 8-1 社会影响评价指标

一级评价指标	二级评价指标
对社会经济发展的影响	对国家经济发展目标的影响
	对流域经济发展的影响
	对水闸周边地区经济发展的影响
	对交通运输的影响
	对当地旅游事业发展的影响
	对水利工程综合效益的影响
对社会环境发展的影响	社会支持程度
	对社会安定的影响
	就业效果分析
	对提高人民生活水平的影响
	对周边建筑或基础设施的影响
	对科研和技术推广的促进

8.3 社会影响评价过程

8.3.1 社会经济影响评价

8.3.1.1 对国家经济发展目标的影响

太湖流域位于"一带一路"与长江经济带的重要交汇地带，是我国大中城市最密集、经济总量规模最大、最具有发展潜力的地区之一，在国家现代化建设大局和全方位开放格局中具有举足轻重的战略地位。据统计，2016年太湖流域总人口6 028万，占全国总人口的4.4%；地区生产总值72 779亿元，占全国GDP的9.8%；人均GDP12.1万元，是全国人均GDP的2.2倍。太湖流域是一个淹不得、淹不起的地区。

太浦闸是太湖东部骨干泄洪及环太湖大堤重要口门控制建筑物，在太湖流域防洪和向下游地区供水中发挥着重要作用。老太浦闸于1959年建成，由于历史原因，建成时留有质量隐患，虽经多次加固处理，仍不能满足安全运行要求。2000年11月，经水利部太湖流域管理局组织专家进行安全鉴定，太浦闸被确定为三类闸。2012年9月至2014年9月，太浦闸实施了除险加固工程，工程在原址拆除重建。除险加固后的太浦闸设计流量784 m³/s，校核流量931 m³/s，较原设计流量580 m³/s有了较大提升。

2014年9月，太浦闸除险加固工程初步建成，2016年发生了太湖流域特大洪水，洪水期间太浦闸最大日均过闸流量为898 m³/s。如果没有开展太浦闸除险加固工程建设，在2016年，太湖流域特大洪水中，太浦闸为三类闸，处于病险状态，将会采取控制运用措施，最大下泄流量有限，从而进一步抬高太湖水位，造成农业减产、城乡居民家庭财产受损、企业停产停业损失、交通干线等基础设施因洪水冲淹损害等，对国民经济产生不利影响。太浦闸除险加固工程建成后，有效确保了太湖流域防洪和水资源调度安全，促进了国民经济和社会发展，其效益对实现国家中长期经济发展目标是十分有利的。2016年太湖水位位于历史第二高，但太湖流域重要堤防、重要基础设施未发生重大险情，也没有人员因洪涝灾害死亡，直接经济损失71.16亿元，仅占当年GDP的0.1%，而同样发生大洪水的1991年和1999年，分别占到GDP的6.7%、1.6%。这些成绩，是太湖流域多年来综合治理的成效，也离不开太浦闸防洪效益的充分发挥。

8.3.1.2 对流域经济发展的影响

太浦闸除险加固工程对流域经济发展的影响主要体现在减少洪涝灾害，保障该地区经济发展。

太浦闸除险加固工程于2014年建成，2016年太湖流域降水异常偏多，年降水量为1 855.2 mm，较常年偏多52%，位列1951年以来第一位。2016年7月3日至18日，太浦闸持续突破设计流量，并按照不超过校核流量控制运行，太浦闸日均流量804 m³/s，最大日均流量898 m³/s（7月11日），在特大洪水期间排水11.11亿m³，相当于太湖0.48 m水位差的蓄水量。2016年，强降雨导致河湖水位持续上涨，7月8日太湖水位达到4.88 m，为仅次于1999年的历史第二高水位。按照老太浦闸设计流量580 m³/s计算，老太浦闸在2016年特大洪水期间排水11.11×580/804＝8.01（亿m³），相当于太湖0.48×580/

804＝0.35(m)的蓄水量。如果没有太浦闸除险加固工程,太湖水位将会达到4.88＋
0.48－0.35＝5.01(m),超过1999年的历史最高水位4.97 m。

1999年太湖流域特大洪水期间,太湖流域受灾人口达746万,49个县(市、区)不同
程度进水受淹,倒塌房屋3.8万间;受淹农田68.7万 hm²,粮食减产超过9.1亿kg(不包
括上海市);17 552家工矿企业停产,公路中断341条次;损坏江堤、圩堤8 133 km。经过
多年的太湖流域综合治理,流域与区域防洪能力与1999年有了显著提高。2016年太湖
流域特大洪水造成的影响主要发生在局部,且城镇损失明显减小,太湖流域无人员因灾死
亡或失踪。太浦闸除险加固工程的建成,对太湖流域防洪能力的提高起到了关键作用,通
过太浦闸的运用有效降低了太湖水位,从而减少了洪涝灾害,保障了流域经济发展。

8.3.1.3　对水闸周边地区经济发展的影响

太浦闸周边的主要影响区包括上海市青浦区、苏州市吴江区、浙江省嘉兴市嘉善县,
该主要影响区也是长三角生态绿色一体化发展示范区。该主要影响区是太湖流域经济发
达的地区,面积约2 413 km²(含水域面积约350 km²),人口稠密,科技水平高,2020年该
地区总人口323.1万,地区生产总值3 841.7亿元,人均GDP11.9万元。

太浦闸周边主要影响区由于地势平坦低洼,排水难度大,洪涝蓄滞时间长,受灾时经
济损失会比较严重。2016年,太湖流域发生特大洪水,太浦闸周边地区经济发展并未受
到明显影响,主要得益于区域防洪能力的提高和太浦闸工程效益的有效发挥。2016年大
洪水之前,嘉兴市新建了王凝、王新、洛东圩区,作为流域防洪能力最薄弱地区之一的嘉北
地区防洪能力由5~10年一遇提升至20年一遇。由于2016年强降雨集中在流域北部地
区,太浦闸周边的主要影响区汛情较流域北部地区平稳,大洪水期间,水利部太湖流域管
理局在对太湖防洪形势和太浦闸周边地区防洪工程状况进行深入分析的基础上,在浙江
省人民政府防汛防台抗旱指挥部的大力支持下,依法、科学、精细调度太浦闸工程,太浦闸
周边主要影响区基本未发生洪涝灾情。2020年,太湖流域发生大洪水,太浦闸排泄太湖
洪水20亿 m³,占外排总量的51%,成功将太湖最高水位控制在4.79 m(4.80 m为划定太
湖流域大洪水与特大洪水的分界线),避免了因发生流域性特大洪水而导致太浦闸周边
西山岛20万人的紧急撤离。

太浦闸除险加固工程建成后,通过向周边地区供水,有效地应对和预防锑浓度超标和
2-MIB(二甲基异莰醇)超标等突发水污染事件,保障了太浦闸周边的主要影响区人民群
众的饮水安全。

太浦闸除险加固工程的兴建消除了地区经济发展的不稳定因素,为地区发展创造了
良好的投资环境,促进了地区产业的发展。通过分析吴江区、青浦区及嘉善县自2000年
至2020年地区产业总产值的变化,发现自2014年9月太浦闸除险加固工程建成并投入
使用后,影响区内产业总产值大幅度提升,且增长率较2014年之前有明显提高(见
图8-1)。由此可见,太浦闸除险加固工程的建成有利于周边地区社会稳定发展。

8.3.1.4　对交通运输的影响

太浦闸除险加固工程对地区交通运输有着多方面的影响。

1.方便工程所在地居民交通

太浦闸按公路Ⅱ级标准设置闸上交通桥,连接太浦河两岸交通。交通桥净宽8 m。

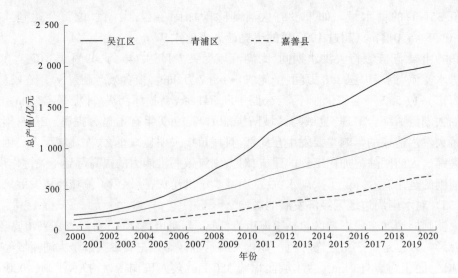

注:产业总产值为第一产业、第二产业、第三产业的产值总和。

影响区的产业主要以第二产业、第三产业为主,第二产业以工业为主。

数据来源:《苏州统计年鉴》《嘉兴统计年鉴》《青浦统计年鉴》。

图 8-1 2000~2020 年间影响区内地区产业总产值变化趋势

吴江区多路公交车从太浦闸交通桥经过。该桥为吴江区七都镇太浦闸村、庙港村 6 000 余居民出行提供了方便。没有该桥,村民出行将会绕道距太浦闸 1.22 km 的庙港大桥,出行很不顺畅。

2.改善吴江区航运条件

吴江是著名的鱼米之乡,周边水系发达,广大农民、渔民大多采用船只作为生产运输工具。据不完全统计,目前在东太湖区从事太湖养殖、捕捞的有 1 400 余户,船只 3 000 多艘,如无太浦闸套闸,船只主要靠环太湖溇港绕道出入。太浦闸右侧边孔为套闸,最高通航水位 3.50 m,最低通航水位 2.60 m。太浦闸设置套闸后,在不改变太浦闸原有任务和功能的前提下,减少了农业和渔业运输成本,促进地方经济发展,并可为水事管理和水环境维护等提供便捷通道。根据现场调查,吴江区受益渔民统计见表 8-2。

表 8-2 吴江区受益渔民统计

单位名称	养殖户数/户	捕捞户数/户	船舶数/艘
吴江开发区江陵社区	287	164	1 120
七都镇渔业社区(庙港)	536	28	1 400
七都镇吴溇村	119	45	400
松陵镇松陵捕捞村	58	34	230
横扇镇渔业社区	86	40	300
横扇镇沧浦社区	14	5	45
七都镇西漾社区	5	7	30
合计	1 105	323	3 525

据太浦闸套闸使用统计数据显示,2019年间过船数量约100多艘,使用单位包括吴江渔政、吴江执法、吴江水利、庙港村等;2020～2021年,东太湖太阳岛退垦施工期间过船数量7 000余艘,极大地便利了施工船只的进出,节约运输成本。大致估算可得,套闸的增设有效节约渔业和运输成本约200万元。

8.3.1.5 对当地旅游事业发展的影响

工程促进了太湖浦江源国家水利风景区的建立,较好地带动了地区旅游产业的发展。2010年以来,苏州管理局和吴江区七都镇人民政府携手,以太浦闸除险加固工程为契机,科学合理地开发利用和保护水利风景资源,以太浦闸为主要工程景观成功申报了太湖浦江源国家水利风景区。2015年8月,水利部批复了《太湖浦江源国家水利风景区总体规划》(水规计〔2015〕345号)。水利风景区深挖地方优质自然生态资源与人文学术资源的品牌价值,将水利风景区与文化、旅游联姻,推出美丽乡村样板区,举办"研学游""美食游""民俗游"系列精品旅游项目,提升水利风景区文化影响力,助力乡村振兴和长三角文旅一体化发展。

经过近几年水利文旅的融合发展,水利风景区有效带动了周边村民就业,除直接投资近20亿元外,还间接吸引了文旅消费超100亿元。近年来,属地旅游经济得到迅速发展,民生福祉增进提高,精致城镇焕发生机,水利风景区已成为构建幸福河湖、助力乡村振兴、打造区域旅游和滨湖一体化发展的重要支撑。太浦闸除险加固工程为水生态文明建设、水利风景区建设等创造了条件。重建后的工程建筑设计与太浦河泵站统一协调,成为浦江源国家水利风景区的核心工程景观,是东太湖度假旅游区内一座地标性的水工建筑物,营造出了太湖岸边美丽的水利风景线。水利风景区的迅速成长,不仅是依托水利工程发展出来的衍生物,也是社会发展的需要。从实践成效上来看,水利风景区较好地带动了当地经济及相关产业的发展。

8.3.1.6 水利工程综合效益评价

太浦闸是环太湖大堤重要口门控制建筑物,也是太湖流域骨干泄洪河道太浦河的泄洪及输水建筑物,其工程任务为防洪、泄洪和向下游供水。

1.防洪效益

太浦闸除险加固完成以后,区域防洪标准提高,改善了流域和区域内的投资环境,为加快流域和区域的开发建设创造了必要的条件,并带动地区经济发展。

1)防洪效益前评价

依据《太浦闸除险加固工程初步设计报告》(上海院,2011年7月),太浦闸按新一轮防洪规划的设计水位进行设计,近期能防御不同降雨组合的50年一遇流域洪水,远期能防御100年一遇不同降雨年型的流域洪水。它和太浦河堤防一起构筑上海市、苏州市、嘉兴市等广大平原地区的防洪安全屏障。

太浦河承泄太湖洪水需要太浦闸的调度控制,根据《太湖流域防洪规划简要报告》,遇1991年型100年一遇洪水,造峰期39 d内,承泄太湖洪水14.9亿 m^3;遇1999年型100年一遇洪水,造峰期30 d内,承泄太湖洪水5.7亿 m^3。太浦闸除险加固完成后,有助于更好保障太湖环湖大堤安全和太浦河行洪畅通,对太湖下游地区(常州市、无锡市、苏州市、湖州市、嘉兴市、上海市)的城市防洪也发挥着更加重要的作用。

治太骨干工程及其配套工程是一个整体,必须整体运营(也只有整体运营)才能充分发挥其应有效益。治太骨干工程分布在江苏、浙江、上海两省一市,需要结合行政管理体制,确定资产管理与经营模式,使治太骨干工程资产整体运营,发挥整体功能。否则,难以发挥其应有的效益。根据水文水利学计算,治太骨干工程年防洪效益为 13 997 万元。根据太浦闸在太湖流域治太骨干工程中的投资比例和重要性确定分摊系数,太浦闸年防洪效益为 509 万元。

2)防洪效益后评价

尽管 2016 年太湖流域发生流域性特大洪水,但流域虽有大汛、但无大灾,灾情特点以局地集中强降雨导致的局部洪涝灾害为主,灾情主要分布在流域上游金坛、溧阳、宜兴、安吉、长兴等地,因灾直接经济损失 71.16 亿元。

在无太湖流域治太骨干工程的情形下,2016 年特大洪水将对太湖流域造成 190.04 亿元的直接经济损失。对比有无主要防洪工程两种条件下的损失,2016 年特大洪水期间太湖流域主要防洪工程减灾效益为 190.04 亿元-71.16 亿元=118.88 亿元。2016 年太湖流域主要防洪工程防洪效益计算结果见表 8-3。从表 8-3 中可以看出,太湖流域治太骨干工程在各市都发挥了正的减灾效益。如果没有治太骨干工程,望虞河、太浦河、江南运河、黄浦江上游两岸均有不同程度的淹没,因为太湖流域治太骨干工程的防洪运用,相应区域的淹没程度也都不同程度地减少。根据太浦闸在太湖流域治太骨干工程中的投资比例和重要性确定分摊系数,2016 年特大洪水太浦闸防洪效益为 43 271 万元,超过了前评价计算的年防洪效益 509 万元。

表 8-3　2016 年太湖流域治太骨干工程防洪效益计算结果　　　　单位:亿元

地市名称	有工程经济损失值 (报表统计)	无工程经济损失值	防洪效益
无锡市	5.13	55.21	50.08
常州市	52.60	65.80	13.20
苏州市	1.55	45.66	44.11
镇江市	0	1.48	1.48
杭州市	0	1.25	1.25
嘉兴市	0	2.96	2.96
湖州市	11.88	16.70	4.82
上海市	0	0.98	0.98
合计	71.16	190.04	118.88

2.排涝效益

1)排涝效益前评价

依据《太浦闸除险加固工程初步设计报告》(上海院,2011 年 7 月),杭嘉湖地区地势低注,需要经太浦河排泄地区涝水。太浦闸采用分级调度,在加大太浦河排泄太湖洪水的同时,太浦河实现两岸控制后,将减少太浦河洪水倒灌杭嘉湖地区,遇100年一遇洪水,5~8月杭嘉湖涝水从芦墟以西入太浦河增加6.9亿~13.2亿 m^3,减少太湖泄洪对地区的影响,有助于更好统筹洪涝矛盾。太湖防洪项目完成后,杭嘉湖地区排水通畅,有效降低了地下水埋深,治理了渍害,增加了农作物产量。经计算,太湖防洪项目的年排水效益为3 467万元。根据太浦闸在太湖流域治太骨干工程中的投资比例和重要性确定分摊系数,太浦闸年排水效益为126万元。

2)排涝效益后评价

2016年特大洪水之前,太浦闸除险加固工程建成并投入使用,嘉兴市新建了王凝、王新、洛东圩区,作为流域防洪能力最薄弱地区之一的嘉北地区防洪能力由5~10年一遇提升至20年一遇。2016年特大洪水期间,太浦闸在太湖防总、水利部太湖流域管理局的科学研判和精细调度下运行,运行过程中密切关注平望、王江泾、嘉兴水位,综合考虑上下游、左右岸的需求。2016年杭嘉湖地区杭州、嘉兴经济损失为0。

2016年无太湖流域治太骨干工程统一调度的情形下,因洪水倒灌,杭州市将会产生农业损失等0.6亿元,嘉兴市会产生农业损失等1.9亿元,共计2.5亿元。太湖流域主要防洪工程排涝效益为2.5亿元-0亿元=2.5亿元。根据太浦闸在太湖流域治太骨干工程中的投资比例和重要性确定分摊系数,2016年特大洪水太浦闸排水效益为910万元,超过了前评价年排水效益126万元。

3. 供水效益

1)供水效益前评价

依据《太浦闸除险加固工程初步设计报告》(上海院,2011年7月),遇干旱年份,当降水量减少到正常年份的50%~70%时,工农业缺水,可以通过太浦闸由太湖向下游地区供水;同时,为改善黄浦江上游水质,改善下游的水质状况,也可以通过太浦闸由太湖向上海市供水,改善水环境。两岸控制还有利于流域水资源清污分流,为水资源配置的"清水走廊"创造条件。

结合太湖流域的实际情况,采用效益分摊系数法计算工业供水与生活供水效益。工业增加值率根据社会经济统计年鉴取得;工业供水效益分摊系数是定量反映工业生产和供水效益特征的一个综合系数,它与工业生产水平、节水水平、供水系统状况及产业结构等多种因素有关,前评价计算参照《北方中小城市供水效益计算方法与参数研究报告》成果,结合太湖流域的产业结构等方面的实际情况确定分摊系数,工业与生活供水效益为年8 883万元。根据太浦闸在太湖流域治太骨干工程中的投资比例和重要性确定分摊系数,太浦闸年供水效益为323万元。

2)供水效益后评价

2016年结合雨洪资源利用,通过太浦闸向下游地区增加供水15.01亿 m^3,其中:2016年太浦河锑浓度异常期间,通过太浦闸应急调水7 d,向下游供水0.88亿 m^3。

2016年12月,太浦闸下游上海市太浦河金泽水库正式投入使用,金泽水库是上海市重大民生工程,供水规模占上海市原水总规模的30%左右,为上海市第二大水源地;太浦闸下游上海市松浦原水厂作为上海市区备用水源的取水规模为每日500万 m^3。太浦闸常年向下游地区供水,保障了上海市金泽水库、松浦原水厂供水安全,也保障了杭嘉湖等区域供水安全。太浦闸改善下游水环境,为 2016 年 G20 峰会的安全举办发挥了积极作用。

太浦闸除险加固工程通过下泄太湖流域优质水资源,一定程度上改善了下游地区的水质条件,从而节省了下游地区的污水处理费用。相关调查资料显示,每 1 m^3 劣质水经 10 m^3 工程增供清水稀释后,可使水质提高 1 个或 2 个等级,在有水量稀释时单位污水处理费用可减少 0.87 元。以 2016 年为例,太浦河干流沿线各断面主要水质指标高锰酸盐指数、氨氮、总磷均达到了 Ⅱ 类,其中太浦闸下主要水质指标稳定在 Ⅰ~Ⅱ 类。松浦大桥原水厂氨氮指标是 2011 年以来最好的一年。

通过太浦闸向下游地区供水,缓解了区域工业供水矛盾;减轻了农业面源污染对农业生产的影响,提高了农产品的产量和品质。据《2016 年太湖流域引江济太年报》初步估算,2016 年引江济太增供水经济效益为 18.56 亿元。根据太浦闸在太湖流域治太骨干工程中的投资比例和重要性确定分摊系数,太浦闸 2016 年供水效益为 6 756 万元,超过了前评价太浦闸年供水效益 323 万元。

8.3.2 社会环境影响评价

8.3.2.1 社会支持程度

太浦闸自 1959 年建成以来,在防洪、泄洪、供水,特别是在抵御 1999 年流域特大洪水中发挥了重要作用,经济效益和社会效益显著。由于历史原因,太浦闸建成时就留有很多质量隐患,虽经多次对水上工程进行加固处理,仍不满足安全运行要求。2020 年 11 月,水利部太湖流域管理局组织了太浦闸工程安全鉴定工作,确定水闸安全类别为三类闸,同时提出了必须除险加固的建议。太浦闸除险加固工程有利于发挥太浦闸防洪、泄洪和供水的功能,有利于保障太湖流域防洪和水资源调度安全,有利于促进流域经济社会发展。太浦闸除险加固工程既要满足流域防洪规划的要求,也要统筹兼顾兴利与除害、经济效益与社会效益及生态环境效益,同时要综合考虑上下游、左右岸的要求。2000 年以后,水利部、水利部太湖流域管理局组织了多次的规模论证和协商,现将论证专家、水利部和工程所在地对该工程的支持程度分述如下:

(1)专家支持太浦闸除险加固工程建设。2002 年 10 月至 2009 年 6 月,水利部太湖流域管理局广泛组织各方面的专家对太浦闸除险加固方案进行充分论证。水利部所属 4 个部门,江苏省、浙江省、上海市水行政主管部门,北京、天津、广东等地的专家,水利部水利水电规划设计总院、上海院等单位的专家,组成专题论证专家组,对除险加固方案、工程规模、工程建筑物、防洪、航运、施工、投资估算、综合经济评价等进行多次论证。因江苏省、浙江省、上海市对太浦闸规模长期未能协调一致,2007 年 1 月 11 日、12 日,水利水电规划设计总院在北京主持召开了太浦闸除险加固工程建设方案讨论会,对太浦闸除险加固建设方案进行了协调。水利部也加大了对太浦闸除险加固工程的协调力度,对太浦闸除险加固建设方案提出了明确的指导意见,同时要求水利部太湖流域管理局进一步加强与各省市的沟通协调,力推太浦闸除险加固工程早日开工建设。2009 年 6 月,水利部太湖流域管理局与江苏省、浙江省、上海市领导和专家进行了沟通协调,并达成了一致意见:太浦闸除险加固工程采用改建方案,闸孔总净宽 120 m,闸基、闸墩等按闸底板高程−1.5

m 进行设计,近期按闸槛顶高程 0 m 实施,远期根据流域防洪规划要求,结合太浦闸上、下游河道疏浚,通过采取工程措施可降低闸槛底板高程。2010 年 4 月,《太浦闸除险加固工程可行性研究报告》通过水利水电规划设计总院的审查。至此,参与论证的专家均签字同意太浦闸除险加固工程建设。

(2)国家发展和改革委员会、水利部、流域相关省市支持太浦闸除险加固工程建设。受国家发展和改革委员会委托,中国国际工程咨询公司组织专家组于 2010 年 9 月 3～9 日对《太浦闸除险加固工程可行性研究报告》进行了评估。2011 年 7 月 25 日,国家发展改革委以发改农经〔2011〕1607 号文对该可行性研究报告进行了批复。2011 年 8 月 9 日、10 日,水利部水利水电规划设计总院在北京召开会议,对《太浦闸除险加固工程初步设计报告》进行了审查,参加会议的有江苏省水利厅、浙江省水利厅、上海市水务局、水利部太湖流域管理局及上海院等单位的领导、专家和代表。2011 年 12 月 13 日,水利部以水总〔2011〕639 号文对该初步设计报告进行了批复。国家发展和改革委员会、水利部、流域各省市均赞成太浦闸除险加固工程建设。

(3)工程所在地支持太浦闸除险加固工程建设。太湖浦江源国家水利风景区位于江苏省苏州市吴江区,主要依托太浦闸、太浦河泵站以及太湖环湖堤防建设,景区生态环境良好,水利风景资源丰富多样。太浦闸在南侧边孔增设套闸,有利于改善地区渔业生产条件,有利于提升太湖浦江源国家水利风景区品质,有利于改善东太湖水环境维护条件。2012 年 9 月 4 日,吴江市市委书记到水利部太湖流域管理局,就太浦闸除险加固工程中增设通航设施事宜进行了具体汇报和讨论,以进一步提升太湖浦江源国家水利风景区"太浦河～太湖"风景旅游线品质,丰富吴江水城旅游的特色。水利部太湖流域管理局在征求江苏、浙江和上海两省一市水行政主管部门意见后组织编制设计文件,报水利部审批。2012 年 11 月 9 日、10 日,水利部水利水电规划设计总院在江苏省苏州市召开会议,对《太浦闸除险加固工程设置套闸设计变更报告》进行了审查,参加会议的有水利部太湖流域管理局、江苏省水利厅、浙江省水利厅、上海市水务局、太湖流域管理局苏州管理局、苏州市水利局、吴江区人民政府、水利局及上海院等单位的领导、专家和代表。2012 年 12 月 27 日,水利部以水总〔2012〕572 号文对该变更设计报告进行了批复。工程所在地苏州市、吴江区是支持太浦闸除险加固工程建设的。

8.3.2.2　对社会安定的影响

据统计,2016 年,太湖流域常住人口 6 028 万,占全国总人口的 4.4%;国内生产总值(GDP)72 779 亿元,占全国 GDP 的 9.8%;耕地面积约 140 万 hm²,约占全国耕地总面积的 1.17%。太湖流域内分布有超大城市上海,特大城市杭州、苏州,大中城市无锡、常州、镇江、嘉兴、湖州及迅速发展的众多小城市和建制镇,已形成等级齐全、群体结构日趋合理的城镇体系,城镇化率 77.6%。上海、杭州、苏州、无锡等城市经济总量位居全国前列,县域经济同样极具竞争力,在 2016 年全国百强县前 10 名中有 6 个县地处太湖流域。太湖流域交通便利,拥有现代化江海港口群和机场,高速公路健全,公路、铁路交通干线密度全国领先,内河可通航里程约 1.3 万 km。

太浦闸是太湖防洪和供水的主要控制建筑物。遇 1954 年型洪水(约 50 年一遇),汛期 5～7 月排泄太湖洪水 22.5 亿 m³,占太湖设计外排水量的 49%。枯水期,向下游地区供水及改善下游水质。太浦闸工程建设会对防洪保护区和供水对象带来社会安定的影响。

1. 防洪安全保障社会安定

从历史上来看,洪涝灾害都是酿成社会不安定的重要因素。例如:1954 年大洪水,太湖流域受灾面积达 57.9 万 hm²,成灾面积 29.3 万 hm²,粮食损失约 5 亿 kg,倒塌房屋近 2 万间,死亡 241 人,当年直接经济损失达 10 亿元;1991 年大洪水,太湖流域受灾人口 1 182 万,倒塌房屋 10.7 万间,死亡 127 人,受淹农田 62.7 万 hm²,成灾面积 41.8 万 hm²,粮食损失 1.28 亿 kg,减产 8.12 亿 kg,冲毁圩堤 2 422 km,冲毁桥梁 1 940 座,当年直接经济损失达 113.9 亿元。太浦闸除险加固工程建成后,2016 年、2020 年洪水期间,太湖环湖大堤等重要堤防、重要设施无一处出险,太湖流域无人员因灾死亡或失踪。太浦闸除险加固工程有效保障了太湖流域的防洪安全,减少了太湖流域的洪水淹没损失,避免了洪涝灾害造成大量人口伤亡和打乱国民经济部署,从而保障和促进了太湖流域的经济发展和社会稳定。

2. 供水安全保障社会安定

2016~2020 年,太浦闸向下游地区增加供水 91.72 亿 m³,主要用于向太浦河及黄浦江上游主要饮用水水源地供水。当下游地区出现水质异常情况时,通过太浦闸应急调水 2.72 亿 m³,保障了上海市西南五区以及浙江省嘉善、平湖人民群众饮用水安全,其中:2016 年太浦河锑浓度异常期间,应急调水 7 d 向下游供水 0.88 亿 m³;2017 年应对太浦河 4 次锑浓度异常事件以及红旗塘上游突发水污染事件,向下游增加供水 1.84 亿 m³。促进河湖水体有序流动,改善下游河网环境,为 2016 年 G20 峰会、庆祝新中国成立七十周年和中国国际进口博览会成功举办提供了良好外部水环境。通过太浦闸向下游地区供水,保持了水源地水厂运行正常,保持了人民生活安定,保障了经济社会稳定发展。

8.3.2.3　就业效果分析

1. 建设期就业机会

太浦闸除险加固工程划分为四个单位工程,分别为土建施工和设备安装工程、金属结构制作及启闭机制造工程、自动化设备采购与安装工程、管理用房建筑施工工程,工期 2 年。建设期间,可提供相当数量的短期就业机会,主要包括:除险加固工程施工人员约 500 余人,以及为除险加固工程建设服务的设计、监理人员,为除险加固工程建设生产有关材料和设备的人员。

2. 工程建成后的就业机会

工程建成后将组建太浦河枢纽管理所,增加配备必要的管理人员,从而解决一部分人员的就业问题。据水利部《水利工程管理单位定岗标准(试点)》测算,太浦闸管理所增加编制人数共 10 人,因此,创造了 10 个长期就业岗位,管理人员多从当地招聘。计算可得项目每提供一个长期直接就业机会所需投资,即直接就业效果为 10.03 人/亿元,计算过程如下:

直接就业效果=正常运行期就业人数/工程总投资=10/0.997 1=10.03(人/亿元)

依据《水利建设项目社会评价指南》,水利属于资金密集型产业,用 1 亿元投资解决 10 人的长期就业问题,虽与其他劳动密集型行业相差很大,但在水利行业中效果还是不错的。根据一般经验,新增一个长期就业机会,会连带创造一些间接就业机会来为新增就业人员提供各项服务。同时,工程发挥效益后促进流域经济的发展,还可提供相当数量的间接就业机会。

因此,从社会就业角度考察,该工程创造就业效果良好。

8.3.2.4 对提高人民生活水平的影响

工程消除了太浦闸工程存在的安全隐患,提高了防洪和供水保障能力,保障了太浦河及下游地区的饮用水安全,改善了区域的水生态、水环境,同时工程所在地人民政府借助工程设施发展了水工程和水文化相融合的特色旅游产业,为居民提供旅游观光场所等,使居民有了更多安全感、获得感、幸福感,提高了居民生活水平,促进了流域经济社会发展。

工程建成后,周围恢复植被 2.4 万 m^2,改善了周边居民生活环境质量;工程及时开闸并加大供水流量,稀释、下压污染物,最大限度降低了锑等污染物对太浦河下游、黄浦江上游水源地造成的不利影响,有效保证了居民的用水安全;依托工程建立的水利风景区,在保障水利工程的运行安全和防洪、供水、水资源调配等功能充分发挥的同时,维护了水生态系统的稳定性和水环境承载能力,为人民群众提供优美的休闲、娱乐、科普、观光以及居住环境,实现生态、经济、社会效益的良性互补,打造出环境优美、生态宜居的美丽新农村,助力乡村振兴。

8.3.2.5 对周边建筑或基础设施的影响

1. 拆除重建对周边造成的影响

工程为老闸原址拆除重建,不涉及永久征地及拆迁、移民安置。施工期间,临时占地为太浦河泵站中心岛及庙港大桥北岸临时弃土场,实际临时占地 2.83 万 m^2。工程实施完成后,太浦河泵站中心岛已恢复绿化,庙港大桥北岸临时弃土场已整平处理并归还当地政府。工程完工后,恢复植被 2.4 万 m^2,闸区环境明显改善。2014 年 8 月,水利部在苏州市吴江区主持通过了水土保持设施专项验收。目前,在管理单位的精心养护下,闸区绿化植被成活率高,郁郁葱葱,鸟语花香,环境优美,成为吴江区南大门的美丽门庭。管理单位积极实施生态环境修复工作,实现水土保持、绿化率 92.7%且水生态环境良好的成效。

2. 与原有建筑、设施的协调度

太浦闸除险加固为水生态文明建设、水利风景区建设等创造了条件。重建后的太浦闸建筑设计与太浦河泵站统一协调,成为吴江太湖浦江源国家水利风景区的核心工程景观,是东太湖度假旅游区内一座地标性的水工建筑物,营造出了太湖岸边美丽的水利风景线。2021 年 12 月,吴江太湖浦江源水利风景区被评为国家水利风景区高质量发展的典型案例。

8.3.2.6 对科研和技术推广的促进

太浦闸除险加固工程促进了水利工程建设与运行管理科技的创新,提升了水利工程技术管理水平。

1. 工程建设期开展技术创新

工程建设期间,项目法人不断强化科技创新管理意识,有序处理好工程施工与科技保障、建设单位引导与参建单位发挥自身积极性等关系,逐步引导工程科技创新实践和科技创新管理工作,建设期间共取得国家发明专利 2 项、实用新型专利 2 项、外观设计专利 1 项。通过太浦闸除险加固工程建设,有效提高了参建单位的技术水平。2016 年该工程获中国水利工程优质(大禹)奖。

2. 工程运行期开展技术创新

管理单位建立了绩效考核办法,将创新创优列入了绩效考核的专项加分项。每年结合太浦闸运行实际开展创新创优项目申报。创新创优完成后,开展专题总结,分析创新创优实施情况、突破程度、效益产出、成果经验等。每年对申报的项目组织开展创新创优评估,评估结论作为绩效考核的依据。太浦闸工程运行期取得了国家发明专利2项、实用新型专利2项、软件著作权登记2项。

8.4 结论和建议

8.4.1 结论

根据以上定量和定性分析,太浦闸除险加固工程各项社会影响良好,对社会发展目标的贡献主要体现在以下方面:

8.4.1.1 社会经济效益

工程充分发挥除害兴利功能,其建成消除了太浦闸工程的安全隐患、提高了防洪和供水保障能力,防洪供水效益显著,有力地保障流域防洪、水资源调度的安全,减少社会经济损失,增加社会安全感和稳定感,有利于社会安定团结,保障了流域经济社会发展,促进了国民经济和社会发展。

工程促进了地区产业的发展,在运营期间其特有的泄洪、供水等功能,为地区产业提供了安稳的发展空间,使区域内产业总产值大幅度提升,在一定程度上促进了区域内产业的发展,同时工程促进了太湖浦江源国家水利风景区的建立和完善,较好地带动了当地经济和相关旅游产业的发展。工程保障了地区产业的稳定性发展和持续性发展,为流域经济的全面腾飞创造了有利条件。

8.4.1.2 社会环境效益

工程建设得到了国家发展和改革委员会、水利部、流域省市、专家和工程所在地人民的大力支持,社会关注和支持度较高。

工程有效保障了太湖流域的防洪安全,避免了洪涝灾害造成大量人口伤亡和打乱国民经济部署,从而保障和促进了社会稳定。工程向下游地区供水,保持了水源地水厂运行正常,保持了人民生活安定。

工程在建设和运营过程中创造了充分的就业机会,促进当地人民就业,且工程所在地人民政府借助工程发展了水工程和水文化相融合的特色旅游产业,助力乡村振兴,提高了地区人民的生活水平,符合"经济-生态-社会"协调统一的高质量发展需求。

建成的太浦闸与原有环境协调度高,重建后的工程建筑设计与太浦河泵站统一协调,成为浦江源国家水利风景区的核心工程景观,充分发挥了水利风景区在维护水工程、改善水环境、保护水资源、修复水生态、弘扬水文化、发展水经济等方面的功能作用,实现了太浦闸除险加固工程生态效益、社会效益和经济效益的有机统一。

工程建设期和运行期共取得了国家发明专利4项、实用新型专利4项、外观设计专利

1 项、软件著作权登记 2 项,2016 年该工程获中国水利工程优质(大禹)奖。工程促进了水利工程建设与运行管理科技的创新,提升了水利工程技术管理水平。

8.4.1.3 综述

太浦闸除险加固工程促进了国民经济和社会发展,保障了流域和区域的经济发展和社会安定,各项社会评价指标均令人满意,社会影响评价过程中没有发现影响社会发展的社会风险和重大问题,社会效益显著,社会影响效果好。

8.4.2 建议

建议不断加强太湖浦江源国家水利风景区可持续性投资,发展特色旅游产业,不断丰富水利风景资源,推进旅游业数字化和智能化发展,促进旅游产业再升级,提高地区人民生活水平。

第 9 章　目标和可持续性评价

9.1　目标和可持续性评价内容及依据

9.1.1　目标评价内容和依据

项目目标评价是分析初步设计时所拟定的近期和远期建设目标的确定、实现过程,评价项目目标实现程度和项目目标确定的正确程度;分析项目实施中或实施后是否达到在项目实施前评估中预定的目标,达到预定目标的程度,与预定目标产生偏离的主观和客观原因;在项目实施或运行过程中,有哪些变化,应采取哪些措施和对策,以保证达到或接近达到预定的目标和目的;必要时对项目的目标和目的进行分析和评价,确定其合理性、明确性和可操作性,提出调整或修改目标和目的的意见和建议。

9.1.2　可持续性评价内容和依据

项目可持续性评价是对项目能否持续运转和实现持续运转的方式提出评价,是指项目建成投入运行后,项目的既定目标是否还能继续,项目法人是否愿意和可能依靠自身的力量去继续实现项目的目标,项目是否有可复制性,即可以推广到其他地区和项目等。项目可持续性评价一般从外部条件和内部条件两方面进行分析评价。水利项目具有社会性。水利项目的功能服务于社会、影响于社会,而社会中许多因素又是水利项目的外部条件,影响项目的运转,所以,研究水利项目的持续性,要考察其所需的外部条件是否满足。外部条件一般包括自然环境因素、社会经济发展、政策法规及宏观调控、资源调配情况、生态环境保护要求、水土流失控制、当地管理体制及部门协作情况等。内部条件是指当项目持续运转时,在项目本身的功能和运营管理方面所需具备的条件和程度。内部条件一般包括组织机构、技术水平及人员素质、内部管理制度及运行状况、财务运营能力、服务情况等。根据以上内、外部条件的分析,提出实施简单再生产或扩大再生产等不同运转水平的措施和建议。

9.2　目标和可持续性评价方法

9.2.1　目标和可持续性评价方法

目标评价采用对比分析法。对比分析法也称比较分析法,是将客观事物加以比较,以认识事物的本质和规律,并做出正确的评价的分析方法。

可持续性评价采用 ANP-FCE 模型综合评价法,该方法结合了网络层次分析法(ANP)和模糊综合评价法(FCE)两种评价模型的优势,能更加准确地评价工程可持续发展能力,详述如下:

9.2.1.1 ANP-FCE 模型的构建

网络层次分析法(ANP)是将一个系统内的各个因素用网络结构表现出来,不同于简单的递阶层次关系,可以描述各类因素间的复杂关系,并且可以计算各个因素的权重。

模糊综合评价法(FCE)是一种模糊数学的方法,运用模糊变化原理分析和评价模糊系统,在模糊推理的过程中将定性与定量分析相结合。其核心步骤为,确定评价对象集、计算隶属度,最后得出每个评价对象的综合分值。

在太浦闸除险加固工程可持续能力评价的过程中,首先需要运用网络分析法对建立的评价指标体系进行权重计算,其次再对定性指标进行分析,对定量指标计算,然后按照模糊评价的步骤对工程可持续能力进行分析。

9.2.1.2 ANP-FCE 模型的优势

水利建设项目可持续发展能力评价是一个复杂的系统,有非线性,包含反馈回路等特点,所以需要选择多指标,从多子系统、含非线性反馈分析的角度评价,各个子系统间不是独立的,他们会相互影响,这种影响关系可能构成复杂的反馈回路。而网络层次分析法可以利用"超矩阵",结合专家知识经验、逻辑分析和梳理计算,对相互作用的因素进行综合分析并得出其最终的权重。因此,网络层次分析法适用于水利建设项目的可持续性评价中指标体系间具体权重的计算。

在确定完指标权重后就要选用合适的方法进行综合评价,可持续发展能力综合评价的本质就是定性与定量评价的结合,由于各因素的影响程度是由人主观判断决定的并且带有结论上的模糊性,因此需要一种能够处理多因素、模糊性及主观判断等问题的方法。模糊综合评价是一种以模糊推理为主,精确与非精确相统一的方法,它可以用概念清晰,但外延界不明确的模糊思想,将社会经济中出现的某种过度状态描绘出来。例如"可持续性"就是一种模糊概念,因此"模糊子集"和"隶属度"更加适合来描述水利建设项目可持续发展能力。

9.2.2 目标和可持续性评价指标体系

9.2.2.1 评价指标体系的构建原则

(1)科学针对性原则。指标体系要建立在科学基础上,指标概念必须明确,还要针对水利建设项目的特点,选择的指标能够客观、真实地反映水利建设项目可持续性系统的内涵,较好地度量水利建设项目可持续能力的基本特征。

(2)全面系统性原则。水利建设项目是一个多属性的复杂系统,涉及经济、社会、自然生态环境多个方面,水利建设项目的可持续性受到这些多方面因素的影响,评价指标应从系统的角度,全面综合地反映水利建设项目在评价时段的总体情况。同时,每个指标应尽可能边界分明,避免互相包容,减少对同一内容的重复评价,评价指标构成互有内在联系的若干组别、若干层次的指标体系,要具有很强的系统性。

(3)可操作性原则。评价指标的定义应当尽量清晰明确,数据便于采集获取,易于赋值,评价指标的统计口径尽可能与计划口径、社会经济统计口径、会计核算口径相一致;各项评价指标及其相应的计算方法、各项数据能够标准化、规范化。

(4)动态开放性原则。水利建设项目可持续性既是一个目标,又是一个发展过程,这就决定了指标体系不是一成不变的,指标在保持总体稳定性的同时要具有动态开放性原则,针对具体的运营阶段要可以补充不同的指标代表不同的发展阶段,还要考虑到外界是一个不断变化的自然系统和社会系统,所建立的指标体系要能够显示出随时间变化的趋势,指标的建立要符合动态开放性原则。

9.2.2.2 目标评价指标体系的建立

根据项目初步设计所拟定的建设目标,太浦闸除险加固工程目标评价主要包括防洪效益目标评价、排涝效益目标评价、供水和改善水环境目标评价、工程安全性目标评价、工程管理现代化目标评价、环境协调性目标评价等。太浦闸除险加固工程目标评价指标体系见表9-1。

表9-1 太浦闸除险加固工程目标评价指标体系

一级指标	二级指标	评价内容	评价依据或计算公式
项目目标评价	防洪效益目标	太浦闸对太湖环湖大堤的安全和对太湖下游地区的防洪所起作用情况	对比分析法
	排涝效益目标	通过太浦闸泄洪对地区的影响,统筹洪涝矛盾情况	
	供水和改善水环境目标	太浦闸由太湖向下游地区供水,对水环境影响情况	
	工程安全性目标	结构强度、耐久性和整体性,结构安全可靠性等	
	工程管理现代化目标	太浦闸工程管理信息化、现代化水平	
	环境协调性目标	太浦闸周边生态环境、人文环境等	

9.2.2.3 可持续性评价指标体系的建立

可持续性的基本概念最早是在20世纪80年代初提出的,世界环境与发展委员会(WCED)在提交给联合国大会(UNGA)的报告中使用了"可持续发展"一词。20世纪90年代早期,可持续性评价的三大支柱框架(经济、社会和环境)被广泛采用。目前大多数国家级可持续发展评价体系都采用了这一可持续发展评估的三大支柱框架。"可持续建设"的概念是在1994年美国佛罗里达州坦帕举行的第一届可持续建设国际会议中提出的。有学者从四个方面提出了实现可持续建设的详细原则和概念框架,包括社会、经济、生物物理(与环境相关)和技术。

确定建设项目可持续性评价指标有多种通用方法,比如文献回顾,对项目利益相关者的调查收集信息,对专家访谈收集信息,项目参与方的头脑风暴,与其他领域现有研究工具的比较,与类似项目对比进行清单分析,用图解法表示系统要素之间的关系及其因果关系等。其中两种最常见的方法为文献回顾法和专家调查法。

大量学者在上述框架和方法基础下,对具体的可持续性评价指标进行研究,不断完善可持续性评价指标体系。有学者采用案例研究的方法收集了中国境内87份不同类型项目的可行性研究报告，从中总结出了可能会影响项目可持续性发展的属性。也有学者对可持续性评价指标在不同项目阶段的重要性进行了研究，比如在项目运营阶段，节水措施、水循环利用措施和低温室气体排放对于项目的环境可持续性发展是十分重要的。在社会层面，主要的指标有绿色建筑的认证、利益相关者的安全、文物古迹的保护措施、关注特殊人群、当地居民的参与度等。在经济层面主要有自偿能力等指标。对于水利建设项目的可持续能力评价的研究，有学者将评价框架扩展为五个维度，分别为技术、经济、社会、管理、环境资源可持续，在具体的评价指标中加入了工程除害兴利能力、移民安置成功度、自然资源利用情况等与水利建设项目紧密相关并能反映其项目特点的评价指标。也有学者从影响水利建设项目持续性的外部及内部因素考虑，综合政策要素、环境效益、社会效益、工程寿命持续性、财务能力和管理水平这两大块六个方面构建水利建设项目持续性后评价指标体系。

综上所述，现有的指标体系是立足于宏观层面，更适用于某个国家或者地区，在涉及某个具体项目或者行业时，则应参考上述的指标体系，并结合本项目的需求，选取适用该项目的指标，同时可以酌情改变各个指标间的权重。

在建立本项目评价指标体系的过程中，注意针对项目的特点，选取项目可持续性、相互制约的指标集合，由工程技术、经济、社会、环境、内部管理机制等方面的量度指标构成，结合对水利建设项目可持续性的认识，参考其他文献中对可持续评价指标的构建，并征询相关专家的意见构建了评价指标体系。

1. 外部条件可持续性评价指标

分析相关政策、法律法规、社会经济发展、资源优化配置、生态环境保护要求等外部条件对项目可持续性的影响，详见表9-2。

表9-2　外部条件可持续性评价指标

指标性质	评价准则	单项指标
外部条件可持续性指标	经济可持续能力指标(A)	项目综合效益产出率(A_1)
		工程运行资金充足率(A_2)
		受益区人均GDP(A_3)
		受益区产业结构合理性(A_4)
	社会可持续发展影响指标(B)	工程创造的就业效果(B_1)
		促进居民生活安定效果(B_2)
		项目支持率(B_3)
	环境可持续发展影响指标(C)	环境质量达标率(C_1)
		水土流失治理度(C_2)
		影响区内种群变化率(C_3)
		项目区环境美化情况(C_4)

2. 内部条件可持续性评价指标

分析组织机构建设、人员素质及技术水平、内部管理制度建设及执行情况、财务能力等对项目可持续性的影响。详见表 9-3。

表 9-3 内部条件可持续性评价指标

指标性质	评价准则	单项指标
内部条件可持续性指标	管理可持续能力指标(D)	管理机构设置合理性(D_1)
		设备管理机制完备性(D_2)
		职工平均受教育程度(D_3)
		应急管理能力(D_4)
		设备养护、调度管理(D_5)
	工程技术可持续能力(E)	单位工程质量优良率(E_1)
		工程技术先进性(E_2)
		工程技术创新益费比(E_3)
		工程除害兴利能力(E_4)
		工程配套设施完备性(E_5)

注:效益费用比简称益费比,全书同。

9.2.2.4 可持续性评价指标的计算公式

本项目建立的水利建设项目可持续性后评价 21 个指标中,包括 17 个定量指标和 4 个定性指标,定量指标的公式借鉴相关资料。

(1)项目综合效益产出率(A_1)。

对于防洪、除涝等公益性强的水利建设项目,由于没有明显的财务收入,效益主要体现在其外部性上,主要是社会效益,因此计算项目产生的费用效益比(R_{BC})来衡量项目的综合产出率。

$$A_1 = R_{BC} = \frac{\sum_{t=1}^{n} B_t (1 + i_s)^{-t}}{\sum_{t=1}^{n} C_t (1 + i_s)^{-t}}$$

式中:B_t 为第 t 期的产生的效益,C_t 为第 t 期产生的费用,i_s 为社会折现率(取 8%)❶。

(2)工程运行资金充足率(A_2)。

$$A_2 = \frac{工程年资金到账数}{工程实际运行费用} \times 100\%$$

(3)受益区人均 GDP(A_3)。

$$A_3 = \frac{受益区\ GDP\ 总数}{受益区人口总数}$$

---

❶ 见《建设项目经济评价方法与参数》(第三版)附件二第 19 页。

（4）受益区产业结构合理性（A_4），定性指标。

（5）工程创造的就业效果（B_1）。

依据《水利建设项目社会评价指南》中水利建设项目社会评价定量指标体系，选取直接就业效果指标对项目各阶段前后影响区内就业效果进行分析，评价项目促进当地就业的程度，具体计算公式如下：

$$B_1 = \frac{项目提供直接就业人数}{项目投资总额（亿元）}$$

（6）促进居民生活安定效果（B_2），定性指标。

（7）项目支持率（B_3）。

$$B_3 = \frac{项目区支持项目的人口数}{项目区人口总数} \times 100\%$$

（8）环境质量达标率（C_1）。

$$C_1 = \frac{大气质量达标率 + 水环境达标率 + 土壤环境达标率 + 噪声环境达标率}{4}$$

（9）水土流失治理度（C_2）。

$$C_2 = \frac{采取水土保持措施后水土流失减少量}{工程建设中不采取水土保持措施导致水土流失量} \times 100\%$$

（10）影响区内种群变化率（C_3）。

$$C_3 = \frac{项目影响区内由于项目导致生物种群减少数}{项目区内原生物种群数} \times 100\%$$

（11）项目区环境美化情况（C_4）。

参考水利部《水利工程标准化管理评价办法》的附件《大中型水闸工程标准化管理评价标准》中，"工程面貌与环境"部分的评价标准，进行赋分。

（12）管理机构设置合理性（D_1）。

参考水利部《水利工程标准化管理评价办法》的附件《大中型水闸工程标准化管理评价标准》中，"管理体制"部分的评价标准，进行赋分。

（13）经营管理机制完备性（D_2）。

参考水利部《水利工程标准化管理评价办法》的附件《大中型水闸工程标准化管理评价标准》中，"规章制度"部分的评价标准，进行赋分。

（14）职工平均受教育程度（D_3），定性指标。

（15）应急管理能力（D_4）。

参考水利部《水利工程标准化管理评价办法》的附件《大中型水闸工程标准化管理评价标准》中，"防汛管理"部分的评价标准，进行赋分。

（16）设备养护、调度管理（D_5）。

参考水利部《水利工程标准化管理评价办法》的附件《大中型水闸工程标准化管理评价标准》中，"运行管护"部分的评价标准，进行赋分。

（17）单位工程质量优良率（E_1）。

$$E_1 = \frac{质量监督评定站检验单位工程优良品数量}{进行竣工验收鉴定的单位工程总数量}$$

（18）工程技术先进性（E_2），定性指标。

（19）工程技术创新益费比（E_3）。

选取项目建设实施阶段技术进步（技术创新）的各技术创新益费比之和来衡量工程创新益费比：

$$E_3 = \sum_{i=1}^{n} \frac{B_i}{C_i}$$

式中：B_i 为第 i 项工程技术创新所产生的效益；C_i 为第 i 项工程技术创新所消耗的费用。

（20）工程除害兴利能力（E_4）。

选取单位保护人口投资指标来衡量工程的除害兴利能力，具体计算公式如下：

$$E_4 = 单位保护人口投资 = 总投资 / 保护人口数$$

（21）工程配套设施完备性（E_5）。

$$E_5 = \frac{工程实际拥有配套设施数量}{此类工程应该拥有配套设施的数量} \times 100\%$$

9.3 目标和可持续性评价过程

9.3.1 目标评价

9.3.1.1 项目建设目标

太浦闸于 1958 年兴建，其设计工况下的下泄流量为 580 m^3/s，相应太湖水位 4.1 m；校核工况下的下泄流量为 864 m^3/s，相应太湖水位 5.3 m。按照国务院批复的《太湖流域2001—2010 年防洪建设若干意见》（下简称《若干意见》）以及 2008 年 2 月国务院批复的太湖流域防洪规划，对太浦闸的泄流能力提出了更高的要求。根据《太湖流域防洪规划简要报告》（水利部太湖流域管理局 2005 年 1 月编制），流域近期需能防御不同降雨组合的 50 年一遇流域洪水，远期能防御 100 年一遇不同降雨年型的流域洪水，太浦闸需相应提高泄洪能力，太浦闸下游河道需进一步加大泄洪能力。2008 年 5 月国务院批复的《太湖流域水环境综合治理总体方案》，根据流域治理目标，提出的河网清淤项目之一太浦河清水走廊工程，建设内容中也包括太浦闸除险加固和太浦河河道疏浚等建设内容；同时随着太浦河泵站的建成，也要求太浦河闸上引河提高过水能力。

太浦闸是太湖环湖大堤上极为重要的口门控制建筑物，具有防洪、调节太湖洪水和向上海市等下游地区供水的功能，同时还具有除涝、改善水环境等综合功能，特别是在防御流域洪水、承泄太湖洪水中占有极为重要的地位，实施太浦闸除险加固实现了提升工程防洪效益、排涝效益、供水和改善水环境效益等多个目标。

（1）防洪效益目标：太浦河承泄太湖洪水需要太浦闸的调度控制，遇 1991 年型 100 年一遇洪水，承泄太湖洪水 14.9 亿 m^3；遇 1999 年型 100 年一遇洪水，承泄太湖洪水 5.7 亿 m^3。对太湖环湖大堤的安全和对太湖下游地区（常州市、无锡市、苏州市、湖州市、嘉兴市、上海市）的防洪起着重要的作用。

（2）排涝效益目标：杭嘉湖地区地势低洼，需要经太浦河排泄地区涝水。太浦闸采用分级调度,在加大太浦河排泄太湖洪水的同时,太浦河实现两岸控制后,将减少太浦河洪水倒灌杭嘉湖,减少太湖泄洪对地区的影响,统筹洪涝矛盾。

(3)供水和改善水环境目标:太浦闸除险加固以后,提升了供水能力,可以通过太浦闸由太湖向下游地区增加供水,改善水环境。

(4)工程安全性目标:由于原太浦闸存在安全隐患,除险加固后,建筑物基本是新建结构,结构强度、耐久性和整体性好,结构安全可靠性高,可保障太浦闸工程效益的持续发挥。

(5)工程管理现代化目标:太浦闸除险加固消除了工程安全隐患,为工程管理现代化创造了条件,可以大幅提高太浦闸工程管理信息化、现代化水平。

(6)环境协调性目标:除险加固后的太浦闸建筑设计与新建的太浦河泵站建筑物统一协调,与周边环境更加协调,营造出太湖岸边的水利风景线。

9.3.1.2　项目建设目标评价

太浦闸除险加固工程各目标评价情况如下:

(1)防洪效益目标。太浦闸工程自 1991 年太湖流域大洪水首次开闸运用以来,截至 2022 年底,已累计向下游排洪和增加供水 679.28 亿 m³,尤其是在抵御 1991 年、1999 年、2016 年、2020 年流域超标准洪水中发挥了重要作用,效益显著。除险加固后,太浦闸设计工况下的下泄流量由原 580 m³/s 提高至 784 m³/s;校核工况下的下泄流量由原 864 m³/s 提高至 931 m³/s;主要建筑物由原 2 级建筑物提高至 1 级建筑物。2016 年太湖流域发生流域性特大洪水,太浦闸排洪 50.46 亿 m³;2020 年,太湖流域发生流域性大洪水,太浦闸排洪 29.34 亿 m³。除险加固后,实现了工程防洪效益目标。太浦闸 2016~2022 年防洪效益见图 9-1。

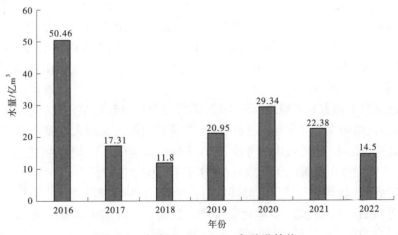

图 9-1　太浦闸 2016~2022 年防洪效益

(2)排涝效益目标。除险加固前,太浦闸对太浦河下游排涝影响不明显。除险加固后,洪水期间,通过太浦闸工程运行控制,精准调度,科学泄洪,有效缓解了太浦河下游地区泄洪压力,减少了太浦河洪水倒灌杭嘉湖,有效缓解了太浦河地区洪涝矛盾,明显改善了太浦河下游排涝格局,实现了工程排涝效益目标。

(3)供水和改善水环境目标。除险加固前,太浦闸每年向下游地区供水量较少,供水效益一般。太浦闸工程除险加固完成后,太浦闸保持长年开启,向下游增加供水。随着长三角一体化发展上升为国家战略,太浦河工程的作用和重要性日益突出。通过太浦闸向太浦河下游地区供水,保障下游地区供水和水生态安全的功能越来越重要,有效实现了工程供水和改善水环境目标。太浦闸2016~2022年供水效益见图9-2。

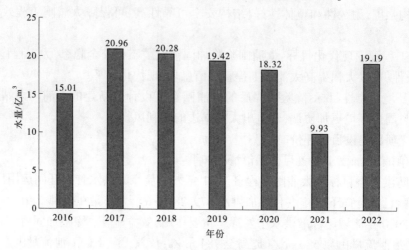

图9-2 太浦闸2016~2022年供水效益

(4)工程安全性目标。由于历史原因,太浦闸工程质量遗留问题由来已久,1959年竣工验收资料显示,由于当时不恰当地强调节省钢筋、水泥等材料使用量,致使闸墩、闸底板混凝土设计标号偏低,强度不均衡,底板内部普遍存在蜂窝和空洞现象,耐久性差,工程建成时就留下许多质量隐患。1992年2月,江苏省水利工程质量检测站对太浦闸水上主要部位进行混凝土病害检测,检测结论及意见是:太浦闸混凝土质量低劣,碳化深度普遍超过混凝土保护层,并有逐年增加的趋势,内部钢筋发生不同程度的锈蚀,急需大修处理。2000年11月,水利部太湖流域管理局组织了太浦闸工程安全鉴定工作,确定水闸安全类别为三类,必须除险加固。

太浦闸除险加固方案为原址拆除重建,建筑物全部是新建结构,结构强度、耐久性和整体性都较好,结构安全可靠性高,同时施工质量控制较好。新太浦闸建成以来,工程经历了超设计标准洪水、超强台风的考验,工程设施设备运行可靠,建筑物稳定,质量得到了全面检验,工程发挥了显著的工程效益,实现了工程安全性目标。

(5)工程管理现代化目标。除险加固前,太浦闸工程管理现代化水平较低,预报预警预演预案等"四预"功能薄弱,自动化设备严重欠缺。除险加固实施完成后,太浦闸先后进行了闸门自动化操控建设、工程运行BIM建设、数字孪生太浦闸建设等专项信息化建设项目。通过BIM项目的实施有效提升了工程管理方面的五大能力:通过BIM协同推演可预测预报一定预见期内的工程过流能力,动态化有效提升了调度决策支撑能力;BIM模型和数据看板的统计和分析功能,数字化有效提升了工程标准化管理水平;通过对BIM构件的全生命周期管理,组件化有效提升了工程精细化管理水平;通过BIM的"全景太浦闸"的直观展现,全景化有效提升了工程智慧化水平;通过"四预"措施的数字化应用,智能化有效提升了流域防洪减灾能力。通过数字孪生太浦闸建设,实现工程精准调度目标,进一步提升水资源综合利用效率;实现基于数字孪生的全景化呈现,提高工程标准化管理水平;实现安全隐患及时预警、问题快速处置,提高工程安全运行能力;宣传太浦闸在防洪、水资源方面的社会效益,提高水利知名度。通过一系列工程现代化、信息化建设工作,实现了工程管理现代化目标(见图9-3和图9-4)。

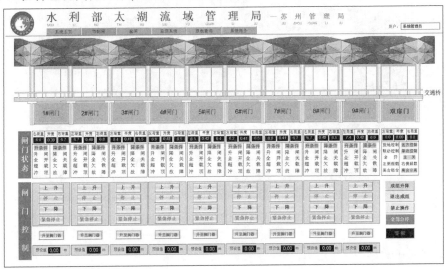

图9-3　自动控制系统界面图

图9-4　工程运行BIM平台图

(6)环境协调性目标。除险加固前,太浦闸管理范围、工程范围生态环境基本为原生态,缺乏规划,环境缺乏整体美感和人文色彩。太浦闸除险加固完成之后,太浦河枢纽管理所已成为典型的园林化管理所,管理区域内鸟语花香,绿树成荫,曲径通幽,成为当地一景。包含太浦闸工程在内的太湖浦江源水利风景区获评第十一批国家水利风景区。2015年水利部批复了《太湖浦江源国家水利风景区总体规划》。总体规划方案将风景区规划为"一带两心,水陆并行,四区协同,二十四景",立足水环境与水生态改善,开发及提升水利工程的内涵,建设成为"水生态体系完整、水生态环境优美、水生态文明理念深入人心、文化底蕴深厚、科教意义显著、旅游项目丰富、接待设施齐全"的极具文化特色的国家级水利风景区。2021年,太湖浦江源国家水利风景区获评国家水利风景区高质量发展典型案例,实现了环境协调性目标。以太浦闸工程为核心工程景观的太湖浦江源国家水利风景区见图9-5。

图9-5 太湖浦江源国家水利风景区

9.3.2 可持续性评价

9.3.2.1 可持续性评价影响因素分析

1. 外部影响因素分析

(1)工程的经济效益因素。太浦闸除险加固工程属于公益性质的基础设施工程,不会直接产出经济效益,但会间接地影响外部周围的经济体。例如:太浦闸能够调节河流的流量,在一定程度上保障了下游地区各产业及居民的用水,因此这些用水量会产生一定的经济效益,这些效益会影响到社会民众对项目的支持程度。

(2)工程的社会环境因素。太浦闸除险加固工程的社会环境影响主要体现在保障民生、防止洪涝灾害的发生,因此需要对其产生的就业效果、促进居民生活安定和支持率进行评价,才能体现工程对社会环境的促进效果,保证工程在稳定的社会环境下运行。

(3)工程的自然环境因素。工程项目在建设及运行阶段都会对自然环境产生一定的影响,在建设阶段需要控制对项目区的水环境、声环境及土壤环境造成的不利影响,在建设结束后需要采取一定的生态恢复措施,在运行期也要保证自然环境不受破坏。

2. 内部因素分析

(1)工程的管理水平因素。需要对工程管理单位的内部管理组织架构及管理规章制度,工程的养护管理水平,管理人员的专业水平等进行分析,这些都会直接影响到工程产生的效益和工程的运行寿命。

(2)工程的技术因素。具体体现在建设过程中的先进技术的应用,及机械设备选型的技术创新,例如:套闸、新型卷扬机等创新,这些会关系到太浦闸除险加固工程的工程质量、运行效率及后期的可维护性。

9.3.2.2　可持续性评级指标权重计算

1. 在 ANP 模型中构建指标间的关系

在评价模型中首先需要建立各个指标间的相互影响关系,采用专家调查的方法,邀请水利行业相关专业人士及项目工程管理负责人,对可持续能力指标间的关系进行讨论,最终确定指标间的关系如图 9-6 和图 9-7 所示。

图 9-6　项目与社会内外部指标间的关系

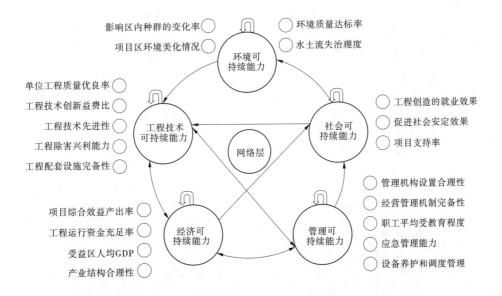

图 9-7　可持续发展评价指标间的关系

图中箭头的出发点为被影响因素,箭头指向的为影响因素,例如:社会可持续能力→环境可持续能力,就表明环境可持续能力中的指标会影响社会可持续能力中的几个指标。环形箭头表示准则层内的几个指标会相互影响,例如:工程技术先进性会影响工程除害兴利能力,工程配套设施完备性也会影响工程除害兴利能力。

2. 专家打分法

邀请 10 名专家包括太浦闸除险加固相关的专业管理人员,管理单位相关专家及高校研究人员,基于专家访谈法,基于层次分析法 AHP 采用 1-5 标度法,对各评价指标间的优势度进行打分。

3. 进行一致性检验并计算指标权重

对每一个判断矩阵进行一致性检验，并得出最后的计算结果，如表 9-4 和表9-5 所示。

表 9-4　控制层权重

控制层	权重
工程技术可持续	0.267
环境可持续	0.230
社会可持续	0.179
管理可持续	0.163
经济可持续	0.160

表 9-5　各指标的权重计算结果

指标	权重
单位工程质量优良率	0.046 941
工程技术创新益费比	0.009 899
工程技术先进性	0.087 953
工程除害兴利能力	0.084 322
工程配套设施完备性	0.038 252
环境质量达标率	0.075 791
水土流失治理度	0.029 137
影响区内种群的变化率	0.032 085
工程区环境美化情况	0.093 389
工程创造的就业效果	0.069 219
促进社会安定效果	0.012 151
项目支持率	0.097 204
管理机构设置合理性	0.029 804
经营管理机制完备性	0.037 225
职工平均受教育程度	0.063 353
应急管理能力	0.012 442
设备养护和调度管理	0.020 417

续表9-5

指标	权重
项目综合效益产出率	0.030 286
工程运行资金充足率	0.032 816
受益区人均GDP	0.058 465
产业结构合理性	0.038 848

9.3.2.3 可持续性指标评价标准确定

1.定性指标的评价标准

对相关文献进行检索,借鉴相关做法,对可持续性指标体系中的4项定性指标建立了五个评价等级,包括"不可持续""弱可持续""基本可持续""较强可持续""强可持续"。定性指标的评价标准详见表9-6。

表9-6 定性指标评价标准

指标名称	不可持续	弱可持续	基本可持续	较强可持续	强可持续
受益区产业结构合理性(A_4)	产业结构配置非常不合理	产业结构配置不合理	产业结构基本合理	产业结构配置比较合理	产业结构配置很合理
促进居民生活安定(B_2)	加剧居民生活不稳定	社会不安定因素增多	社会不安定因素无明显增加	较好的促进了社会安定	很好的促进了社会安定
职工平均受教育程度(D_3)	初中以下	高中以下	大专	本科	高于本科
工程技术先进性(E_2)	工程采用的技术不先进,可改造可维护性差	工程技术先进性一般,具有可维护性	工程技术先进性一般,具有一定可改造性、可维护性	采用先进技术,具有可改造性、可维护性强	采用先进技术和材料,具有环保功能,可改造、可维护性强

2.定量指标的评价标准

参考了相关的文献及对定量指标的计算成果,结合太浦闸除险加固工程的各类统计数据,对可持续性指标体系中的17项定量指标的评价标准进行了筛选,如表9-7所示。

表 9-7　定量指标评价等级

评价指标	评价等级				
	不可持续	弱可持续	基本可持续	较强可持续	强可持续
项目综合效益产出率 (A_1)	<1	1~3	3~5	5~7	7~9
工程运行资金充足率 (A_2)	<0.8	0.8~0.85	0.85~0.9	0.9~0.95	0.95~1
受益区人均 GDP/ (万元/人)(A_3)	<5.5	5.5~9	9~12.5	12.5~16	16~19.5
工程创造的就业效果/ (人/亿元)(B_1)	<3	3~5	5~7	7~10	10~20
项目支持率(B_3)	<60%	60%~70%	70%~80%	80%~90%	90%~100%
环境质量达标率 (C_1)	<60%	60%~70%	70%~80%	80%~90%	90%~100%
水土流失治理度 (C_2)	<88%	88%~90%	90%~92%	92%~95%	95%~100%
影响区内种群变化率 (C_3)	>7%	5%~7%	3%~5%	1%~3%	0~1%
项目区环境美化情况 (C_4)	<5	5~10	10~15	15~20	20~25
管理机构设置合理性 (D_1)	<7	7~14	14~21	21~28	28~35
经营管理机制完备性 (D_2)	<6	6~12	12~18	18~24	24~26
应急管理能力 (D_4)	<8	8~16	16~24	24~32	32~40
设备养护、调度管理 (D_5)	<48	48~96	96~144	144~192	192~240
单位工程质量优良率 (E_1)	<60%	60%~70%	70%~80%	80%~90%	90%~100%
工程技术创新 益费比(E_3)	<1	1~1.5	1.5~2	2~4	4~6
工程除害兴利能力/ (元/人)(E_4)	<20	20~40	40~60	60~80	80~100
工程配套设施完备性 (E_5)	<20%	20%~40%	40%~60%	60%~80%	80%~100%

对比类似工程,搜集相关社会经济指标,对定量指标的评价等级进行划分。其中受益区人均 GDP 指标是根据 2021 年全国城市人均 GDP 排名来划分的,社会及工程技术可持续指标的划分标准是对类似工程案例进行总结得到的❶。

9.3.2.4　可持续能力综合评价

采用专家打分法获得定性指标评语集,邀请包括高校研究人员在内的,10 位水利建设领域内的专家,对定性指标进行打分,采用百分制统计法统计专家意见,最终得到定性指标的评语集。例如:10 位专家对定性指标中的"受益区产业结构合理性"进行打分,10 位专家的评价均为"强可持续",则此项指标的隶属度为[0,0,0,0,1]。

计算出各类定量指标的数值如表 9-8 所示。

表 9-8　定量指标计算结果

指标	指标值
项目综合效益产出率(A_1)	11.97
工程运行资金充足率(A_2)	100%
受益区人均 GDP/(万元/人)(A_3)	15.14
工程创造的就业效果/(人/亿元)(B_1)	10.03
项目支持率(B_2)	100%
环境质量达标率(C_1)	72.10%
水土流失治理度(C_2)	99.35
影响区内种群变化率(C_3)	6.81%
项目区环境美化情况(C_4)	23
管理机构设置合理性(D_1)	35
经营管理机制完备性(D_2)	30
应急管理能力(D_4)	35
设备养护、调度管理(D_5)	222
单位工程质量优良率(E_1)	75%
工程技术创新益费比(E_3)	23.41
工程除害兴利能力/(元/人)(E_4)	57.78
工程配套设施完备性(E_5)	100%

由隶属度函数计算定量指标评语集,以"单位工程质量优良率"为例,说明定量指标隶属度的计算过程

$$x_1 = 75\% V = \{0.6,0.7,0.8,0.9,1\}$$
$$x_1 > V_2, r_1 = 0$$

---

❶ 《水利建设项目社会评价指南》第 8~13 章。

$$V_2 < x_1 < V_3, r_2 = \frac{0.8 - 0.75}{0.8 - 0.7} = 0.5$$

$$V_2 < x_1 < V_3, r_3 = 1 - r_2 = 0.5$$

$$x_1 < V_3, r_4 = 0, r_5 = 0$$

得到"单位工程质量优良率"的评语集为 $[0,0.5,0.5,0,0]$，表明太浦闸除险加固工程的"单位工程质量优良率"有 50% 的可能性处于"弱可持续"，有 50% 的可能性处于"基本可持续"。按照上述步骤计算其他指标的隶属度，最终将隶属度汇总得到模糊隶属度评价矩阵。

汇总定性与定量指标的的评语集，得到模糊隶属度评价矩阵如表 9-9 所示。

表 9-9　定性与定量指标模糊隶属度评价矩阵

指标	不可持续	弱可持续	基本可持续	较强可持续	强可持续
A_1	0	0	0	0	1
A_2	0	0	0	0	1
A_3	0	0	0.25	0.75	0
A_4	0	0	0	0	1
B_1	0	0	0	0.97	0.03
B_2	0	0	0	0	1
B_3	0	0	0	0	1
C_1	0	0	0.79	0.21	0
C_2	0	0	0	0.13	0.87
C_3	0	0.91	0.09	0	0
C_4	0	0	0	0.4	0.6
D_1	0	0	0	0	1
D_2	0	0	0	0	1
D_3	0	0	0	0	1
D_4	0	0	0	0.625	0.375
D_5	0	0	0	0.375	0.625
E_1	0	0	0.5	0.5	0
E_2	0	0	0	0	1
E_3	0	0	0	0	1
E_4	0	0.11	0.89	0	0
E_5	0	0	0	0	1

从表 9-9 中可以看出，社会可持续能力和管理可持续能力指标的模糊隶属度评价均在"较强可持续"等级及以上，说明太浦闸除险加固工程具有积极的社会影响和较高的管

理水平;"影响区内种群变化率""工程除害兴利能力"这两项指标存在一定的弱可持续的可能,前者主要受工程建设过程对生物种群的影响,后者主要的原因是工程的规模较小致使投资额低,但下游为人口密集城市,最终使得工程除害兴利能力较低。此外,"环境质量达标率"为基本可持续且概率较高,这得益于施工期严格遵守环境保护要求并积极采取环境修复措施,保障了工程周围环境的可持续。

模糊综合评价计算,由公式 $B = A \cdot R$,将权重矩阵与隶属度矩阵相乘得到评价结果,如表9-10所示。从表9-10中可以看出,有3.8%的可能属于"弱可持续";有17.6%的可能属于"基本可持续";有20.7%的可能属于"较强可持续";有57.9%的可能属于"强可持续"。总体来看,项目评价结果隶属于"较强可持续""强可持续"的可能性占78.6%,且还存在着一定的"弱可持续性"因素,主要是受影响区生物种群变化率的影响,建议太浦闸在运行管理过程中注重生物种群的保护。

表9-10　项目可持续性综合评价结果

不可持续	弱可持续	基本可持续	较强可持续	强可持续
0	0.038	0.176	0.207	0.579

9.4　结论和建议

9.4.1　结论

从以上的评价可以看出,太浦闸除险加固工程实现了防洪效益目标、排涝效益目标、供水和改善水环境目标、工程安全性目标、工程管理现代化目标、环境协调性目标;太浦闸除险加固工程总体具有较强的可持续能力,但个别因素会影响其可持续能力。

在经济可持续层面,本项目利用较稳定的年运行费用,产出了可观的防洪、供水和生态等效益,因此可以认为此项目的综合效益产出率较高,其发挥的功能高于一般的水闸工程。其次,工程运行资金充足率和受益区人均GDP较高,为项目的稳定运行提供了经济保障。因此,本项目在经济层面的可持续能力较强,不仅其本身能够持续的产出大量的经济效益,良好的经济环境能够提高管理单位的运维能力,延长工程的运行寿命。

在社会可持续层面,本项目产生了非常好的社会影响,各项指标的隶属度均在"较强可持续"以上,项目带来了许多就业岗位,并且减少了洪涝灾害的发生,保障了周边及下游地区居民的用水,因此居民拥有了稳定的生活条件,他们会更加配合管理人员的工作,从而提高国家对太湖流域综合治理的水平。

在环境可持续方面,环境质量达标率及影响区内种群变化率评价等级较低,这说明,工程的建设过程还是会对自然环境及生态环境造成一定的影响,不过项目法人和相关单位在工程完工后也做了许多工作,包括恢复植被、鱼类增殖放流等,在工程运行期,周边的环境质量也已经恢复到了较高水平。

在管理可持续方面,各项指标的评价等级均在"较强可持续"以上,这是由于管理单位优秀的管理水平,有合理的管理组织架构及健全的规章制度。应急管理能力主要体现在防汛管理和安全管理上,太浦闸是太湖的重要泄水口,在汛期需要进行紧急调度,且每次都是反应迅速,执行调度指令及时准确,有效保证了工程的安全运行和防止了洪涝灾害的发生。

在工程技术可持续方面,项目的技术创新性较高,且质量过硬,这能保障其功能的长期发挥,减少工程的运行维护费用。其中"单位保护人口投资"评价等级较低的原因为:本工程的体量较小,相对的投资额度也没有那么高,但不影响产生巨大的社会效益。

9.4.2　建议

太浦闸经过除险加固后具有稳定的运行环境,在其生命周期里必然会带来巨大的社会效益,现提出以下四点建议:

(1)不断提高智慧化管理水平。作为太湖流域综合治理的骨干工程,必须发挥其在工程现代化管理方面的引领和示范作用,建议继续加强数字孪生工程、BIM 等智慧管理能力的建设,加强与太湖流域内各类水利枢纽的联合调度水平。

(2)关注生态、自然环境的可持续性。当今我国对生态文明建设更加重视,因此在工程运行管理过程中也要不断地关注生态、适应自然环境的变化。将"山水林田湖草沙是生命共同体"的理念结合到日常的工程管理过程中,与生态环保等相关部门加强合作,共同维护水生态多样性。

(3)关注工程区域内居民的需求。水利工程作为社会公益性项目,其核心作用就是保障民生,为人民提供生活福祉。保持工程管理范围内生态环境的良好,定期关注居民的生活用水需要、农业灌溉需要和文化休闲需求,以提高太浦闸工程的综合服务能力,进而增强居民的幸福感。

(4)充分考虑项目目标的全面性、科学性。在今后进行其他项目设计时,应充分细致考虑项目目标的全面性、科学性。以太浦闸除险加固工程为例,本项目目标考虑时未将交通桥封闭管理、闸门底槛等问题研究充分,相关目标未在初步设计中提及,导致后续该工程针对相关问题进行研究改善时可能会困难重重。同时,在工程管理现代化目标方面如果提前考虑 BIM 及数字孪生平台等信息化模块设计,提前在工程内部埋设更多安全监测设备,也会减小后续信息化项目建设难度,有利于进一步提升工程管理现代化水平。

第 10 章 后评价结论和建议

10.1 后评价结论和建议的主要内容

根据《水利建设项目后评价报告编制规程》(SL 489—2010),在编制后评价报告的后评价结论和建议部分时,应从建设全过程(前期工作、建设实施、运行管理)、财务经济、环境影响、水土保持、移民安置、社会影响、目标和可持续性等方面进行综合评价,提出项目后评价结论,同时应总结项目的主要成功经验,分析项目存在的主要问题,并提出建议和需要采取的措施。

10.1.1 后评价结论

从建设全过程(前期工作、建设实施、运行管理)、财务经济、环境影响、水土保持、社会影响、目标和可持续性等方面进行综合评价,太浦闸除险加固工程项目后评价为"优秀"。

10.1.1.1 过程后评价结论

根据收集到的资料,综合对太浦闸除险加固工程项目前期工作、建设实施(包括施工准备、建设实施、生产准备、验收工作)、运行管理三个阶段的指标分析,对各阶段工作内容的完整性及工作效果进行评价,进而得到项目过程后评价的综合评价结果,见表10-1。

1. 项目前期工作后评价结论

项目前期工作后评价包括项目建设的必要性与合理性评价、立项决策评价、勘测设计评价和项目法人前期工作评价等四部分。

从项目建设的必要性与合理性论证看,太浦闸除险加固工程是在2000年完成安全鉴定并在实地勘察、复核计算和综合分析评价的基础上确定的,是经过多方面咨询和审查通过的。太浦闸除险加固工程不仅可以保证太浦闸的可持续运行,还可以进一步提高流域和区域防洪标准,改善区域内投资环境,加快流域的开发建设和经济发展。因此,太浦闸除险加固工程是非常必要而且合理的。

从立项决策看,除险加固工程采用原址拆除重建方案的决策依据科学、严谨、合理,决策程序完整。尽管前期工作过程中,因为除险加固或拆除重建方案的建设规模协调难度大,以及可行性研究、初步设计等工作程序有曲折反复等原因,前期工作漫长,但是太浦闸除险加固工程的项目立项程序是规范的,符合当时国家规定的大中型基建项目审批程序。太浦闸除险加固工程的项目立项程序齐全,完成了项目任务书(项目建议)、可行性研究报告、初步设计等前期工作的全部内容,同时按照水土保持和环境保护的有关规定,完成了水土保持方案设计与审批、环境保护设计与审批。

表 10-1　项目过程后评价综合评价结果表

评价指标		评价			说明
一级指标	二级指标				
项目前期工作评价	项目建设的必要性与合理性研究评价	√优秀	□良好	□合格	
	项目立项决策评价	□优秀	√良好	□合格	决策周期漫长,可研、初设等工作程序有曲折反复
	勘测设计评价	√优秀	□良好	□合格	
	项目法人前期工作评价	√优秀	□良好	□合格	
施工准备工作评价	项目组织机构情况评价	√优秀	□良好	□合格	
	招标采购情况评价	√优秀	□良好	□合格	
	合同准备情况平评价	√优秀	□良好	□合格	
	资金筹措情况评价	√优秀	□良好	□合格	
	施工现场准备情况评价	√优秀	□良好	□合格	
	项目开工申请情况评价	√优秀	□良好	□合格	
建设实施工作评价	组织管理执行情况评价	√优秀	□良好	□合格	
	合同执行情况评价	√优秀	□良好	□合格	
	工程监理情况评价	√优秀	□良好	□合格	
	设计执行情况评价	√优秀	□良好	□合格	
	进度控制情况评价	□优秀	√良好	□合格	总工期有延误
	质量控制情况评价	√优秀	□良好	□合格	
	投资控制情况评价	√优秀	□良好	□合格	
	技术创新情况评价	√优秀	□良好	□合格	
生产准备工作评价	运行条件评价	√优秀	□良好	□合格	
	初期运行及维护情况评价	√优秀	□良好	□合格	
验收工作评价	竣工验收情况评价	√优秀	□良好	□合格	
	资金使用情况评价	□优秀	√良好	□合格	与批复概算相比,"建筑工程"和"金属结构设备安装工程"部分略有超支
运行管理工作评价	组织管理评价	√优秀	□良好	□合格	
	工程管理评价	√优秀	□良好	□合格	
	运行效果评价	√优秀	□良好	□合格	

从勘测设计评价看,设计单位资质符合要求;在设计过程中,设计单位多次进行方案比选,并与各方负责人讨论设计方案,在听取需求与建议后修订方案,最终得出安全性、经济性和工程效益合理的设计方案;前期勘察设计工作的内容及深度,符合国家规划及工程实施的要求。工程总体设计与施工方案是在多次勘察设计后确定的,设计与方案内容符合实际情况,为工程施工的实施与推进打下了良好的基础。

从项目法人前期工作看,项目法人组织开展建设管理调研树立了良好的建设管理理念,促进了建设目标的合理制订;与设计单位密切联系沟通与协调,及时提出建议,传递项目法人的建设管理意图和运行管理方面的需求,太浦闸建筑工程的管理用房、外观设计调整和套闸重大变更设计等按照程序顺利完成;加强与地方政府沟通协调,有效落实工程建设条件。项目法人同时也是将来的运行管理单位,高度重视前期工作,保证了人力资源投入,统筹工程建设和运行管理两个阶段的实际需要,深度参与前期工作,保障了项目前期工作的顺利完成,为项目建设实施阶段的工作奠定了基础。

综上所述,太浦闸除险加固工程前期准备工作充分、符合相关要求及工程需求;前期决策过程规范,但是决策周期漫长,使得作为三类闸的太浦闸工程带病坚持运行十余年;规划设计科学合理,并达到了要求的深度;项目法人前期准备工作组织有力,建设管理规范,为工程按期开工奠定了基础。项目前期工作综合评价为"优秀",其中项目立项决策评价为"良好"。

2. 项目建设实施后评价结论

建设实施后评价内容包括施工准备评价、建设实施评价、生产准备评价、验收工作评价等四部分。

从施工准备阶段看,太浦闸除险加固工程在可研批复后及时确立了项目法人,建立了相应的组织机构,明确了相关职责,建立了规章制度,为项目推进构建了完备的人员机构力量,从而保证项目能够有效推进;严格执行招标投标制,招标方案和招标文件及时上报主管部门,招标、开标、评标活动都在上级招投标主管部门监督下进行,评标报告及中标结果上报上级主管部门备案;严格遵循国家、水利部有关规定和基本建设程序要求,从制度、组织、程序等方面加强工程建设合同管理,合同管理履行审批手续,合同管理较为规范;项目法人成立了财务组,根据基本建设会计制度进行财务核算,按照水利基本建设有关程序和管理要求进行财务及资金管理,严格执行批复的概算,加强对项目资金使用情况的审核管理,按照合同约定条款进行价款结算,同时确保年度预算按期完成;施工现场总体布置因地制宜、有利生产、方便管理、安全可靠、经济合理,工程项目施工准备充足;完成施工开工准备工作后,项目法人及时向主管部门提交开工申请,完成了报批手续。

从建设实施阶段看,太浦闸除险加固工程组建了安全生产、党风廉政、文明工地和质量管理等现场领导机构及工作机构,同时制定印发了安全、质量、文明、档案、宣传等制度;认真落实建设监理制和合同管理制,合同采用规范文本,明确双方责任和义务,合同管理规范,没有发生合同纠纷;项目中不存在因设计原因造成的重大设计变更,且设计与变更都充分体现与环境协调的绿色节能理念;水下工程按期完成,按期投入2013年防汛和供水运用,但由于发生增设套闸等重大设计变更,以及受到2013年高温气象灾害影响,工程总工期超出计划;在建设过程中采用大量技术和管理创新,工程总体布局的优化和招标的节余等都为工程节约了费用开支,最终投资控制在预算之内,与批复概算相比,主要存在"新建工程"部分(包括"建筑工程"和"金属结构设备安装工程")略有超支;主体工程施工合同中明确了质量目标要求和质量目标措施费,委托甲级设计院开展施工图设计审查,按照 PDCA 循环控制原理,强化施工过程控制,形成质量检查与控制运行机制,确保质量管理体系有效运行,组织开展竣工验收技术鉴定,工程质量优良;开展项目建设社会稳定风险评估,建立健全安全生产管理网络,制定了《太浦闸除险加固工程安全生产管理办法》等安全生产管理制度,严格安全资格审查和责任落实,推行安全生产标准化,实现了安全生产零事故;现场成立了文明工地创建工作领导小组和工作组,形成创建组织管理网络,制定了创建工作计划,建立并完善了创建制度,文明工地创建工作扎实。

从生产准备阶段看,本项目实行建管一体模式,项目法人及运行管理单位均为太湖流域管理局苏州管理局,下设的太浦河枢纽管理所具体负责太浦闸工程的运行管理,部门职责明确;按照工程运行管理相关规范规程,制定了相关管理制度;在工程初期运行期间,认真开展工程运行维护工作,加强值班值守和工程检查,委托开展水闸的沉降、水平位移等安全监测,有效保证了工程运行安全和施工安全,试运行期间工程经历了设计标准洪水和强台风的考验,工程保持安全运行,工程防洪效益十分突出,而在试运行期间发现的问题,也及时得到了解决。

从验收工作看,自工程开建就高度重视工程验收工作,开工后及时报备项目法人验收计划,对质量及验收管理工作进行了任务分解、责任落实,对专项验收、通水验收、竣工验收等准备工作进行了部署;单元工程、分部工程、单位工程检查验收和合同工程完工验收等按照有关规定有序开展,与工程施工同步进行;精心组织,规范完成环境保护专项验收、水土保持专项验收和工程档案专项验收,组织开展竣工验收技术鉴定;重视并及时完成历次检查验收中发现问题的整改;竣工验收按照技术预验收和竣工验收两个阶段进行,验收工作程序规范。工程有效地控制了资金的使用,投资控制在预算之内,竣工决算报告通过审计。在建设期间,各类审计与检查均未发现重大问题,各参建单位均未发现不良行为记录及违法违纪问题。

综上所述,太浦闸除险加固项目建设过程中有效落实了项目法人责任制、建设监理制、招标投标制和合同管理制,积极应用科学管理、标准化管理理念和动态控制技术、信息化技术等,结合工程现场实际,加强施工风险分析防控,大力开展科技创新、管理创新,提高了项目建设效率,保障了建设任务的顺利完成。项目建设实施工作综合评价为"优秀",其中工期控制情况评价、资金使用情况评价为"良好"。

3. 项目运行管理后评价结论

运行管理后评价内容包括组织管理评价、工程管理评价和运行效果评价等三部分。

从组织管理看,管理单位管理体制顺畅,权责明晰,责任落实;管养机制健全,岗位设置合理,人员满足工程管理需要,制订职工培训计划并按计划落实;重视党建工作,注重精神文明和水文化建设,内部秩序良好;领导班子团结,职工爱岗敬业,文体活动丰富;建立健全并不断完善管理制度,按规定明示关键制度和规程;按照有关标准及文件要求,编制标准化管理工作手册,细化到管理事项、管理程序和管理岗位;运行管理经费和工程维修养护经费及时足额保障,满足工程运行管护需要,经费来源渠道畅通稳定,财务管理规范;

人员工资按时足额兑现,福利待遇不低于当地平均水平,按规定落实职工养老、医疗等社会保险。

从工程管理看,闸室结构及两岸连接建筑物工程设施整体完好,外观整洁,工程管理范围整洁有序,绿化程度高,水土保持良好;闸门、机电设备完好,启闭机运行顺畅,按规定开展安全检测及设备等级评定;雨水情测报、安全监测、视频监视、警报设施、防汛道路、通信条件、电力供应、管理用房满足运行管理和防汛抢险要求;工程管理区域内设置了必要的工程简介牌、责任人公示牌、安全警示等标牌,内容准确清晰,设置合理。完成注册登记,划定工程管理范围和保护范围,管理范围内土地使用权属明确;依法开展巡查,工程管理范围内无违规建设行为,无危害工程安全活动;按期开展安全鉴定,防汛组织体系健全,防汛责任制和防汛抢险应急预案落实并定期组织演练;安全生产责任制落实,定期开展安全隐患排查治理,开展安全生产宣传和培训,近年来无较大及以上生产安全事故。按照《水闸技术管理规程》(SL 75—2014)开展日常检查、定期检查和专项检查,按照《水闸安全监测技术规范》(SL 768—2018)要求开展安全监测;按照规定开展维修养护,维修养护到位,工作记录完整;按控制运用方案和上级主管部门的调度指令组织实施,严格按规程和调度指令操作运行,操作运行记录规范。建立工程管理信息化平台,实现了工程在线监管和自动化控制;工程信息及时动态更新,关键信息接入信息化平台,能够及时预报预警;网络平台安全管理制度体系健全,网络安全防护措施完善。

从运行效果看,自太浦闸水下工程完成恢复通水至2022年底,太浦闸累计排水219.2亿 m^3,期间成功抵御流域2016年流域性特大洪水和2020年流域性大洪水以及"利奇马""烟花"等多次台风暴雨袭击,防洪防台效益显著;太浦闸保持长年运行,向下游地区供水,自太浦闸恢复通水至2022年底,太浦闸累计向下游供水149亿 m^3,多次应急调度运行缓解下游锑浓度异常等突发水环境事件,保障了太浦河下游水源地供水安全;改善了地区渔业生产条件,便利了水政、渔政等执法船只通行;景区以水利工程为依托,不断筑牢绿色支撑,打牢坚实安全基础,为保障流域防洪安全、供水安全和水生态安全发挥了重要作用,景区成为生态文明、美丽河湖建设、推进乡村振兴的重要载体。

综上所述,太浦闸除险加固工程运行管理阶段,配备完善的管理组织,建立健全规章制度,项目及其范围内的环境管理状态良好,有力地保障了项目运行的可持续;自工程建设完成投入运行以来,显著地发挥了防洪、供水和生态等综合效益,实现了工程防洪、供水等功能目标。项目运行管理工作综合评价为"优秀"。

10.1.1.2 经济后评价结论

项目经济后评价包括国民经济评价和财务评价两部分。

从国民经济来看,太浦闸除险加固工程完成后为社会带来可观的防洪效益、供水效益和生态效益。其中2016年重大洪灾下的防洪效益为12.24亿元(按照洪水期排水量占比计算),在此基础上按照频率法求得多年平均防洪效益为612万元;供水效益由太浦闸增供水量为受水区的第一产业、第二产业、第三产业带来的经济效益计算得出,太浦闸除险加固工程为苏州、嘉兴和上海带来的供水效益由2016年的2 726万元上升至2020年的3 664万元;太浦闸下泄的优质水资源能减少沿线水厂的水处理成本,依据水厂水源处理成本并按照项目贡献率进行调整后,计算出太浦闸2016~2020年间共产生90万元以上的生态效益。

从财务管理来看,根据《水利建设项目经济评价规范》(SL 72—2013)及《建设项目经济评价方法与参数》中的有关要求与规定,对太浦闸除险加固工程进行财务评价与效益计算。本工程实际累计完成投资 9 971 万元,建设期间资金到位情况良好,建设资金到位及时足额。太浦闸除险加固工程自建成以来到 2021 年期间,工程所需的运行经费到位率达 100%,确保了工程的良好运行。

综上所述,在对项目建设投资和运行投资进行评价后,得出经费到位率均为 100%的结论,说明项目在运行期能有持续稳定的资金流入以保障项目长期运行的可持续。项目资金能持续稳定保障项目运行,且项目产生的防洪效益、供水效益与生态效益为沿线社会经济发展带来良好的机会。本项目国民经济和财务经济综合评价为"优秀"。

10.1.1.3　环境影响后评价结论

本项目环境影响后评价内容包括工程环保设计执行情况评价、污染物类要素控制及有效性评价、生态环境影响评价等三个方面。

在环保设计执行方面,工程建设执行了环境影响评价制度和环境保护"三同时"管理制度,开展了施工期环境监理和监测,配套了相应的环境保护设施,在施工期间较好地执行了环境影响评价文件及环保设计中提出的环保措施,江苏省环境保护厅预审意见和生态环境部环评批复意见基本得到了落实,应急预案编制、竣工验收调查、试运行及专项验收工作程序规范。

在污染物类要素控制及有效性方面,施工期间选取低噪声设备和工艺,尽量缩短高强度噪声设备的施工时间;合理安排施工现场,尽量将噪声较大的拌和站、钢筋场、木工场远离居民区;减少施工机械、运输车辆对居民区的干扰,避免夜间施工;经噪声监测点监测,总体噪声污染程度小,未对周围居民日常生活造成困扰。生活污水经化粪池预处理后外运处理;生产废水处理后,回用于施工场地、道路洒水降尘和施工车辆冲洗;对施工机械严格检查,防止油料泄露污染水体的现象发生;水体监测结果显示,施工期间上游、下游基坑排水水质,混凝土搅拌站排放口水质和生活污水排放口水质均达到排放标准。控制施工扬尘污染,做好道路硬化,道路及时进行清扫,尽量减少道路扬尘;控制机械设备废气排放,主动做好机械维修养护,减少废气排放;大气监测结果显示,工程的施工建设未对周围空气环境产生明显影响。

在改善影响区生态环境方面,项目的生态修复措施达到了预定的效果。工程在施工期和运行期加强了施工管理和环境保护宣传工作;工程完工后,依据环评要求在工程区域及时进行生态修复,对主体工程区、施工临时设施区等临时占地进行了绿化恢复,对上下游护坡连接段进行了堤坡防护和草坪护坡,通过增殖放流渔业资源等措施恢复和改善工程影响区域的水生态环境,完善了生态修复措施。工程的建设未对区域生态环境造成明显不利影响,也没有引起植被的覆盖率和多样性的显著降低,对生态环境的影响较小。

综上所述,本工程在建设过程中严格执行环境影响评价制度和环境保护"三同时"管理制度,开展了施工期环境监理和监测,基本落实了环境影响评价文件及批复文件中的要求,配套了相应的环境保护设施,落实了相应的环境保护措施,环境监测结果证明项目施工过程中未对环境造成损害,对生态环境的影响较小。本项目环境影响综合评价为"优秀"。

10.1.1.4 水土保持后评价结论

本项目水土保持后评价内容包括水土保持设计执行情况评价、水土保持措施及落实情况评价、水土保持影响评价等三个方面。

从水土保持设计执行情况看，项目法人依法编报了水土保持方案，组织开展了水土保持专项设计，优化了施工工艺；落实了水土保持设计明确的各项水土保持措施，委托开展了水土保持监理、监测工作，委托开展了水土保持设施验收技术评估，最终顺利通过了水利部水土保持专项验收，总体工作流程符合工程建设水土保持的要求。

从水土保持措施及落实情况看，工程严格实施了水土保持方案确定的各项防治措施，建成的水土保持设施质量合格。工程所在区域平均扰动土地整治率为99.72%，达到批复方案中扰动土地整治率需大于98%的防治目标；平均水土流失总治理度为99.35%，达到批复方案水土流失总治理度需大于97%的防治目标；土壤流失控制比为1.7，达到批复方案土壤流失控制比需大于1.2的防治目标；拦渣率为99.9%，满足批复的水土保持方案拦渣率的防治目标95%的要求。水土流失防治指标均达到了水土保持方案确定的目标值，水土保持工程效果显著。

从水土保持影响评价看，本项目能够依据国家的水土保持法律法规和批准的设计文件，通过优化方案、增加资金投入，及时做好建设施工扰动范围、临时施工区域的地形、地貌、地面植被保护及恢复，建设工程影响区水土流失状态得到较好控制；相关单位实施了水土保持方案确定的各项防治措施，完成了水利部批复的防治任务；建成的水土保持设施质量合格，水土流失防治指标达到了水土保持方案确定的目标值，较好地控制和减少了工程建设中的水土流失。工程运行期，管理单位责任落实，维修养护经费保障程度高，水土保持设施得到良好的维护；管理单位在工程标准化管理创建中，水土保持设施不断得到完善和进一步提升。

综上所述，本项目依法编报了水土保持方案，组织开展了水土保持专项设计，实施了水土保持方案确定的各项防治措施，建成的水土保持设施质量合格，水土流失防治指标达到了水土保持方案确定的目标值，水土保持工作流程符合工程建设水土保持规范和规定要求，且水土保持工程效果显著。本项目水土保持影响综合评价为"优秀"。

10.1.1.5 社会影响后评价结论

本项目为除险加固工程，不涉及移民安置，社会影响后评价内容包括社会经济影响评价和社会环境影响评价等两部分。

从社会经济影响看，工程除险加固后有助于其充分发挥除害兴利功能，其建成消除了太浦闸工程的安全隐患，提高了防洪和供水保障能力，保障了流域经济社会发展，促进了国民经济和社会发展，促进了当地的发展与繁荣，社会效益显著。工程特有的泄洪、供水等功能，为地区产业提供了安全稳定的发展空间，在一定程度上促进了区域内产业的发展，较好地带动了当地经济和相关旅游产业的发展。本工程各项社会评价指标均令人满意，各项社会影响均利大于弊，工程保障了地区产业的稳定性发展和持续性发展，为流域经济的全面腾飞创造了有利条件。

从社会环境影响看，工程建设严格遵守国家有关环境保护的法律法规，得到了国家发展改革委、水利部、流域省市、专家和工程所在地人民的大力支持，社会关注和支持度较高。工程有效保障了太湖流域的防洪安全,避免了洪涝灾害造成大量人口伤亡和打乱国民经济部署,从而保障和促进了社会稳定。工程向下游地区供水,保持了水源地水厂运行正常,保持了人民生活安定。在建设和运营过程中创造了一定的就业机会,促进当地人民就业,推动了水工程和水文化相融合的特色旅游产业发展,推动了太湖浦江源国家水利风景区的建设与发展。工程促进了水利工程建设与运行管理科技的创新,提升了水利工程技术管理水平。

综上所述,太浦闸除险加固工程能够促进当地的发展与繁荣,促进了国民经济和社会发展,保障了流域和区域的经济发展和社会安定,各项社会评价指标均令人满意,社会后评价过程中没有发现影响社会发展的社会风险和重大问题,工程的建成有利于社会稳定发展,社会效益显著,社会影响效果良好。本项目社会影响综合评价为"优秀"。

10.1.1.6 目标和可持续性后评价结论

本项目目标后评价包括防洪效益目标评价、排涝效益目标评价、供水和改善水环境目标评价、工程安全性目标评价、工程管理现代化目标评价、环境协调性目标评价等6部分内容。本项目可持续性后评价从外部条件和内部条件两方面进行分析评价,结合项目特点,建立了涵盖工程技术、经济、社会、环境、内部管理机制等5个方面的可持续性能力综合评价指标21项(其中定量指标17项,定性指标4项),用ANP(网络层次分析法)方法确定各指标的权重,运用FCE(模糊综合评价法)方法进行评价。

从目标实现情况看,除险加固后,太浦闸排水能力大幅提升,在历年流域防洪调度中发挥了骨干工程作用,实现了工程防洪效益目标;通过精准调度,有效缓解了太浦河下游地区泄洪压力,明显改善了太浦河下游排涝格局,实现了工程排涝效益目标;通过太浦闸向太浦河下游地区增加供水,有效保障下游地区供水和水生态安全,实现了工程供水和改善水环境目标;工程结构强度、耐久性、整体性和结构安全有了质的提升,工程经历了超设计标准洪水、超强台风的考验,发挥了显著的工程效益,实现了工程安全性目标;通过闸门自动化操控建设、工程运行BIM建设、数字孪生太浦闸建设等专项信息化建设项目,有效提升了工程数字化、网络化和智能化管理水平,实现了工程管理现代化目标;管理所已经成为典型的园林化管理所,管理区域环境优美,生态保护措施到位,建设成"水生态体系完整、水生态环境优美、水生态文明理念深入人心、文化底蕴深厚、科教意义显著、旅游项目丰富、接待设施齐全"的国家级水利风景区,实现了环境协调性目标。

从可持续性情况看,本项目利用较稳定的年运行费用,产出了可观的防洪、供水和生态等效益,项目的综合效益产出率较高,项目的资金充足率和项目区的人均GDP较高,为项目的稳定运行提供了经济保障,本项目在经济层面的可持续能力较强;项目带来了许多就业岗位,并且减少了洪涝灾害的发生,保障了周边及下游地区居民的用水安全,产生了非常好的社会影响,社会可持续性各项指标的隶属度均在"较强可持续"以上;项目法人和相关单位在工程完工后开展了恢复植被、鱼类增殖放流等,周边的环境质量也已经恢复到了较高水平,除了影响区种群变化率评价等级较低外,其他指标基本上均在"较强可持续"及以上,本项目在环境层面的可持续能力较强;管理单位有合理的管理组织架构及健全的规章制度,应急管理能力强,有效保证了工程的安全运行和防御了洪涝灾害的,管理可持续方面各项指标的评价等级均在"较强可持续"以上;项目在建设和运行期的技术创新性较高,且质量过硬,这能保障其工程设计功能的长期发挥,减少工程的运行维护费用,本项目工程技术可持续能力较强。

综上所述,太浦闸除险加固工程实现了防洪效益目标、排涝效益目标、供水和改善水环境目标、工程安全性目标、工程管理现代化目标、环境协调性目标;太浦闸除险加固工程在经济层面、社会层面、环境层面、管理层面和工程技术层面总体具有较强的可持续能力,但个别因素可能会影响其可持续能力。太浦闸除险加固工程目标实现情况综合评价为"优秀",可持续能力综合评价为"强可持续"。

10.1.2 经验与不足

10.1.2.1 前期工作扎实但立项决策周期漫长

太浦闸 2000 年安全鉴定为三类闸,需要及时进行除险加固。太浦闸除险加固工程前期工作,自从 2001 年 6 月太浦闸除险加固及拆建方案研究项目任务书编制开始,直至 2011 年 12 月水利部批准工程初步设计报告结束,前后历经 10 余年,过程曲折而漫长。主要原因是除险加固或拆除重建的方案比选,工程建设规模的反复论证,规模与投资变化带来的可行性研究与初步设计程序反复,以及需充分照顾到各方利益而面临的困难重重的协调过程。基于太浦闸工程的极端重要性,各方对于工程的前期工作都非常重视,其中的利益权衡、反复沟通、多方协调工作量极大。整个前期工作过程,既体现了江苏、浙江、上海等两省一市对于太浦闸工程的高度重视、对于工程规模的仔细推敲以及由此而来的利益平衡、关系协调,也体现了设计单位、审批部门及相关参建单位反复论证、科学严谨的工作态度。太浦闸除险加固工程项目立项周期漫长,作为三类病险闸的太浦闸工程,不得已要带病坚持运行 10 余年,如何保证工程运行安全和工程效益的发挥,工程管理单位面临极大的压力和困难。

10.1.2.2 水下工程工期控制成效明显

鉴于太浦闸在流域防洪、水资源调度中的关键作用,必须要在一个非汛期内完成围堰填筑、基坑排水、老闸拆除以及基坑开挖、混凝土浇筑等大规模土建施工及闸门、启闭机安装。在多雨的江南地区,面临冬春不利天气和春节假期影响,在一个非汛期内新建一座大型水闸都十分罕见,而本工程还要面临原址拆除和新闸重建的双重任务,且老闸拆除工作占用工程直线工期,水下工程工期紧张,这是本工程建设的最突出的难点。

水利部太湖流域管理局协调江苏、浙江和上海两省一市同意,提前编制印发《太浦闸除险加固工程水下工程施工期间防洪调度方案》和《太浦闸除险加固工程水下工程施工期间供水方案》,解决了断流施工期间的施工导流、向下游供水及流域洪水调度问题。参建单位紧紧围绕工期不延误的进度目标,详细编制网络进度计划、细化分解、精心组织,采取技术、组织、经济和管理等各种措施,加强动态进度监控,优化施工资源配置。在老闸底板拆除和主体混凝土浇筑高峰期,牢牢抓住关键线路节点工期,增加人力、设备和材料投入,提高施工效率。加强施工方案的编制、研讨和优化,采取门槽埋件一次性浇筑施工方案,采用大型钢闸门厂内制作、整体运输及现场安装的施工方案等,缩短了工序施工时间。在老闸底板拆除和主体工程混凝土浇筑施工高峰期,增加人力、设备和材料投入,保持两套以上的班组在两条关键线路上同时施工,提高了施工效率。结合气象预报,把握防汛、防台风风险,在汛期结束前提前一个月就开始围堰填筑施工,增加了有效施工时间;国庆、春节期间不停工,夜间加班,保证了有效的施工强度。

参建单位抓住有利的天气条件、地基条件,保质量保安全,全力推进工程施工进度,按照计划完成了水下工程施工任务。2012年9月1日,围堰开始填筑,2013年5月4日,通过水利部太湖流域管理局组织的通水验收,5月15日,太浦闸恢复通水。经过全体参建人员近8个月的敬业工作和辛苦努力,在一个非汛期内成功完成了围堰填筑、基坑降排水、基坑开挖、老闸拆除以及新闸混凝土浇筑等大规模土建施工,完成了闸门、启闭机安装调试并具备了汛期运用条件,确保了工程按期投入汛期运用。太浦闸除险加固工程按期完成水下工程施工任务,高票当选水利部太湖流域管理局2013年度工作亮点。

10.1.2.3 质量控制措施成效突出

1. 开展施工图审查,提升设计方案质量

太浦闸除险加固工程施工图审查工作于2012年6月至9月期间进行,由于行业内和工程所在地关于水利工程施工图审查的规定尚未明确,项目法人在组织开展施工图审查时面临一定的困难。经过与主管部门沟通后,2012年6月起开展的太浦闸除险加固工程施工图审查工作主要借鉴了《浙江省水利建设工程施工图设计文件审查办法(试行)》有关规定,并结合工程实际进行了完善。太浦闸除险加固工程采用以项目法人为主导的施工图审查方法,除由项目法人委托审图单位进行审查外,还由项目法人组织召开施工图审查专家咨询会进行讨论、沟通,并将审查成果向上级主管部门进行报备。2012年7月,项目法人与审图单位签订审图合同,8月中旬审图单位完成审查意见(初稿),8月底项目法人组织召开施工图设计审查专家咨询会,9月上旬审图单位完成审查报告(终稿),9月上旬项目法人将审查报告和专家咨询会意见印发给设计单位,并报送主管部门备案。设计单位根据审查报告及专家咨询会意见,及时完成了施工图设计修改完善。太浦闸除险加固工程施工图审查工作组织有力,规范有序,内容完整。通过委托审图单位审查和召开审查专家咨询会相结合,集中了审图单位、设计单位以及有关专家的智慧,集思广益地完善了施工图设计,并充分体现了安全可靠、经济合理、方便管理等原则,从而确保了施工图设计质量。优化后的施工图在确保工程质量、节约投资、有利施工、方便管理等方面取得了明显的成效。此外,项目法人还组织召开了开工准备实施方案、混凝土生产及施工方案等专家咨询会,充分发挥专家决策、科学决策和民主决策作用。

2. 应用纤维混凝土技术,综合措施防控混凝土裂缝

太浦闸除险加固工程闸室为钢筋混凝土结构,大部分混凝土浇筑时间集中在2012年11月中旬至2013年3月下旬,冬季施工浇筑时室外最低温度达$-5°C$,混凝土的质量控制,尤其是结构裂缝控制难度很大。为了控制冬季混凝土浇筑温度裂缝,项目法人邀请专家开展混凝土施工裂缝控制专题讲座,组织监理、施工单位,对混凝土裂缝产生机制进行专家咨询、分析研究,结合太浦闸工程实际,对混凝土结构设计和配合比、浇筑工艺等制定综合措施控制混凝土裂缝。在工程设计方面,对闸墩下部1/3范围、套闸输水廊道的墩墙及顶板等部位进行了钢筋加密;在施工措施方面,在满足混凝土泵送要求的前提下,混凝土中掺入1 kg/m^3的抗裂纤维,选择保温性能好的木模板,浇筑仓面采取有效的保温措施,并在施工过程中控制混凝土入仓温度,加强混凝土养护等。由于按照批准的施工方案精心施工,各项措施落实到位,工程克服了气温低、钢筋混凝土结构复杂等不利因素,按期完成了水工混凝土浇筑任务,水下工程阶段验收时未发现混凝土裂缝,为复杂混凝土结构裂缝控制技术积累了经验。

3. 上部建筑物异形钢结构的制作与安装

太浦闸启闭机房和桥头堡均为空间刚架结构体系,主要材料为钢结构及铝材、玻璃组合幕墙,其中房建钢结构制作安装约 617.73 t,各种幕墙 6 784 m^2。启闭机房和桥头堡结构设计非常新颖,但是钢结构和玻璃、铝材等异形空间结构规格多样,供货周期长,加工制作、施工安装要求高。安装施工期间适逢 2013 年夏季,遭遇多年少见的高温气象灾害天气,台风、雷电和强降雨多发,同时工程建设面临边施工边运行的困难,施工场地局促、高空临水,施工安全隐患多,质量控制难。

项目法人加强组织协调,带领参建单位保安全、抓质量、促进度。在质量管理方面,把好施工方案关、材料进场关、检查验收关,坚持开展专项质量检查、质量飞检,重点对原材料检测、钢结构防腐、安装工艺程序等进行控制;在安全管理方面,推进施工安全标准化建设,重点对高空作业、脚手架、起重吊装、临时用电等进行控制;在施工进度方面,督促施工单位增加人力资源投入,做足做细现场管理工作,排定关键线路和重要节点。

参建单位组织开展了技术攻关,进行了异形钢结构安装工法研究,经过多次专家咨询、审查修改完善后,形成了独具特色、切合实际的专项施工方案,明确了材料选购、加工运输、现场转运、三维定位、施工纠偏和检查检测验收等方面的要求和措施。

经过参建单位共同努力,2013 年 12 月底,上部建筑物主要施工任务顺利完成,质量和安全均得到有效控制,施工期间没有发生安全和质量事故。2014 年 9 月,包括启闭机房在内的主体工程顺利通过完工验收。2015 年 11 月,主体工程施工单位印发通知,发布"启闭机房异形钢结构安装工法",并在公司内部推广实施。

4. 大型钢闸门厂内制作、整体运输及现场吊装

本工程水工金属结构制作达 650.39 t,包括 11 扇工作闸门、1 扇输水廊道铸铁门、2 扇检修闸门和 1 座钢结构开启桥制作安装等,其中节制闸闸门尺寸达 12 m×7.5 m,横拉门单体重量达 40 t。为了保证水下工程施工进度,避免现场加工制作占用更多场地,并确保金属结构加工制作质量,闸门采用了厂内制作、整体运输到工地的安装方案。这种超宽超高大型钢构件的整体运输和安装要求高、难度大。

施工单位开展了多次的水路、公路等线路踏勘,制订了详细的运输方案和安装方案。太湖流域管理局苏州管理局组织各参建单位进行了闸门制作、运输和安装方案的专题研讨,监理单位批准了专项施工方案。为保证闸门陆路转运安全,太湖流域管理局苏州管理局协调地方交警部门,对途经道路进行了临时交通管制。现场吊装时,精心组织、精确指挥,按照施工吊装方案,利用 70 t 汽车吊和 25 t 固定启闭机联手,将重达 25 t 的闸门缓缓吊起,稳稳地放入闸室门槽;横拉门则利用 500 t 汽车吊辗转运输到工地,整体吊装入槽。

经过参建单位共同努力,2013 年 4 月 25 日,闸门、启闭机安装及调试任务顺利完成,工程具备了操作运行条件,为水下工程顺利通过阶段验收和投入 2013 年汛期运行奠定了基础。

5.验收准备工作规范高效

法人验收工作有序开展。项目法人自工程开建就高度重视工程验收工作,工程尚未开工建设,即按照目标导向的要求,谋划工程验收目标,开工后及时报备项目法人验收计划,对质量检查评定及验收管理工作进行了任务分解、责任落实,对专项验收、通水验收、竣工验收等准备工作进行了部署。

精心组织,规范完成各专项验收。专项验收要求高、流程复杂、周期长,存在一定困难,其中尤以环境保护专项验收为甚。项目法人提前做好沟通汇报,加强人力、资金投入,认真组织开展环保专项验收准备工作,按照计划组织完善了水环境应急预案,严格执行配套的环境保护设施与主体工程同时设计、同时施工、同时投入使用的环境保护"三同时"制度,委托开展环境保护监测及监理工作,委托有资质和经验丰富的专业机构开展了竣工环境保护验收调查工作。经过规范的环保措施落实和细致的主动沟通交流,江苏省环保厅于2014年8月1日组织现场环保检查并同意试运行,竣工验收调查报告于11月5日通过环保部环评中心评审,环保部华东环境保护督查中心于2014年12月23日完成竣工环境保护验收现场检查。此外,工程也通过了水利部主持的水土保持专项验收和水利部太湖流域管理局主持的工程档案专项验收,为顺利实现工程竣工验收打下了基础。

组织开展竣工验收技术鉴定。2014年4月,项目法人委托水利部建设管理与质量安全中心对本工程开展竣工验收技术鉴定工作。2014年6月,技术鉴定单位组织相关专家进行现场调研,并编制了技术鉴定工作大纲。2014年9月22~26日,组织专家组开展现场技术鉴定工作。2015年4月8日,编制完成《太浦闸除险加固工程竣工验收技术鉴定报告》。竣工验收技术鉴定工作充分发挥了水利建设管理领域专家的决策支持作用,系统梳理了工程实体和档案资料等方面的验收准备工作情况,有效推动了竣工验收准备工作进度和提升了工作质量。

分解任务,层层把关,提高验收报告质量。在工程施工任务基本完成后,项目法人即制订计划,组织分解、落实相关验收报告的编写任务。建设处具体负责编写建管报告、大事记和竣工验收自查报告、竣工验收申请报告,以及竣工技术预验收报告(初稿)和验收鉴定书(初稿)的草拟,组织管理所编写运行管理报告,此外组织设计、监理和施工单位编写设计、监理和施工总结报告并对报告进行审核把关;报告编写、审核等责任到人,加强督促,层层把关。项目法人主要领导和分管局领导对建设处提交的各项报告进行综合把关审核,并多次召集会议集中讨论主要验收报告。水利部太湖流域管理局分管局领导、建设与管理处也花费了大量精力对主要验收报告进行了指导、审核和把关。

自现场施工结束以来,项目法人高度重视竣工验收准备工作,加强组织领导和沟通协调,认真负责、坚持不懈地有序开展竣工验收各项准备工作。2014年、2015年初行文印发年度重点工作任务分解表,2014年5月行文印发尾工安排及验收准备工作任务分解表,将验收准备工作职责分解落实,加强检查督促。2015年3月行文上报竣工验收准备工作情况。2015年4月15日和5月21日,水利部太湖流域管理局先后召开竣工验收准备推进会和协调会,加强竣工验收准备工作的指导和协调。2015年6月17日,太浦闸除险加固工程完成竣工验收。

10.1.2.4 安全管理取得有益经验

建立健全安全生产管理网络。2012年8月,项目法人印发《关于成立太浦闸除险加固工程安全生产等领导机构及工作机构的通知》(太苏字〔2012〕64号),明确安全生产管理机构及参建各方的安全生产职责;制定了《太浦闸除险加固工程安全生产管理办法》等27个安全生产管理制度,将安全生产管理职责分解落实,建立健全安全生产管理网络,实现了安全责任横向到边、纵向到底,责任到人。

严格安全资格审查和责任落实。严格审查参建单位安全生产资质及"三类"人员安全管理资格,并对特种作业人员持证上岗情况进行监督检查。项目法人主要负责人分别与建设处主任、总监理工程师和项目部经理签订安全生产责任状,督促落实安全生产责任,形成"一岗双责",一级抓一级,层层抓落实的责任机制,实现安全生产责任全覆盖。

严格执行安全生产措施方案。开工报告批复后,及时向水利部太湖流域管理局报备《太浦闸除险加固工程安全生产措施方案》和《太浦闸除险加固工程重大质量与安全事故应急预案》。施工过程中,严格施工安全措施方案的审批并监督执行。引进信息化技术,建立了信息化管理平台,现场封闭管理并引入视频监控系统,实时监控现场工况。

严格控制安全生产风险。由建设处专职安全管理人员、监理部安全工程师、项目部专职安全员组成的检查小组,定期对施工现场进行安全检查,并配合上级安监部门的监督检查,督促施工单位及时做好隐患排查和整改。严格执行度汛方案的报审和备案制度,2013年、2014年汛前及时将度汛方案上报上级防汛主管部门备案、审查。

开展项目建设社会稳定风险评估。本工程不需要永久征地,但施工围堰取土、拆除工程弃渣需要临时占地,工程施工需要拆除当地行人、车辆正常通行的交通桥,土方运输和水下工程施工期间昼夜连续施工等,给当地群众的正常生产生活造成一定影响。其中,施工区域封闭管理、禁止通行直接影响附近村民交通便利,预计会面临较大的阻力。按照重大项目建设社会稳定风险管理的要求,2012年9月,项目法人组织成立了由吴江区水利局、七都镇人民政府和太浦闸村委会等代表参加的社会稳定风险评估工作机构,开展了太浦闸除险加固工程社会稳定风险评估工作。根据评估意见,项目法人进一步组织落实风险防控措施,确保施工期间未发生大规模群体事件,为工程开工和顺利建设创造了较好的外部环境。

本工程未发生安全生产责任事故,2012~2014年连续三年通过了水利部组织的在建工程安全生产管理考核。2015年5月,水利部办公厅以《关于表扬全国水利安全监督工作先进集体和先进个人的通报》(办人事〔2015〕98号),授予项目法人全国水利安全监督工作先进集体荣誉称号。

10.1.2.5 水利工程建设管理要坚持系统观念

流域性水利工程前期工作需要相关各方协调沟通、理解配合。2003年设计单位编制完成了《太浦闸除险加固工程方案设计比选报告》《太浦闸除险加固或拆除重建方案设计综合评价报告》后,水利部太湖流域管理局就太浦闸除险加固工程实施方案与两省一市进行沟通协调。经多次沟通,并经水利部领导亲自协调,2009年6月基本达成一致意见,形成了可行性研究报告批复的工程规模意见和实施方案。

工程顺利开工和实施需要地方政府和群众的大力支持配合。本工程不需要永久征地,但施工围堰取土、拆除工程弃渣需要临时占地,工程施工需要拆除当地行人、车辆正常通行的交通桥,以及水下工程施工期间昼夜连续施工等,给当地群众的正常生产生活造成一定影响。地方政府及水利等相关部门、水利工程管理单位主动服务、积极协调,帮助落实施工导流、临时用地和围堰土源,指导开展建设项目社会稳定风险评估工作,协调开通公共交通车辆,并做好沟通、解释工作。当地村委会及绝大部分村民理解、支持重点水利工程建设,为工程开工和顺利建设创造了良好的外部环境。

实现工程建设目标需要上级主管部门的坚强领导、项目法人的勇于担当和参建各方的共同努力。水利部高度重视该工程建设,水利部领导亲自协调推动工程立项相关工作。工程施工和试运行期间,水利部李国英、陈雷、董力等部领导莅临工程现场检查指导,水利部相关司局领导多次来工地就规范建设程序、加强质量管理、严格安全生产、规范资金使用等进行检查督促。水利部太湖流域管理局始终将本工程前期和建设管理工作作为重点工作进行研究、部署、检查、落实;主要领导、分管领导多次主持召开专题会议,研究确定工程前期及建设过程中的重大问题;成立专门工作机构,组织开展工程前期工作;明确建设管理等相关处室的监督管理职责,指定专门人员负责工程建设技术指导工作;相关处室按照职责分工,悉心检查、指导和帮助工程建设管理工作。太湖流域管理局苏州管理局被确定为项目法人后,研究确定了"质量保优良、安全零事故、工期不延误、工地创文明"的建设目标,并将保证水下工程按期通水作为最重要的阶段建设目标,成立专门工作机构,抽调技术、管理人员进驻施工现场,明确责任、落实措施、真抓实干。工程设计、监理、施工等参建单位认真履行合同义务,针对增设套闸对水下工程工期的不利影响,团结协作,恪尽职守,春节不放假,加班加点,连续奋战,保证了水下工程按期通水和工程建设各项目标的实现。

10.1.3 后评价建议

(1)太浦闸项目的周围环境管理有序,在除险加固期间也未因管理不当出现事故,管理范围内的水事秩序良好。在今后的运行管理过程中可增强日常的巡查工作力度,完善管理范围内的警示标志牌,进一步保障管理范围内的安定有序。工程位于水源地保护区内,建议要按照水利工程反恐怖防范技术要求,加强与地方人民政府相关主管部门的沟通衔接,进一步规范落实好闸区的反恐怖防范措施。

(2)建议做好项目运行期的开源节流与社会效益货币化的工作。项目推进数字化的建设能有效地提升机组运行效率,加快推进项目的数字化、智能化,以智慧平台代替简单的重复性工作,有利于提高资金的利用效率,并将人员集中投入重点工作中;项目产生的社会效益显著,可以依托太湖浦江源国家水利风景区扶持地方旅游观光实业,带动人民就业率与旅游收益等经济指标,以项目效益的货币化手段实现地区 GDP 的增长,提升居民的幸福感与获得感。

(3)建议工程在后续运行工作中继续做好环境保护与社会可持续投资工作。自然环境保护方面,需要加强水质监测,避免发生水环境污染事故;继续做好鱼类增殖放流工作;加强运行期的植物措施养护工作,维持林草正常生长,发挥好其水土保持功能;加强水行政安全管理,对调研过程中发现的外来人员在闸区、上下游河道等管理范围内违规捕鱼等现象,同江苏省生态环境保护厅和苏州市生态环境保护局,以及太湖渔业管理部门、当地农业农村局等一起做好日常环境监管与保护工作。社会影响方面,与地方人民政府加强合作,依托浦江源水利风景区打造特色水利名片,加强可持续性投资,进行旅游产业再升级,可发展线上虚拟旅游体验和线下沉浸式体验的旅游互动模式,助推当地旅游业在在线化、数字化和智能化中高质量发展。

(4)建议推进 BIM 与数字孪生技术的研发应用工作。目前基于 BIM 的智慧运营管理平台尚需要进一步完善,在平台呈现的数据尚不完整,在接下来的运行工作中,需要完善运行平台的数据库建设,整合太湖流域的数据资源以利于提高平台的预警能力。同时,建议进一步开发各项功能,将运行管理的各功能模块接入系统,将日常工作公开、透明化,达到在现代智能平台的帮助下提升防涝泄洪与供水能力、扩大社会效益的效果。

(5)项目可持续程度高,需要总结经验并发掘影响可持续能力的潜在因素,保障项目的可持续、高质量发展。针对现存的影响区内生物种群变化率较高问题,管理单位可联合沿线水行政、生态环境、农业林业和资源规划等部门规划生态恢复治理工作,提升影响区内的生物种群丰富度,增强项目在环境方面可持续发展的能力。对管理、工程技术等可持续优良的指标,开展经验总结工作与交流工作,进一步发挥其对项目可持续的支撑作用。最终从各方面稳步优化评价指标,实现项目可持续能力的提升。

(6)探究以监测、调配技术提升工程效益,以生态补偿机制增强项目可持续性的长期发展形式。项目需要依靠大量数据实现流域的水量调控,结合系列监测资料,校核、复核特征水位设计值,并引入中长期预报预测技术,实施动态、精细调度,可助力项目提高水资源时空调配能力,进一步提升工程效益。项目效益产出大、覆盖面广,宜开展调水效益专题研究。通过与下游城市探讨工程生态效益的补偿机制,协商推进补偿工作,使项目获得效益产出的补偿资金,增加资金来源及流入量。补偿机制的构建有利于资金的流入与社会认可度的提升,将进一步提升项目的可持续能力。

10.2　后评价工作思考与展望

10.2.1　项目后评价是法定建设程序且十分有意义

10.2.1.1　规范性文件中有明确要求

国务院及国家发展和改革委员会、水利部等有关部门对项目后评价工作高度重视,明确提出要建立后评价制度。项目后评价也早已纳入建设项目管理的程序,在规范性文件中已确立了项目后评价在项目管理中的合法地位。

2004 年《国务院关于投资体制改革的决定》中,确认了投资项目后评价在我国投资管理体制中的作用和地位,将建立投资项目后评价制度视为加强政府投资全过程监管的重要工作。国家发展和改革委员会于 2014 年下发了《关于印发中央政府投资项目后评价管理办法和中央政府投资项目后评价报告编制大纲(试行)的通知》(发改投资〔2014〕2129号)文件,对中央政府投资项目后评价工作程序、后评价管理和监督、后评价成果应用作了明确规范。《中共中央国务院关于深化投融资体制改革的意见》(中发〔2016〕18号)在

"加强政府投资事中事后监管"部分,再次提出"建立后评价制度"。《中央企业投资监督管理办法》(国有资产监督管理委员会令第 34 号)第二十一条对后评价工作进行了明确的要求,作为投资事后管理的措施。

水利部在 1998 年颁发了《水利工程建设程序管理暂行规定》(水建〔1998〕16 号),将后评价明确规定为建设程序之一。2010 年,水利部印发了《水利建设项目后评价管理办法(试行)》(水规计〔2010〕51 号)和《水利建设项目后评价报告编制规程》(SL 489—2010),从行政层面和技术层面进一步规范了水利建设项目后评价工作。

10.2.1.2 项目建设与运营主体有切实需求

按照实践论和认识论的关系,实践作用于认识,体现在注意从实践中去总结经验与不足,从而有助于提高认识、能力和水平。项目后评价工作有助于提高投资决策水平,有助于提高项目建设管理水平,有助于更好指导工程运行管理。项目投资决策、项目建设管理是否成功,成效如何,都需要用实践来检验。通过项目后评价,可从项目规划、立项决策、设计审批、建设实施、竣工验收、运行管理等全过程各环节对项目效益达不到预期目标的原因开展研究分析,并将有关信息反馈到投资管理和决策部门,为改进和改善项目投资和项目管理政策提供依据;可以将信息反馈到建设管理与项目法人,为改进和完善项目建设管理水平提供借鉴;可以将信息反馈到运行管理单位,为指导和改进项目运行管理工作、提升项目运行管理水平提供帮助。

10.2.2 项目后评价经费渠道及取费标准需明确

(1)建议进一步明确项目后评价工作经费渠道。项目后评价工作对项目前期工作推进和在建项目建设管理、已建成项目运行管理等均具有重要借鉴意义,应把该项工作与项目前期工作同等对待。建议将项目后评价经费纳入政府投资项目概算中,明确取费标准或占投资额的比重。水利工程项目建设中,建议可以从每年前期工作经费计划中安排部分资金,用于本级重大重要项目后评价工作经费,做到经费使用有保障;同时,建议项目法人单位编制自我总结评价报告的费用,可以在投资项目不可预见费(预备费)中列支或者在前期工作经费中安排。另外,也可以考虑将项目后评价工作与项目竣工验收后的首次安全鉴定工作相衔接,统筹考虑落实工作经费。

(2)建议进一步明确水利工程建设项目后评价取费标准。目前,水利工程建设项目后评价工作取费标准不一,不利于项目后评价工作的正常开展。鉴于项目后评价工作与项目可行性研究工作具有一定的相似性、延续性,建议可以按照《中央政府投资项目后评价管理办法》第二十七条中相关规定明确项目后评价取费标准:取费标准按照《建设项目前期工作咨询收费暂行规定》(计价格〔1999〕1283 号)关于编制可行性研究报告的有关规定执行。

10.2.3 项目后评价工作质量有待于提升

由于后评价工作咨询服务取费标准偏低、评价工作机构能力不足和规程规范指导性不够等原因,水利工程建设项目后评价工作质量不能得到有效保证。

水利工程建设项目后评价工作咨询服务取费标准,由于缺少明确的政策文件指导,市场取费标准总体偏低。在工作过程中,有的评价工作机构囿于经费限制,会选择减少人力资源、工作时间的投入,刻意压缩现场调查的时间和缩小现场调查的范围,使得对于项目的外部影响以及外部因素对项目的相互作用等方面的信息了解不够深入,对于社会、经济、管理、制度等外部因素与项目的建设实施之间的关系分析得不够,对于项目建设的特点、实施过程的具体情况和项目法人的内部管理机制不够了解,对项目实施中存在的问题的分析思考不够深入,导致项目后评价工作往往浮于表面,评价工作成果不够全面、客观,只见树木不见森林。

项目后评价工作机构咨询服务水平参差不齐。有的项目后评价过程中,由于受到评价工作机构自身专业素养不高、社会环境认知和自身综合能力不足等多方面原因的影响,局限于对于项目基本情况的了解和基础资料的收集,项目后评价工作只是完成了大量基础性、具象化的统计工作,基础性资料统计罗列得很多,"白描"手法明显,对项目全过程每一个环节的分析平铺直叙,项目管理的事实描述较为清晰,但是评价的过程却缺乏必要的对比分析,看不到有无项目的变化,看不到项目前后的变化,也看不到项目是否按照预期计划进行了建设实施、是否按照预期目标形成了必要的能力、是否实现了预期的功能和效益等,认真分析总结项目经验教训不够,导致项目后评价的作用发挥大打折扣,后评价成果指导实践的价值不突出。

水利建设项目后评价工作的规范性文件已经实施多年,但是未得到及时的修订完善,随着项目建设管理体制机制的不断优化、市场环境的深刻变化,原有管理办法和规程规范对于项目后评价工作的指导性不够。当前,水利工作已经进入新时期水利高质量发展的新征程,项目后评价工作具有指导项目决策、建设管理、运行管理实践的现实意义,对于保障和助推新时期水利高质量发展十分重要。建议根据水利建设项目管理的实际情况,及时修订完善《水利建设项目后评价管理办法(试行)》和《水利建设项目后评价报告编制规程》,以更好指导水利建设项目后评价工作。修订时,建议考虑将项目后评价的实施主体进行完善,更好发挥项目竣工验收主持单位的作用;细化、规范项目后评价工作内容、方法和流程;明确项目后评价工作取费标准和经费渠道;明确项目后评价工作咨询服务机构的资历和专业能力要求;大力推动项目后评价工作成果应用,更好服务水利建设与管理高质量发展;推动项目后评价工作开展时,注意吸收和借鉴竣工验收技术鉴定工作成果,注意与工程建成后的首次安全鉴定工作相衔接,同时也可以考虑打通与项目建设稽查工作的联系;推动建立项目后评价成果共享机制,加强与行业内外项目后评价工作信息沟通交流,促进水利建设项目后评价工作质量提升。

参考文献

[1] 陈岩，郑垂勇. 水利建设项目创新后评价初探[J]. 科技管理研究，2007(3)：135-136,84.

[2] 王星峰，于兴修，李恒鹏，等. 水源地上游塘坝水质评价及其影响因素研究[J]. 湖北大学学报(自然科学版)，2022，44(5)：584-592.

[3] 钟惠钰. 浅析太湖流域控制性水利枢纽工程在防洪和水资源调度中的作用[J]. 水利发展研究，2013，13(4)：39-41,56.

[4] 伍永年，黄玙盟，张祎旸，等. 太湖流域防汛抗旱减灾体系建设与成就[J]. 中国防汛抗旱，2019，29(10)：89-98.

[5] 罗尖，方飞跃，黄卫良. 太湖防洪工程(世行贷款项目)经济分析[J]. 水利经济，1993(1)：40-44.

[6] 徐金龙. 太浦闸安全鉴定工作的程序和体会[J]. 水利建设与管理，2002，22(5)：66-67.

[7] 蔡海龙. 河坞大闸除险加固工程经济评价[J]. 河南水利与南水北调，2021，50(4)：93-95.

[8] 孙嘉华. 太浦闸除险加固工程[J]. 水利水电工程勘测设计新技术应用，2018：287-294.

[9] 伍永年，孙海涛，冯大蔚，等. 2016年太湖洪水调度实践及思考[J]. 中国水利，2016(15)：15-17.

[10] Feng L，Hu P，Wang H，et al. Improving city water quality through pollution reduction with urban floodgate infrastructure and design solutions：A case study in Wuxi，China[J]. International Journal of Environ mental Research and Public Health，2022，19(17)：10976.

[11] 周静远. 水生态文明评价体系、模型构建及调控研究[J]. 长江技术经济，2019,3(S1)：21-26.

[12] Chen Y，Alexander D. Integrated flood risk assess ment of river basins：Application in the Dadu river basin，China[J]. Journal of Hydrology，2022，613：128456.

[13] 李魏武，陶涛，邹鹰. 太湖流域水资源可持续利用评价研究[J]. 环境科学与管理，2012，37(1)：85-89.

[14] Wan T T，Li H M. Invest ment Control of Construction Project[J]. Applied Mechanics and Materials，2014(672-674)：2217-2220.

[15] 马士磊，胡书庭，陈桀尧. 提高太浦闸联动启闭机齿盘啮合精准率的研究与实践[J]. 水利建设与管理，2022，42(5)：45-50.

[16] 胡有云，刘红伟，陈运杰，等. 太湖地区防汛抗洪工作的实践与思考[J]. 江苏水利，2021(8)：67-69.

[17] 季海萍，王凯燕，刘敏. 太湖流域河网地区防汛特征水位合理性分析与建议[J]. 中国防汛抗旱，2019，29(11)：49-53.

[18] 王艳艳，王静，胡昌伟，等. 太湖流域应对特大洪水防洪工程效益模拟[J]. 水科学进展，2020，31(6)：885-896.

[19] 冯晓晶，金科，梁忠民，等. 引江济太工程调水效益评估[J]. 水电能源科学，2012，30(6)：135-138.

[20] 彭焱梅，曹菊萍，周宏伟，等. 不同典型年太浦闸控制运用对流域区域及黄浦江上游水源地影响研究[J]. 水利发展研究，2020，20(7)：43-48.

[21] 严景军，刁训娣. “引江济太”工程对嘉兴市的供水效益分析[J]. 节水灌溉，2007(8)：110-112.

[22] 周丹平. 应对水质型缺水问题的调水工程综合效益评估[D]. 上海：同济大学，2008.

[23] 翟博文，梁川，张俊玲. 基于持续型的流域管理绩效量化综合评价方法研究[J]. 水力发电学报，2013，32(1)：25-30,36.

［24］ Liu Y. Sustainable development of water conservancy economy under new situation［J］. Advance in Sustainability，2021，1（1）：17-21.

［25］ 连振荣，郑春峰，王波. 新型联动启闭机在太浦闸套闸工程中的应用［J］. 水利建设与管理，2016，36（10）：73-75.

［26］ Zhou J X, Pen Z H, Fei S M,et al. A discussion on compensation of forest ecological engineering benefit［J］. Journal of Forestry Research，2007，18（2）：157-164.

［27］ Yu W, Cheng S, Ho W,et al. Measuring the sustainability of construction projects throughout their lifecycle：A taiwan lesson［J］. Sustainability，2018，10（5）：1-16.

［28］ Fernández-Sánchez G, Rodrígurez-López. A methodology to identify sustainability indicators in construction project management—Application to infrastructure projects in Spain［J］. Ecological Indicators，2010，10（6）：1193-1201.

［29］ Shen L Y, Tam V W Y, Tam L,et al. Project feasibility study：the key to successful imple mentation of sustainable and socially responsible construction manage ment practice［J］. Journal of Cleaner Production，2010，18（3）：254-259.

［30］ 李佳，杜霞，阎柳青. 水功能区统一评价指标体系构建及应用研究［J］. 中国水利水电科学研究院学报（中英文），2022，20（2）：172-179.

［31］ 甘琳，申立银，傅鸿源. 基于可持续发展的基础设施项目评价指标体系的研究［J］. 土木工程学报，2009，42（11）：133-138.

［32］ 孟俊娜，周志浩，于利爽，等. 基于区间直觉模糊集的基础设施项目可持续性评价方法［J］. 模糊系统与数学，2018，32（2）：137-146.

［33］ 孟俊娜，裴勇杰，权乐，等. 基于群决策的基础设施可持续性影响因素评价［J］. 同济大学学报（自然科学版），2018，46（7）：996-1002.

［34］ 滕敏敏，韩传峰，刘兴华. 中国大型基础设施项目社会影响评价指标体系构建［J］. 中国人口·资源与环境，2014，24（9）：170-176.

［35］ Zhang X, Wu Y, Shen L,et al. A prototype syste m dyna mic model for assessing the sustainability of construction projects［J］. International Journal of Project Manage ment，2014，32（1）：66-76.

［36］ Ghoddousi P, Nasirzadeh F, Hashemi H,et al. Evaluating highway construction projects′ sustainability using a multicriteria group decision-Making model based on bootstrap simulation［J］. Journal of Construction Engineering and Management，2018，144（9）：1-15.

［37］ Papajohn D, Briker C, El Asmar M. MARS：metafra mework for assessing ratings of sustainability for buildings and infrastructure［J］. Journal of Management in Engineering，2017，33（1）：04016026.

［38］ Marcelino-Sádaba S, González-Jaen L F, Pérez-Ezcurdia A. Using project management as a way to sustainability. From a comprehensive review to a framework definition［J］. Journal of Cleaner Production，2015（99）：1-16.

［39］ Peng J L, Li X. Research of project investment control based on life cycle theory［J］. Applied Mechanics and Materials，2011，1503（130-134）：1123-1127.

［40］ 陈岩. 基于可持续发展观的水利建设项目后评价研究［D］. 南京：河海大学，2007.

［41］ 张念木，胡连兴，郭建欣. 水电工程后评价的综合评价方法研究［J］. 天津大学学报（社会科学版），2013，15（1）：31-34.

［42］ Saaty T L. Decision making-the analytic hierarchy and network processes（ahp/anp）［J］. Journal of Systems Science and Systems Engineering，2004（1）：1-35.

［43］ 张磊. 基于模糊评价的基层河长制实施成效评价［J］. 人民长江，2022，53（11）：8-13.

[44] 李雪淋，王卓甫. 水利工程全生命周期中生态环境的可持续发展[J]. 建筑经济，2007(4)：66-68.

[45] 陈莎，吕鹤，李素梅，等. 面向水资源可持续利用的综合水足迹评价方法[J]. 水资源保护，2021，37(4)：22-28.

[46] 王少伟，郑春锋，苏怀智，等. 基于云模型的病险水闸除险加固效果综合评价[J]. 长江科学院院报，2019，36(8)：61-66，80.

附录1　太浦闸除险加固工程特性表

所在河系	太浦河		所在地点		苏州市吴江区七都镇
抗震设计烈度	6度		水准基面		镇江吴淞基面
除险加固开工日期	2012年9月		除险加固完工日期		2014年9月
序号	项目名称		单位	数量	说明
一	设计级别	节制闸闸室、上下游翼墙及下游消力池,套闸上闸首及上游翼墙等主要建筑物	级	1级	
		套闸闸室、下闸首、导航建筑物及其他次要建筑物	级	3级	
二	工程规模	近期(闸底板设溢流堰,堰顶高程0 m)			
		设计流量	m³/s	784	
		对应闸上水位	m	4.51	相应太湖水位4.80 m
		对应闸下水位	m	4.32	
		校核流量	m³/s	931	
		对应闸上水位	m	5.33	相应太湖水位5.50 m
		对应闸下水位	m	4.58	
		远期(闸底板高程-1.5 m)			
		设计流量	m³/s	985	
		对应闸上水位	m	4.51	相应太湖水位4.80 m
		对应闸下水位	m	4.35	
		校核流量	m³/s	1 220	
		对应闸上水位	m	5.28	相应太湖水位5.50 m
		对应闸下水位	m	4.48	
		套闸通航 最高通航水位	m	3.50	
		最低通航水位	m	2.60	
三	特征水位	上游侧 校核洪水位	m	5.50	
		设计洪水位	m	4.80	
		太湖平均水位	m	3.11	
		施工期水位	m	4.09	非汛期(10月至次年4月)$P=10\%$

太浦闸除险加固工程特性表（续）

序号	项目名称			单位	数量	说明
三	特征水位	下游侧	检修水位	m	4.02	太浦河枯水期(11月至次年4月)P=5%
			闸下多年平均年最高水位	m	3.56	
			闸下历史最低水位	m	2.24	
			施工期水位	m	3.65	非汛期(10月至次年4月)P=10%
			检修水位	m	3.54	太浦河枯水期(11月至次年4月)P=5%
		套闸通航	最高通航水位	m	3.50	
			最低通航水位	m	2.60	
四	结构特征	节制闸闸室	水闸孔径(孔数×净宽)	孔×m	10×12	节制闸南岸边孔兼作套闸上闸首
			闸室顺水流方向长	m	18.00	
			闸室垂直水流方向宽	m	136.50	
			闸底板结构形式		两孔一联	整体式底板
			闸底板厚度	m	1.50	
			闸墩顶高程	m	7.20	
五	结构特征	消力池	下游消力池长	m	20	底流式消能
			下游消力池深	m	1.00	
		翼墙	上游翼墙顶高程	m	6.00	
			下游翼墙顶高程	m	5.00	
		交通桥	交通桥总宽	m	8.5	套闸设钢结构开启桥,由液压启闭机操作
			设计标准	级	公路Ⅱ级	
			桥面中心线高程	m	7.393	
		套闸上下闸首及闸室	上、下闸首口宽	m	12	
			上闸首底槛高程	m	0	
			上闸首底板长	m	18	
			下闸首底板长	m	20	
			下闸首底槛高程	m	-1.50	
			闸室净宽	m	12	
			闸室长度	m	70	
			闸室底板高程	m	-1.50	

太浦闸除险加固工程特性表（续）

序号	项目名称			单位	数量	说明
六	闸门和启闭机	节制闸	工作闸门尺寸（宽×高）	m	12×7.3	平面直升式钢闸门
			工作闸门门重	t	24	
			工作闸门启闭机型号		QP2×250	卷扬式启闭机
		套闸	上闸首双扉门（宽×高）	m	12×7.5	
			上闸首启闭机型号		QP2-250（下扉门）/QP2-125（上扉门）	卷扬式启闭机
			下闸首横拉门（宽×高）	m	12×5.5	
			下闸首启闭机型号		QP2×100	卷扬式启闭机
			下闸首廊道直升门（宽×高）	m	2.0×1.4	
			下闸首廊道启闭机型号		QDA-180	螺杆启闭机
七	液压开启桥		桥底面高程	m	6.60	未开启状态
			液压启闭机组	套	1	QPPI-4×400 kN-2.2
			推力	KN	4×400	
			最大行程	mm	2 200	
			工作行程	mm	2 100	
			油缸内径	mm	250	
			柱塞杆直径	mm	210	
			工作压力	MPa	12	
			电动机功率	kW	15	QA200L-4-B35
八	供电电源		常供电源	回	1	10 kV,SCB10-250 kVA 干式变压器
			备用电源	台	1	柴油发电机,100 kW
			第二电源	回	1	太浦河泵站 10/35 kV 双电源

附录 2　太浦闸除险加固工程建设大事记

2000 年 4 月,太湖流域管理局苏州管理局(以下简称"苏州管理局")组织对太浦闸进行安全鉴定。经鉴定,太浦闸为三类闸。

2001 年 6 月,水利部太湖流域管理局(以下简称"太湖局")以《关于报请审批太浦闸除险加固及拆建方案研究项目任务书的请示》(太管计〔2001〕133 号)行文上报水利部。

2002 年 9 月 3~5 日,经太湖局同意,苏州管理局在苏州组织召开了《太浦闸除险加固或拆除重建方案设计》工作大纲评审会,对华东勘测设计研究院有限公司、上海院和江苏省水利设计院等三家设计部门提交的设计大纲进行了评审。经评审,一致推荐采纳上海院的设计大纲。

2003 年 5 月 6 日,水利部以《关于太浦闸除险加固及拆建方案研究项目任务书的批复》(水规计〔2003〕174 号),批复同意太浦闸除险加固及拆建方案研究项目任务书。

2003 年 6 月,上海院编制完成了《太浦闸除险加固或拆除重建方案设计比选报告》和《太浦闸除险加固或拆除重建方案设计综合评价报告》等。

2003 年 7 月 24 日,太湖局分别发函征求了江、浙、沪两省一市意见。两省一市均回函同意太浦闸原址拆除重建的除险加固方案。

2005 年 2 月,上海院编制完成了《太浦闸除险加固工程初步设计报告》。

2005 年 3 月 29 日,太湖局以《关于报请审批太浦闸除险加固工程初步设计报告的请示》(太管规计〔2005〕53 号)行文上报水利部。

2005 年 4 月 4~6 日,水利部水利水电规划设计总院组织对初步设计报告进行了审查,同意太浦闸除险加固设计方案,并要求进一步协调地方意见。

2007 年 1 月 11~12 日,水利部水利水电规划设计总院在北京主持召开了太浦闸除险加固工程建设方案讨论会,对太浦闸除险加固建设方案进行了协调。

2008 年 4 月,水利部矫勇副部长对加快太浦闸除险加固提出了明确意见。

2009 年 2 月,水利部刘宁副部长对太浦闸除险加固进行了协调并提出了具体要求,矫勇副部长指示要力推工程早日开工建设。

2009 年 4 月 20 日,水利部陈雷部长视察太浦闸,强调太浦闸除险加固工程要早日开工建设。

2009 年 4 月,上海院及时提出太浦闸除险加固工程具体实施方案:太浦闸除险加固按照远期底板高程−1.5 m 的要求设计建设,近期按照宽顶堰顶高程 0 m 的方案实施;远期根据流域防洪规划,疏浚上下游河道时再与流域两省一市协商后,结合太浦闸上下游河道疏浚,降低底板面高程。

2009 年 6 月上旬,太湖局就上述实施方案分别与两省一市进行了沟通协调,基本达成了一致意见,分别形成协调会议纪要。

2010 年

2010 年 2 月,上海院先后编制完成了《太浦闸除险加固工程可行性研究报告》《太浦闸除险加固工程水土保持方案报告书》和《太浦闸除险加固工程环境影响报告书》,太湖局分别上报水利部、环保部。

2010 年 3 月 17~19 日水利部水利水电规划设计总院在北京分别主持召开了《太浦闸除险加固工程可行性研究报告》和《太浦闸除险加固工程水土保持方案报告书》审查会。

2010 年 8 月 3 日,水利部以《关于太浦闸除险加固工程水土保持方案的批复》(水保〔2010〕299 号),对太浦闸除险加固工程水土保持方案进行了批复。

2010 年 9 月 3~9 日,中国国际工程咨询公司组织专家组对《太浦闸除险加固工程可行性研究报告》进行了咨询评估。

2011 年

2011 年 3 月 17 日,环保部以《关于太浦闸除险加固工程环境影响评价报告书的批复》(环审〔2011〕78 号),对太浦闸除险加固工程环境影响报告书进行了批复。

2011 年 6 月 7 日,中国国际工程咨询公司以《关于太浦闸除险加固工程可研报告的咨询报告》(咨农发〔2011〕525 号),向国家发改委进行了报送。

2011 年 7 月 25 日,国家发展改革委以《关于太浦闸除险加固工程可行性研究报告的批复》(发改农经〔2011〕1607 号),核定工程总投资 8 383 万元,总工期 15 个月,同时要求抓紧编制初步设计报告。

2011 年 8 月 9 日、10 日,水利部水利水电规划设计总院在北京主持召开了《太浦闸除险加固工程初步设计报告》审查会,对初步设计报告重新进行了技术审查,提出了概算初审意见。

2011 年 9 月,水利部下达太浦闸除险加固工程 2011 年投资计划 1 000 万元。

2011 年 9 月 1 日,太湖局以《关于明确太浦闸除险加固工程项目法人的通知》(太管人劳〔2011〕219 号)正式明确苏州管理局为工程项目法人。

2011 年 9 月 26 日、27 日,太湖局吴浩云副局长、建管处和苏州管理局有关同志组成调研组,到江苏省南水北调东线宝应站、淮阴三站、二河枢纽、淮安四站、刘老涧站等工程进行调研。

2011 年 10 月 11~13 日,太湖局吴浩云副局长、建管处和苏州管理局有关同志组成调研组到广东省东河水利枢纽和北江流域的北江大堤和西南水闸、芦苞水闸等工程调研。

2011 年 10 月 25~27 日,国家投资评审中心在上海组织召开了太浦闸除险加固工程初步设计概算评审会议,对设计单位修编的工程初步设计概算进行了审查。

2011 年 11 月 17 日,太湖局叶建春局长在太浦闸现场听取苏州管理局、上海勘测设计研究院关于太浦闸除险加固相关工作情况汇报。

2011 年 11 月 29 日,国家发展改革委以《关于核定太浦闸除险加固工程初步设计概算的通知》(发改投资〔2011〕2616 号),核定工程初步设计概算 8 017 万元。

2011 年 12 月 13 日,水利部以《关于太浦闸除险加固工程初步设计报告的批复》(水总〔2011〕639 号)批复工程初步设计报告。

2011 年 12 月 26 日,太湖局吴浩云副局长率有关人员到上海勘测设计研究院就太浦闸除险加固工程进行沟通。

2011 年 12 月 28 日,经过招标,苏州管理局与上海勘测设计研究院签订了《太浦闸除险加固工程施工图设计合同》。

2012 年

2012 年 1 月 13 日,苏州管理局以《关于太浦闸除险加固工程分标方案招标方式的报告》(太苏字〔2012〕9 号)向太湖局报告工程分标方案、招标方式。

2012 年 2 月 11 日,太湖局叶建春局长在上海主持召开专题会议,听取上海院关于工程建筑外观设计等汇报,并进行了讨论、研究。同日,太湖局吴浩云副局长等相关人员到上海院听取工程建筑外观设计、通航孔布置等汇报。

2012 年 2 月 16 日,经过招标,苏州管理局与安徽省水利水电建设监理中心签订了《太浦闸除险加固工程建设监理委托合同》。

2012 年 2 月 17 日、18 日,苏州管理局在太浦闸管理所主持召开太浦闸除险加固工程开工准备工作专家咨询会,对围堰形式、施工场地布置等问题进行研究确定。

2012 年 2 月 19 日,太湖局叶建春局长就太浦闸建筑外观专门向水利部领导进行了汇报。

2012 年 2 月 28 日,太湖局召开专题会议,听取太浦闸除险加固工程建设准备工作情况汇报,研究加快推进工程建设准备工作。太湖局叶建春局长出席会议并作重要讲话,林泽新副局长、吴浩云副局长、曹正伟副总工程师及相关部门、单位负责人出席会议。会后印发了会议纪要。

2012 年 3 月 5 日,苏州管理局正式组建太浦闸除险加固工程建设管理领导及工作机构。

2012 年 3 月 16 日,苏州管理局与上海堤防(泵闸)设施管理处就临时占地相关事宜进行再次沟通,并就占地范围、占用期限、日常管理、补偿标准等初步达成一致意见。

2012 年 3 月 20 日,水利部下达了太浦闸除险加固工程 2012 年投资计划 2 200 万元。

2012 年 3 月 31 日,按照优化的供电系统设计方案,苏州管理局提前实施完成供电系统改造。

2012 年 4 月 22 日,太湖局叶建春局长在上海主持召开太浦闸除险加固工程建筑外观设计优化专题会议,听取设计单位关于太浦闸除险加固工程桥头堡、启闭机房、塔楼的初步设计方案及概算成果的汇报,听取苏州管理局关于优化、调整外观设计方案的建议。

2012 年 4 月 28 日,太湖局吴浩云副局长在太浦闸主持召开太浦闸除险加固工程施工临时占地和施工期太浦闸泵站补水方案现场协调会。上海市水务局朱铁民副局长率有关部门、单位负责同志参加协调会,表示全力支持工程建设,并就施工临时占地范围、泵站补水运行费用等具体问题进行了协商、明确。

2012年5月14日,苏州管理局在太浦闸管理所主持召开太浦闸除险加固工程启闭机房、桥头堡建筑方案专家咨询会。

2012年5月18日,苏州管理局以《关于上报太浦闸除险加固工程启闭机房桥头堡建筑设计方案的报告》(太苏字〔2012〕42号)行文太湖局。

2012年5月31日,太湖局在太浦闸召开现场专题办公会,研究推进太浦闸除险加固工程建设准备工作。叶建春局长出席会议并讲话。

2012年6月6~11日,苏州管理局组织技术人员赴上海、江苏、河南、安徽等地,进行水利工程施工管理情况调研,通过对部分水利工程进行现场考察,与工程建设管理单位进行座谈,进一步学习、积累水利工程建设管理经验。

2012年6月14日,太浦闸除险加固工程设备标开标会、评标会在苏州召开。8家投标人参与投标。按照招标文件规定的评标办法,经过认真、细致地评审,评标委员会最终确定江苏省水利机械制造有限公司为中标候选人。

2012年6月19日,太浦闸除险加固工程土建施工及设备安装开标会、评标会在苏州召开。20家施工单位参与投标。经过认真、细致地评审,评标委员会依据评标办法,按照公平、公正、科学、择优的原则,最终推荐江苏省水利建设工程有限公司为中标候选人。

2012年6月20日,苏州管理局与江苏省水利机械制造有限公司签订了太浦闸除险加固工程金属结构制作及启闭机制造合同。

2012年6月23日,苏州管理局及时发出中标通知书,并召集中标单位江苏省水利建设工程有限公司进行合同谈判。经过对合同条款、施工准备和相关手续办理等内容进行商定后,双方签订了太浦闸除险加固工程土建施工及设备安装合同。

2012年7月3日,根据工程建设需要,按照苏州管理局的要求,江苏省水利建设工程有限公司前期工作人员提前进场。

2012年7月16日,太浦闸除险加固工程建设处(以下简称"建设处")7名驻场人员正式进驻太浦闸现场,开始现场办公,立即开展施工条件落实,组织监理、施工单位进场,细化职责分工,健全管理制度等开工准备的具体工作。

2012年7月24日,太湖局吴浩云副局长在太浦闸主持召开太浦闸除险加固工程现场管理协调会。

2012年7月24日,根据工程建设需要,监理单位安徽省水利水电工程建设监理中心3名工程师正式进驻施工现场。

2012年7月27日,苏州管理局与江苏省水利设计研究院有限公司签订了太浦闸除险加固工程施工图设计审查合同。

2012年8月7日,苏州管理局在工地现场组织召开太浦闸除险加固工程混凝土生产方案专家咨询会。

2012年8月20日,苏州管理局以《关于太浦闸除险加固工程开工的请示》(太苏字〔2012〕63号)上报了开工请示。

2012年8月21日、22日,太湖局叶建春局长、吴浩云副局长在北京向水利部领导和建管司领导报告了工程开工准备工作情况。

2012 年 8 月 23 日、24 日,太湖流域防汛抗旱总指挥部办公室在苏州组织召开会议,研究太浦闸除险加固水下工程施工期间流域防洪调度及供水工作,讨论通过了《太浦闸除险加固水下工程施工期间太湖洪水调度方案》和《太浦闸除险加固水下工程施工期间太浦河临时供水方案》,并安排布置相关工作。

2012 年 9 月 1 日,监理单位签发开工令。上下游围堰填筑开始施工。

2012 年 9 月 4 日,太湖局听取上海院建筑外观优化设计专题汇报。叶建春局长听取汇报并提出具体意见。

2012 年 9 月 5 日,太湖局吴浩云副局长带队检查指导太浦闸除险加固工程开工准备工作。

2012 年 9 月 6 日,太湖局正式批复太浦闸除险加固工程开工申请。

2012 年 9 月 15 日 12 时,太湖局发布调度指令,决定关闭太浦闸。

2012 年 9 月 17 日,上游围堰合龙。

2012 年 9 月 21 日,下游围堰顺利合龙。

2012 年 9 月 25 日 23:00,开始进行围堰内排水。

2012 年 9 月 28 日,太湖局叶建春局长带队莅临建设现场检查指导工程建设工作,慰问工程参建单位。吴浩云副局长、唐坚副巡视员陪同检查。

2012 年 10 月 3 日 17:00,围堰内初期排水基本完成。

2012 年 10 月 9 日,水利部质量与安全监督总站太湖流域分站在太浦闸除险加固工程现场,开展太浦闸除险加固工程第一次质量与安全监督活动。太湖局吴浩云副局长、曹正伟副总工程师到会指导。

2012 年 10 月 9 日,太湖局曹正伟副总工程师召集建设、监理和施工单位代表,研究、指导优化太浦闸除险加固工程关键节点工期。

2012 年 10 月 9 日,太浦闸除险加固工程建设管理信息平台和现场监控系统正式上线。

2012 年 10 月 13 日,经苏州市市级机关工委批准,太浦闸除险加固工程建设临时党支部在工程现场成立。建设处主任郑春锋为临时党支部书记。

2012 年 10 月 14 日,原老闸闸墩、消力池拆除工作基本完成。

2012 年 10 月 22 日,苏州管理局组织召开太浦闸除险加固工程社会稳定风险评估会,吴江市维稳办负责同志到会指导。

2012 年 10 月 25 日,太湖局组织召开太浦闸设置套闸两省一市工作协调会。

2012 年 10 月 29 日,2#闸室(3 号、4 号孔)底板完成基坑开挖及验槽。

2012 年 11 月 4 日,太浦闸除险加固工程主体混凝土施工方案专家咨询会在太浦闸召开。

2012 年 10 月 31 日,水利部预算执行中心牛志奇主任一行 7 人到施工现场检查、指导工作。

2012 年 11 月 9 日、10 日,水利部水利水电规划设计总院在吴江召开会议,审查太浦闸除险加固工程设置套闸变更设计。

2012 年 11 月 11 日下午 2 时,2#闸室底板开始混凝土浇筑。

2012 年 11 月 15 日,叶建春局长在上海听取了苏州管理局关于工程建设管理专题汇报,详细了解工程建设存在的困难和问题,要求进一步完善质量保证、控制和检查体系,努力建成优质工程、精品工程。吴浩云副局长、曹正伟副总工等参加了会议。

2012 年 11 月 22 日、23 日,水利部水利工程建设质量与安全监督总站太湖流域分站组织对太浦闸除险加固工程进行了质量监督检查活动,并主持召开了太浦闸除险加固工程质量管理工作会议。太湖局吴浩云副局长到会指导。建设单位、监理单位及施工单位代表参加了检查活动及会议。

2012 年 11 月 27 日,太湖局叶寿仁副局长到工地检查指导工作。

2012 年 12 月 27 日,水利部以《关于太浦闸除险加固工程设置套闸设计变更报告的批复》(水总〔2012〕572 号),批复了太浦闸除险加固工程设置套闸设计变更报告。

2012 年 12 月 28 日,设计单位派设计代表进驻现场。

2013 年

2013 年 1 月 7 日,水利部党组成员、中纪委驻部纪检组组长董力率检查考核组深入太浦闸工地检查指导工作。

2013 年 1 月 8 日,太湖局林泽新副局长带队到太浦闸调研指导苏州管理局基本建设工作。

2013 年 1 月 21 日,太湖局组织召开太浦闸除险加固工程建设推进会,太湖局叶建春局长出席会议并讲话,林泽新副局长、太湖局相关处室、单位,苏州水利局戴锦明局长、苏州市吴江区沈金明常务副区长以及太浦闸除险加固工程建设、设计、监理、施工单位负责人参加了会议。太湖局吴浩云副局长主持会议。

2013 年 1 月 23 日,嘉兴市赵树梅副市长到太浦闸调研工作。

2013 年 2 月 5 日,苏州市副市长、吴江区委书记徐明到太浦闸除险加固工程建设工地调研、指导工作。

2013 年 2 月 6 日、7 日,太湖局原党组书记、常务副局长王同生受邀到太浦闸除险加固工程工地调研、指导工作,并结合工程施工进展情况,开展了混凝土施工裂缝控制技术专题讲座。

2013 年 2 月 7 日,太湖局以《关于太浦闸除险加固工程套闸建设管理有关问题的批复》(太管建管〔2013〕30 号),批复同意套闸工程监理、施工任务直接委托主体工程监理单位、施工单位,并签订补充合同。

2013 年 2 月 10 日上午,农历大年初一,太湖局叶建春局长、吴浩云副局长一行来到工地,看望和慰问春节期间坚守在工程建设一线的管理和施工人员,代表太湖局党组向他们致以新春美好的祝愿和亲切的慰问。

2013 年 3 月 9 日,太湖局朱威副局长一行检查太浦闸除险加固工程建设现场检查指导工作,详细了解工程安全度汛准备工作。

2013 年 3 月 14 日,太湖局吴浩云副局长在上海主持召开太浦闸除险加固工程水下工程验收(通水验收)准备会议,研究部署水下工程验收各项准备工作。

2013 年 3 月 8 日,苏州管理局分别与监理、施工单位完成了套闸监理、施工补充合同谈判。太湖局建管处、监察审计处等部门派人参加了谈判过程监督。

2013年3月24日，水利部建设管理与质量安全中心匡少涛副主任到工地检查指导工程建设管理工作，太湖局吴浩云副局长陪同。

2013年3月30日，太浦闸交通桥预应力桥面板吊装完成。

2013年4月15日深夜，最后两块混凝土铺盖浇筑完毕，主体工程的混凝土施工基本完成。从2012年11月11日开始第一块闸室底板混凝土浇筑开始，经过155天的努力，主体工程约22 000 m³混凝土的施工基本完成。

2013年4月16日，首批6扇节制闸闸门吊装完成。

2013年4月16日，苏州管理局与吴江区防办联合召开太浦闸在建工程防汛抢险协调机制座谈会。

2013年4月23日，太湖局吴浩云副局长、唐坚副巡视员率评审组深入工程建设现场，对工程创建太湖局文明工地进行考核评审。

2013年4月24日，苏州市吴江区梁一波区长到工地调研。

2013年4月25日，启闭机及闸门安装全部完成，上下游联接段的护底、护坡和闸室、翼墙后土方回填等施工结束，通水验收有关的水下工程施工完成。

2013年4月27日，受项目法人委托，监理单位组织召开太浦闸除险加固工程闸室段等分部工程验收会议。

2013年5月1日、2日，太湖流域质安分站对通水验收有关工程质量和安全进行了评定。

2013年5月3日、4日，太湖局在苏州主持召开阶段验收会议，完成了太浦闸除险加固工程通水验收。在阶段验收前，专门组织开展了技术预验收。

2013年5月5日，临时围堰拆除施工启动。

2013年5月9日，水利部建管司孙继昌司长一行检查太浦闸除险加固工程建设现场。

2013年5月11日，水利部安全监督司张汝石副司长一行到工地检查指导工作。

2013年5月14日，苏州管理局在太浦闸工程现场组织开展太浦闸工程临时运行操作培训及应急演练。

2013年5月14日，水利部新闻宣传中心陈梦晖副主任一行到工地调研。

2013年5月14日，吴浩云副局长、曹正伟副总工等陪同吴泰来等太湖局老领导和湖州市水利局有关领导到工地检查指导工作。

2013年5月15日12时，太浦闸开闸恢复通水。

2013年5月15日，太湖局吴浩云副局长率太湖防总检查组到太浦闸进行防汛检查。

2013年5月21日，太浦闸除险加固工程发布自动化设备采购与安装招标公告。

2013年5月23日，太湖局徐洪副局长带队到太浦闸除险加固工程工地调研。

2013年6月3日，上下游围堰土方拆除完毕，河道已恢复原断面，拆除施工按期完成。

2013年6月4日，国家防总办公室刘玉忠副巡视员到太浦闸检查指导在建工程安全度汛工作。

2013年6月8日,浙江省水利厅陈川厅长一行到太浦闸调研。

2013年6月8日,湖州市崔凤军副市长一行到太浦闸调研。

2013年6月18日,自动化设备采购与安装项目开标、评标会在南京召开,经评标,南京钛能电气有限公司为中标候选人。

2013年6月18日,江苏省水利厅金嘉麟副巡视员到太浦闸调研。

2013年6月19日,太湖局授予太浦闸除险加固工程"太湖局文明工地"称号。

2013年6月21日,太湖局吴浩云副局长到太浦闸检查指导工作。

2013年6月26日,苏州军分区政委李再胜率检查组一行到太浦闸进行防汛勘察。

2013年7月3日,吴浩云副局长在上海主持召开会议听取了太浦闸除险加固工程进展情况及直管工程信息化规划方案的汇报。

2013年7月8日,苏州管理局与南京钛能电气有限公司正式签订了太浦闸除险加固工程自动化设备采购与安装项目合同,合同金额为2 117 886.75元。

2013年7月10日,太湖局吴浩云副局长深入太浦闸除险加固工程建设工地,检查台风防御工作。

2013年7月17日,太湖局吴浩云副局长带队到太浦闸除险加固施工现场,慰问暑期工作在一线的参建人员并座谈。

2013年7月18日,苏州管理局组织完成套闸横拉门牺牲阳极防腐合同的验收。

2013年7月22日,上海市水务局陈庆江副局长一行在太湖局吴浩云副局长的陪同下到太浦闸调研,并就工程建设中涉及太浦河泵站的有关事项进行了协调和交流。

2013年7月25日,第一批启闭机房钢结构完成厂内加工制作后运抵现场,开始现场拼接、安装。

2013年7月30日,中国国际工程咨询公司社会农林水业务部曲永会处长到太浦闸除险加固工程建设现场进行考察、指导。

2013年8月6日,水利部安监司钱宜伟副司长率水利部考核组深入太浦闸工程建设现场,实地检查建设安全生产管理情况,查验相关职责、制度、措施落实情况,查验相关安全监管档案资料。

2013年8月8日,苏州管理局在扬州主持召开了太浦闸除险加固工程金属结构制作及启闭机制造单位工程(合同工程完工)验收会议。

2013年8月13日,太浦闸除险加固工程建设处在南京组织召开监控系统设计联络会,设计、监理和施工单位参加会议,太湖局信息化建设工作办公室派员到会指导。

2013年8月23日,淮河水利委员会病险水闸除险加固前期工作调研组到太浦闸工地调研。

2013年9月6日,太湖局吴浩云副局长率队到太浦闸除险加固工程施工现场,检查工程进展和质量管理工作。

2013年9月16日,太湖局叶建春局长带队到太浦闸除险加固工程建设现场调研。

2013年10月5日上午,太湖局徐洪副局长率队到工程现场进行检查。

2013年11月8日,太浦闸除险加固工程现场管理用房建筑施工招标公告发布。

2013年12月4日,太湖局吴浩云副局长率队来到太浦闸,检查指导除险加固工程建设管理工作。

2013年12月6日,启闭机房钢结构施工结束,首批玻璃幕墙材料运达工程,经材料报验、施工方案审查后,施工单位立即开始玻璃幕墙的安装工作。

2013年12月8日,水利部水利风景区办公室专家组在太湖局徐洪副局长的陪同下到工程现场调研、指导。

2013年12月10日,太浦闸除险加固工程现场管理用房建筑施工开标会在南京召开。评标委员会最终确定江苏圣通建设集团有限公司等联营体为中标候选人。

2013年12月11日,苏州管理局与七都镇人民政府、吴江区水利局就建设后的太浦闸管理区域控制管理进行了协调,并达成一致意见。

2013年12月13日,苏州管理局组织开展专项安全检查。同日,全国水利行业高技能人才进修班学员一行50余人到工程现场考察。

2013年12月16日,太湖局以《水利部太湖流域管理局关于太浦闸除险加固工程管理设施设计变更报告的批复》(太管规计〔2013〕268号),批准了现场管理用房设计变更。

2013年12月16日,苏州管理局在太浦闸主持召开现场管理用房施工图设计审查咨询会,邀请专家对施工图进行审查咨询。

2013年12月17日,太湖局叶建春局长在苏州主持召开太浦闸工程信息化建设推进会。

2013年12月18日,苏州管理局与江苏圣通建设集团有限公司联营体进行了合同谈判,并正式签订了施工合同。

2014 年

2014年1月24日,太湖局吴浩云副局长、建管处陈万军处长检查工程建设情况。

2014年1月27日,太湖局安委会对太浦闸工地进行了专项检查。

2014年3月10日,上海堤防(泵闸)设施管理处胡欣处长到工程现场就施工占地恢复、工程封闭管理等事宜与苏州管理局进行了沟通、协调。

2014年3月12日,太湖局在太浦闸除险加固工程现场组织召开工程建设推进会,吴浩云副局长参加会议并讲话。

2014年3月22日,太湖局在太浦闸工程现场组织开展太浦河水资源保护专题宣传活动。

2014年3月26日,国家防总副总指挥、水利部部长陈雷率国家防总太湖流域防汛防台风检查组检查太浦闸除险加固工程防汛防台准备工作。同日,上海市人大常委会副主任薛潮等人大代表组成的考察组考察了太浦闸工程。

2014年4月16日,苏州管理局领导班子到工程现场调研,基本研究确定了工程区域的绿化方案、封闭方案和南堡装修设计。

2014年4月21日,苏州管理局与吴江区水利局对套闸运行管理及通行船舶管理等有关规章制度初稿进行了讨论。同时与苏州市吴江区防汛抗旱指挥部在太浦闸召开协调会,就工程防汛抢险应急抢险队伍、抢险物资和信息交流等工作机制进行完善和落实。管理所与太浦河泵站管理所也建立了现场的应急联动机制。

2014年4月22日,吴浩云副局长听取徐雪红、陈万军及太浦闸管理人员关于环保专项验收调研情况汇报,决定按环保部门要求开展环保专项验收准备工作。苏州管理局就水保、环保等专项验收分别向太湖局、环保部华东环境保护督查中心等有关单位进行了汇报和沟通。

2014年5月5日,苏州管理局在太浦闸组织召开竣工验收推进会议。

2014年5月14日,苏州管理局召开了建设管理工作会议,专门进行部署,进一步推动工程建设尾工施工及验收准备工作。

2014年5月18日,太湖局和上海市科技馆志愿者服务队一行30人到太浦闸除险加固工程工地参观考察。

2014年5月21日,苏州管理局向吴江区水利局发函要求配合做好配套资金落实、出台套闸通行船舶许可办法等验收准备工作。

2014年5月22日,苏州管理局与上海堤防(泵闸)设施管理处就临时占地补偿合同验收准备、弃渣场移交等工作进行了协调。

2014年5月14日,苏州管理局以《关于印发太浦闸除险加固工程建设尾工及验收准备工作任务分解表的通知》(太苏字〔2014〕29号),印发了尾工及验收准备工作任务分解表,分解落实验收准备工作任务,加强检查督促。

2014年5月22日、23日,太湖流域质安分站在工程现场组织第六次质量安全监督活动,查找问题,提出整改意见和方案。

2014年5月23日,太湖局吴浩云副局长带队深入工程建设现场检查、督导,并与参建单位座谈。

2014年5月24日,水利部安监司张汝石副司长带领水利部考核组,对太浦闸除险加固项目开展在建工程安全生产考核。

2014年5月26日,苏州管理局与七都镇政府就临时占地补偿合同验收准备、弃渣场移交等工作进行了协调。

2014年5月29日,上海市政协一行20人到工程现场调研。

2014年6月20日,水利部安全监督司马建新处长一行4人到太浦闸除险加固在建工程现场检查指导工作。

2014年6月28日,太浦闸除险加固工程现场施工基本结束。

2014年6月30日,太湖局质安分站、安监处有关负责同志到太浦闸除险加固在建工程现场检查指导工作。

2014年7月1日,由太湖局吴浩云副局长为组长、太湖局防办负责同志组成的国家防总江苏工作组到太浦闸检查工程度汛工作。

2014年7月11日,太浦河枢纽管理所联合太浦河泵站管理所共同举行太浦闸应急供电及消防演练。

2014年7月25日,太湖局吴浩云副局长带队深入太浦闸工程现场检查、调研,认真查看、了解工程建设收尾和验收准备工作情况,并召开现场办公会,帮助指导、解决有关问题。太湖局副总工程师陈万军、太湖局建管处有关负责同志参加检查调研活动。

2014年8月1日,江苏省环保厅组织现场检查后,同意太浦闸除险加固工程开始试运行。

2014年8月2日,苏州管理局在抓紧组织完成工程计量确认、施工决算编报和监理审核、变更资料完善、竣工图纸编制等造价审核配合工作后,将土建及安装等三个单位工程的审价资料一次性移交审价单位。

2014年8月6日,太湖局叶建春局长到工程现场,与建设处、管理所干部职工、施工单位、监理单位代表进行座谈,了解工程建设收尾工作情况,慰问高温酷暑下坚守岗位的参建人员。

2014年8月7日,苏州管理局在太浦河枢纽管理所主持召开会议,完成了太浦闸除险加固工程自动化设备采购与安装单位工程(合同工程完工)验收。太湖局信息化建设工作办公室以及建设、设计、监理、施工等单位的代表参加了验收会议。太湖局建设与管理处、质量和安全监督机构派员列席会议。

2014年8月8日,苏州管理局在太浦河枢纽管理所主持召开会议,完成了太浦闸除险加固工程管理用房建筑施工单位工程(合同工程完工)验收。建设、设计、监理、施工、检测单位等单位的代表参加了验收会议。太湖局建设与管理处、质量和安全监督机构派员列席会议。

2014年8月11日,太湖局以《关于太浦闸除险加固工程动用基本预备费的批复》(太管规计〔2014〕175号),批准太浦闸除险加固工程预备费动用方案。

2014年8月23日,受水利部委托,太湖局在太浦闸主持召开了太浦闸除险加固工程水土保持设施竣工验收会议。验收组查看了工程现场,查阅了技术资料,听取了水土保持工作情况,经讨论,验收组同意通过竣工验收。

2014年8月27日,太湖局曹正伟副巡视员深入太浦闸工程现场调研,了解工程建设收尾和验收准备工作情况,指导工程创建文明工地、申报水利部优质工程奖等工作。

2014年9月16日,苏州管理局在太浦河枢纽管理所主持召开会议,完成了太浦闸除险加固工程土建施工及设备安装单位工程(合同工程完工)验收。吴江区水利局,建设、设计、监理、施工单位等单位的代表参加了验收会议。太湖局建设与管理处、质量和安全监督机构派员列席会议。

2014年9月28日,苏州管理局在太浦河枢纽管理所组织召开太浦闸除险加固工程竣工财务决算编报协调会,督促工程参建单位、造价咨询单位,协调推进太浦闸除险加固工程竣工决算编报工作。太湖局财务处、建设与管理处、审计处及苏州市吴江区水利局相关人员到会指导,并对工程决算编制方案提出了具体修改意见。

2014年10月30日,太湖局在太浦闸工程现场主持召开太浦闸除险加固工程档案专项验收会。经验收组评定,太浦闸除险加固工程档案管理及档案质量得到96分,为优良,同意通过档案专项验收。

2014年10月31日,《中国水利报》发表题为《为了太湖安澜和人民福祉》的纪实文章,专题报道太浦闸除险加固工程建设情况。

2014年11月5日,环境保护部环评中心在北京主持召开太浦闸除险加固工程竣工环境保护验收调查报告评估会,同意通过太浦闸除险加固工程竣工环境保护验收调查报告。

2014年11月14日、15日,上海文汇工程咨询有限公司在太浦闸现场组织召开审价意见讨论会,苏州管理局、安徽水利水电工程建设监理中心、江苏水利建设工程有限公司及分包单位江苏鸿升装饰有限公司参加会议,太湖局审计处到会监督指导。

2014年12月3日,苏州管理局向环境保护部提交太浦闸除险加固工程竣工环境保护验收申请。

2014年12月23日,环境保护部华东环境保护督查中心到太浦闸进行竣工环境保护验收现场检查,并在吴江召开验收会,认为基本符合竣工环境保护验收条件。

2014年12月25日、26日,水利部水利工程建设质量与安全监督总站太湖流域分站在太浦闸工程现场开展太浦闸除险加固工程质量与安全评定工作。经评定,太浦闸除险加固工程未发生质量与安全事故,工程质量等级优良,安全管理工作符合要求。

2015 年

2015年1月8日,苏州管理局召开局长会议听取了太浦闸除险加固工程建设处关于工程投资及完成情况汇报,要求建设处,进一步细化太浦闸除险加固工程后续工作方案。

2015年1月27日,苏州管理局在苏州组织召开太浦闸除险加固工程土建施工及设备安装合同施工结算审价协调会,太湖局审计处、上海文汇工程咨询有限公司、江苏宏源招标代理有限公司、上海院、安徽省水利水电工程建设监理中心、江苏省水利建设有限公司及其分包单位江苏鸿升装饰工程有限公司等单位的代表共17人参加了会议。在前期造价审核成果的基础上,会议组织各参加单位对审核成果中存在的争议事项进行了研究讨论,并形成会议纪要。

2015年2月2日,苏州管理局召开局长会议,听取了太浦闸除险加固工程建设处关于1月27日太浦闸除险加固工程主体合同结算审价协调会及会后沟通协调等情况的汇报,原则同意建设处的建议,要求按照审价单位确定的初步审价结果尽快与施工单位核实确定最终结算金额,要做细做实兑现农民工工资工作。

2015年2月9日,苏州管理局在苏州与江苏省水利建设工程有限公司就太浦闸除险加固工程土建施工及设备安装合同审价成果等事项进行了沟通。

2015年2月13日,苏州管理局召开局长会议,听取了建设处关于工程主体合同结算审价最终确认情况的汇报,要求抓紧完善工程主体合同结算审价相关事项,推进工程竣工财务决算编制相关工作。

2015年2月5日,环境保护部以《关于太浦闸除险加固工程竣工环境保护验收合格的函》(环验〔2015〕53号),同意太浦闸除险加固工程通过竣工环境保护验收。

2015年3月12日,苏州管理局以《关于太浦闸除险加固工程竣工验收准备工作情况的报告》(太苏管〔2015〕12号)行文太湖局,上报太浦闸除险加固工程竣工验收准备工作情况报告。

2015年3月24日,在太湖局朱威副局长的陪同下,国家防汛抗旱督察专员田以堂率国家防办检查组对太浦闸工程落实防汛责任制、汛前维修养护、工程安全运行措施等汛前准备工作进行检查。

2015年3月26日,上海文汇工程咨询有限公司出具了土建施工及设备安装合同、管理用房合同的造价审核报告。

2015 年 4 月 8 日,水利部建设管理与质量安全中心再次到工程现场检查复核,并提交了工程竣工验收技术鉴定报告,报告中指出工程已具备竣工验收条件。

2015 年 4 月 9 日,苏州管理局编制完成太浦闸除险加固工程竣工财务决算并行文上报太湖局。

2015 年 4 月 14 日,太湖局财务处完成太浦闸除险加固工程竣工财务决算审核,并出具了审核意见。

2015 年 4 月 15 日,水利部精神文明建设指导委员会以《关于 2013~2014 年度全国水利建设工程文明工地名单的通报》(水精〔2015〕5 号),确认太浦闸除险加固工程为全国水利建设工程文明工地。

2015 年 4 月 16 日,太湖局吴浩云副局长在苏州主持召开太浦闸除险加固工程竣工验收推进会,要求加快推进竣工验收各项工作。

2015 年 4 月 20~24 日,太湖局审计处组织上海文会会计师事务所有限公司到苏州开展了太浦闸除险加固工程竣工财务决算的现场审计。太湖局审计处派员全程参加,指导和监督审计工作。

2015 年 4 月 28 日,水利部副部长李国英带领国家防总防汛抗旱检查组检查太浦闸防汛抗旱准备工作。李国英副部长要求运行管理单位加强工程自动化观测系统建设与管理,完善工程管理维修的备品备件,提高应急抢险能力,确保工程控制运行精确、快速,实现工程精细化管理。

2015 年 5 月 18 日、19 日,苏州管理局组织开展了太浦闸除险加固工程竣工验收自查活动,成立了竣工验收自查工作组,召开了竣工验收自查工作会议,通过了竣工验收自查工作报告。

2015 年 5 月 21 日,太湖局在太浦河枢纽管理所召开了太浦闸除险加固工程验收准备工作协调会,指导和协调竣工验收各项准备工作。太湖局黄卫良副局长主持会议并讲话,陈万军副总工及规计处、财务处、建管处、监察(审计)处负责人参加会议。

2015 年 6 月 16 日、17 日,受水利部委托,太湖局在苏州吴江区主持召开了太浦闸除险加固工程竣工验收会议。水利部建管司、江苏省水利厅、浙江省水利厅、上海市水务局、苏州市人民政府、苏州市水利局、苏州市吴江区人民政府、吴江区水利局、水利部水利工程质量与安全监督总站太湖流域分站、上海市堤防(泵闸)设施管理处、技术预验收专家组代表以及工程建设、设计、施工、监理、运行管理、检测等单位的代表和特邀专家参加了会议。太湖局局长叶建春到会讲话,副局长黄卫良主持会议。苏州市人民政府副秘书长陆伟跃在会上致辞。